미국의 음식문화

미국의 음식문화

일레인 N. 매킨토시
김형곤 편역

역 민 사
1999

책을 옮기면서

이 책은 맥킨토시(Elaine N. McIntosh)의 *American Food Habits in Historical Perspective* (Connecticut: Praeger, 1995)에서 1장과 2장을 제외한 3장부터 10장까지를 번역한 것이다. 부록으로 *Newsweek* Nov. 30, 1998, pp. 42-48를 번역하여 추가하였다.

이 책은 인류 탄생 후 각 시대에 걸친 인간의 음식습관에 대한 역사적인 조망을 제공해 준다. 특히 아메리카 대륙의 음식문화를 역사적인 조망을 통해 살펴봄으로써 미국과 미국인의 생활과 문화를 이해하는 작업의 일환으로 삼고자 했다.

저자 매킨토시가 밝힌 바와 같이 음식은 한 문화권의 일상생활의 총칭이라 보는 것이 타당하다. 왜냐하면 하나의 음식에는 인간 사회를 구성하는 다양한 요소들이 혼합되어 만들어진 실체가 있기 때문이다. 따라서 인간의 음식을 둘러싼 음식문화는 하나로 독립된 실체가 아니다. 음식은 그것이 등장하는 전체 생태학적 환경을 반영하고 영향을 받아 이루어지고 있는 것이다.

이 글은 생물학, 사회학, 생리학, 역사학, 심리학, 인류학, 영양학, 그리고 상대적으로 최근의 학문분야인 영양학적 인류학 등의 상호보완적 연구를 통해 이루어졌다. 또한 각 시대에 연관되어 있는 사건과 역사 발전과 환경의 적절한 조화 속에서 미국의 음식문화를 조망한 글이다.

따라서 아메리카 대륙의 음식문화에 대해 역사적으로 조망한 이 글은 미국과 미국인의 실체를 이해하는데 적지 않은 도움을 줄 것이다. 미국에서 인디언의 위상 문제, 미국 사회의 지역적 특성, 미국의 종교적 종파와 음식, 건강과 질병, 패스트 푸드, 음식 산업, 과학기술의 발달, 미국 사회의 일상생활 모습 등에 대한 일반적인 이해에 상당한 도움을 줄 수 있을 것이다.

　부록으로 암과 건강을 식생활 차원에서 다룬 Newsweek의 내용을 번역한 것으로 이것을 통해 현대인 누구나 자신의 건강에서 음식이 차지하는 비율이 얼마나 소중한가를 깨닫게 하는 계기가 될 수 있으리라 생각한다.

　이 책을 펴내게 된 데는 편자의 음식에 대한 취미 차원의 지속적인 관심이 순수하게 작용했다. 여기에다 미국의 역사를 공부하는 초년생으로서의 학문적인 욕구도 조금은 작용하였다. 동기야 무엇이든 문화의 세기라 일컬어지는 21세기의 바로 문밖에서 이 책을 통해 많은 사람들이 오늘날 세계의 주도권을 행사하고 있는 미국을 조금 더 잘 이해하기를 바란다.

　햄버거와 켄터키 프라이드 치킨과 같은 패스트 푸드를 한 번이라도 먹어 본 사람, 미국식 음식점을 경영해 보고 싶은 사람, 미국 여행을 하고자 하는 사람, 미국인을 상대로 일을 하는 사람, 그리고 무엇보다 미국과 미국인에 대해 더 많은 것을 알기를 원하는 사람에게 이 책을 권하고 싶다. 음식에는 그것을 먹는 사람들의 문화가 응축되어 있기 때문이다.

　흔히 미국에 무슨 음식문화가 있는가 하고 무시한다. 그러나 이런 감각은 무지의 소산이라 생각한다. 미국의 역사가 그러하듯 아메리카 대륙의 음식은 그들의 역사와 함께 미국화되어 너무나도 미국적인 실체로 등장해 있다. 인디언의 음식, 유럽의 음식, 남미의 음식, 아시아의 음식, 그리고 향토음식 등이 상호작용하여 독특한 미국적인 음식문화를 구성하고 있다. 능률을 먹고 사는 미국인들은 그들 특유의 미국화된 음식문화를 가지고 있는 것이다.

번역을 하는 과정에서 역사적 사실에 대해서는 최대한의 정확성을 기하려고 노력했지만 부족한 점이 없지 않으리라 본다. 뿐만 아니라 음식에 대한 전문적 지식이 거의 없는 무지상태에서 단지 음식에 대한 관심과 취미만으로 번역을 하는 데에는 많은 오류가 있으리라 생각된다. 아낌없는 충고를 바란다.

끝으로, 경제적으로 어려운 시기에 선뜻 이 책의 출간을 허락해 주신 역민사의 최종수 사장님께 진심으로 감사를 드린다.

논산 반야산 아래에서
김 형 곤

머리말

인간의 음식을 둘러싼 음식문화는 하나의 독립된 실체가 아니다. 음식은 그것이 등장하는 전체 생태학적 환경을 반영하고 영향을 받아 이루어지는 것이기 때문이다. 그러므로 음식에 관한 이 글은 생물학, 사회학, 생리학, 역사학, 심리학, 인류학, 영양학, 그리고 상대적으로 최근의 학문분야인 영양학적 인류학 등의 상호보완적 연구를 통해 이루어진 것이다.

이 책은 인류 탄생 후 각 시대에 걸친 인간의 음식습관에 대한 역사적인 조망을 제공해 준다. 특히 콜럼부스 시대로부터 현재에 이르기까지 아메리카 대륙의 음식을 역사적으로 조망했다(2, 3, 4, 7, 8장). 또한 각 시대에 연관되어 있는 사건과 역사 발전과 환경의 적절한 조화 속에서 미국의 음식문화를 조망했다.

1장에서는 신대륙 발견 전 북아메리카인들 조상의 초기 음식에 관하여, 특히 1492년 바하마 군도에 콜럼부스가 도착하기에 앞서 유럽과 북미 대륙의 음식에 관하여 설명했다. 본질적인 관심 분야에서 약간 벗어난 이러한 정보는 콜럼부스 이후, 종국적인 북아메리카인들의 음식에서 대륙 토착인인 인디언의 음식이 얼마나 영향을 주었는지에 대한 지식을 제공한다.

제 2장에서 제 4장까지는 콜럼부스의 신대륙 발견부터 현재에 이르기까지 아메리카인의 음식에 대해 조망하였다. 당시 발생했던 사건의 내용, 전개, 또한 그것과 관련된 환경 내에서 음식의 습관과 문화가 다루어졌다.

제 5장은 아메리카 대륙을 중심으로 한 인류의 음식습관 일반에

대한 이해이고, 제 6장은 음식과 이데올로기로, 이는 다양한 음식습관에 영향을 준 요소들에 초점을 두었다.

제 7장에서는 현대 미국인의 음식습관의 면밀한 특성을 설명했다. 주류를 이루는 음식뿐만 아니라 향토음식, 대중음식 등이 조사되었다. 또한 이러한 형태의 음식에 대한 중요한 영향이 무엇인지 확인하고 설명했다. 이 분야는 더욱 다양하게 연구되어 쓰여져야 할 주제이지만, 지면의 한계로 인하여 각 민족 특유의 음식을 광범위하게 다루지는 못하였다.

제 8장은 선사 이전부터 현재에 이르기까지 다양한 시대의 아메리카인 음식의 영양에 대한 적절성을 평가했다. 이는 영양과 관련된 통계와 함께 음식에 관한 정보를 제공해 주고 있다. 또한 미래의 미국 음식에 대해 전개될 수 있는 가능성을 예견했다.

이 책을 쓰는 데 처음부터 끝까지 후원과 질책을 아끼지 않았던 남편 톰 매킨토시(Tom McIntosh)에게 무한한 감사를 드린다.

일레인 매킨토시

차 례

책을 옮기면서
머리말

I. 콜럼부스 이전의 음식
    1. 동반구 ... 15
    2. 서반구 ... 32

II. 신대륙 발견에서 미국의 독립까지
    1. 동서의 만남 ... 38
    2. 콜럼부스의 교환 ... 42
    3. 식민지시대, 1500~1783 ... 46
    4. 미국혁명, 1775~1783 ... 59

III. 신생 공화국에서 19세기까지
    1. 신생 독립 공화국, 1783~1850 ... 61
    2. 19세기 후반, 1850~1899 ... 74

IV. 20세기 미국의 음식
    1. 제 1차 농업혁명의 확대, 1900~1920 ... 86
    2. 위기의 시기, 1920~1940 ... 94
    3. 전쟁과 복구, 1940~1960 ... 103
    4. 제 2차 농업혁명, 1960-1980 ... 111
    5. 생물공학적 혁명, 1980~현재 ... 119

V. 음식습관에 대한 이해
    1. 음식 선택에 영향을 주는 요소들 ... 129
    2. 먹느냐 못 먹느냐 ... 137
    3. 음식의 이용과 의미 ... 143

4. 식사, 식사 유형, 식사 서비스 ... 148
   5. 음식습관의 이해에 대한 접근 ... 155

VI. 음식과 이데올로기
   1. 종교, 신화, 의식 ... 158
   2. 5대 종교와 그것이 음식에 미친 영향 ... 161
   3. 식사습관의 기원과 미래 ... 176

VII. 미국 음식의 특성
   1. 초기의 영향들 ... 179
   2. 후기의 영향들 ... 191
   3. 요리의 주류 ... 193
   4. 향토음식 ... 198
   5. 대중음식 ... 229

VIII. 미국 음식에 대한 평가와 예측
   1. 식사 경향과 영양 평가 ... 232
   2. 식사습관은 어떻게 진행될 것인가 ... 254
   3. 오늘날의 미국 음식 ... 258

부록. 암과 건강 - 식생활로 다스린다 ... 261

찾아보기 ... 269

미국의 음식문화

I. 콜럼부스 이전의 음식

원시시대부터 중세에 이르기까지 인간들의 음식습관에 관한 변화와 발달에 관한 내용들을 이 장에서 다루었으며, 특히 유럽과 북아메리카를 강조했다. 그 중에서도 콜럼부스(Christopher Columbus) 이전에 북아메리카에서 살아 온 선조들의 음식에 대해 집중적으로 설명했다. 이는 음식에 관한 본질적인 문제는 물론, 콜럼부스 이전부터 오늘날까지 미국의 음식문화에 관해 이해하는데 적지 않은 도움이 될 것이다.

1. 동반구

식량 채집

현생 인류인 호모 사피엔스(Homo Sapiens)는 약 1백 5십만 년에서 30만년 전 사이에 살았던 호모 에렉투스(Homo Erectus)로부터 진화했다. 아프리카에 기원을 둔 이 초기의 인류는 아프리카 대륙으로부터 이주하여 궁극적으로 북아시아와 유럽으로 이주한 최초의 인간이었다.

호모 에렉투스는 약 75만 년 전에 불을 사용하고 다룰 수 있었던 최초의 인간으로 추정된다. 인간은 불을 지배함으로써 여러 가지 목적을 달성할 수 있었다. 불은 사냥감을 모으는데 사용되었고, 사람들을 초원에 머물 수 있도록 만들어 주었고, 보온을 가능케 했으며, 나아가 음식의 조달, 보관, 저장 등을 능동적으로 할 수 있도록 해주었다. 초기 인류는 또한 원시 돌도끼와 같은 돌 도구를 이용한 최초의 인간이었다. 우수한 도구, 보다 큰 뇌용량, 신체 크기, 효과적인 직립으로 두발 보행이 가능했던 호모 에렉투스는 특수한 사냥기술과 음식물을 채집하는 다른 기술도 개발시켰다. 이들의 이러한 활동은 구석기시대 말까지 계속되었고 호모 사피엔스에 의해 완성되었다.

약 25만 년 전, 호모 에렉투스는 영국과 독일 등지의 유적지에서 발견되는 호모 사피엔스로 진화 발전되었다. 약간 후대의 형태인 네안데르탈인(Neanderthal)의 유적지 역시 유럽 등지에서 발견되었다. 네안데르탈인은 10만 년에서 3만 5천 년 사이에 아프리카, 아시아, 유럽의 일부에서 살았다. 이들의 뇌용량은 현생 인류들보다도 크다. 발견되는 화석을 기초로 해서 보면 현생 인류는 약 4만 년 전에 나타났다. 가장 잘 알려진 현생 인류는 북아프리카, 아시아 서부와 중부, 유럽 등지에서 살았던 크로마뇽인(Cro-Magnon)이다. 네안데르탈인과 크로마뇽인은 둘 다 파편으로 만든 도구를 사용하였고 낚시를 했으며 새와 큰 짐승을 사냥했다. 호모 사피엔스의 진화는 아마도 초기에는 아프리카와 유럽에서, 후기에는 동아시아에서 지구의 서로 다른 장소에서 서로 다른 시기에 일어났음에 틀림없다.

식량 생산

빙하기의 끝은 수많은 인간들에 의한 단순한 사냥과 채집으로부터 길들이기를 통해 보다 많은 식물과 동물들을 능동적으로 통제하는 생산으로 음식 공급의 변화를 초래하는 시기였다. 식량 생산으로 음식 공급이 변화를 겪는 동안, 현재의 유럽 지역에 살고 있던 초기 유럽 사람들은 아프리카와 아시아에서 유래된 인류 4대 문명의 발전에 보다 많은 영향을 받았다.

메소포타미아의 수메르. 기원전 5500년에서 3500년 사이에 수메르 인들은 티그리스강과 유프라테스강 사이인 메소포타미아 지역에 세계 최초의 문화와 최초의 문명을 건설하기 시작했다. 최초의 청동기 이용은 이곳에서 이루어졌다.

이집트. 또 다른 발달된 문화와 문명이 기원전 5천 년에서 3천 년 사이에 나일강 유역을 중심으로 하여 이집트에서 발생했다. 이 문명은 역사상 가장 오래 지속된 문명으로 거의 2천 년 이상 번성했다.

인더스강 유역. 세 번째 중요한 고대 문명은 오늘날 인도 북서부 지역인 파키스탄과 펀잡 지역, 인도의 인더스강 유역에서 발달되었다. 이것은 기원전 2500년에 번성했다.

황하강 유역. 네 번째 문명은 기원전 2천 년에 황하강 유역에서 발생했다. 이곳에서는 가축이 길러졌고 쌀과 기장이 중요 식량으로 사용되었다.

이 4대 문명은 모두 역사적으로 의의가 있는 전형적인 발달 과정을 거쳐 강을 따라 발전했다. 의심할 여지없이 이 모든 지역들은 원예나 초기 형태의 농업으로 식량 생산을 시작했다. 가축 사육도 아마 거의 같은 시기에 시작되었을 것이다.

건조하고 불모의 환경 조건은 인간과 동물을 밀접하게 만든 것 같다. 이집트의 나일강 유역에서는 물을 찾아 서로 모인 것으로 보인다. 이러한 현실이 동물의 길들이기를 가능하게 한 것이 아닌가 생각된다. 게다가 큰 사냥감의 단절은 인간으로 하여금 보다 작은 동물들을 길들이고 사육하도록 해주었음에 틀림없다. 목축은 분명 동물들이 풀과 물을 먹을 수 없는 지역이나 기후에서 발달되었을 것이다. 그리고 목축이 사람들이 떼를 지은 동물들을 사육할 수 있는 수단으로 이용되었지만, 이것은 계절에 따른 최소한의 야영생활을 필요로 했다. 계절에 따른 야영생활은 아프가니스탄, 라플란드, 노르웨이, 그리고 알래스카 등 세계의 여러 지역에서 오늘날까지도 볼 수 있다.

금속시대. 금속시대의 발달과 함께(<표 1. 1>) 초기 인간 사회는 보석뿐만 아니라 사냥과 낚시를 하기 위한 중요한 도구와 무기는 물론, 음식을 볶고 굽기 위한 그릇을 모양을 내서 만들 수 있었다. 더구나 금속기의 사용으로 인간들은 대규모로 곡식을 재배하고 간단한 원예에서 본격적인 농업으로의 변화를 가능하게 되었다.

초기 신석기인들은 나무와 돌로 만든 무기와 도구를 사용했다. 청동기시대는 구리와 청동(주석 25%, 구리 75%) 합금이 가능한 때인 신석기 후기부터이다. 청동기시대는 장소에 따라 서로 다르게 시작되었다가 철기시대의 도래와 함께 끝이 났다. 대부분의 지역에서 청동기시대는 석기시대와 겹쳐 있었다. 그 후의 철기시대 역시 청동기시대와 마찬가지였다. 이는 인간들이 그 동안 사용했던 물건을 곧바로 포기하지 않았기 때문일 것이다. 예를 들어 청동기시대에 대부분의 장인들은 계속해서 석기를 사용했다. 왜냐하면 새로운 도구는 매우 비쌌고 구하기 어려웠기 때문이었을 것이다. 철기의 사용은 인류에게 중요한 자본의 하나였다. 이것은 청동기보다 강하고 오래갔을 뿐만 아니라 풍부하게 생산되어 값이 저렴하였고, 그로 인하여 널리 사용되었던 것이다. 그 후 인간들은 여기에다 탄소와 마그네슘을 첨가할 경우에 보다 강한 물질이 만들어진다는 것을 알게 되었고 그 후부터 강철시대가 시작되었다.

<표 1. 1> 금속시대의 발달

금속·합금	중동 지역	유럽 지역	북아메리카 지역
청동기 (bronze)	기원전 3500년	기원전 1900~1800 (중앙유럽) 기원전 1500년 (스칸디나비아반도)	·····
철기 (iron)	기원전 1500년 (아나톨리아 고원)	기원전 750년 (중앙유럽) 기원전 400년 (영국, 스칸디나비아)	17세기: 영국 식민자 도착
강철기 (steel)	기원전 300년 (동아프리카 작은 산악 지역)	중세 (작은 산악 지역) 시련기: 1740년 (영국)	1748년

고대 그리스

위에서 언급한 인류의 위대한 4대 문명에 이어 발생한 그리스 문명은 유럽대륙에서 최초로 발생한 위대한 문화였다. 그리스는 기원전 약 2천 년 경부터 시작되어 그리스의 황금시대(기원전 477~431

년)에 아테네에서 그 절정기를 구가했다. 이 기간에 그리스는 철학·예술·상업 등에서 최고의 경지에 이르렀고, 나아가 민주주의 정부의 발달을 실현했다. 이러한 고대 그리스의 영향은 그 시간적, 공간적 한계를 훨씬 능가하고 있다. 이런 이유로 오늘날 그리스는 서양문명의 탄생지로 인식되고 있다.

아테네 인들은 모든 물건을 직접 손으로 만들어 사용했다. 특히 그들의 도자기는 유명했다. 고대 그리스인들은 갑옷과 투구는 물론 일상 옷가지도 손으로 만들었다. 코린트인들은 보석세공과 철기제품으로 유명했다. 예를 들어 청동 헬멧은 황금시대 전인 기원전 550~500년 사이에 유명했다. 또한 세계에서 가장 유명한 사원들이 기원전 400년을 전후하여 아크로폴리스에 세워졌다.

음식 공급. 그리스의 농업은 메소포타미아와 이집트문명을 뒤이어 1천 년 이상의 역사를 가지고 있다. 그리스 시인인 호머(Homer, 기원전 800~700?)에 따르면 축산은 기원전 1천 년 경에 식량공급의 중요 수단이었다는 것을 알 수 있다. 기원전 12세기의 그리스 병사들은 중앙 아시아 유목민의 후손이었고 이들과 비슷한 생활방식을 채택했을 것이다.

기원전 약 2천 년부터 북쪽 어디에서 사람들이 남하하여 농가로 이루어진 작은 마을을 건설했다. 기원전 7백 년 경에 그리스 세계는 작은 여러 개의 독립된 도시국가로 이루어져 있었다. 대부분의 땅은 바위가 많고 척박하였다. 그럼에도 불구하고 인구가 소규모로 유지된 결과 대부분의 그리스인들은 식량 공급 문제에 큰 어려움이 없었다.

초기 그리스의 식사. 초기 그리스의 식사는 간단했다. 밀이나 보리로 만든 포리지(오트밀에 우유 또는 물을 넣어 만든 죽)와 빵이 주식이었고 여기에다 올리브, 올리브유, 물고기, 무화과, 벌꿀, 치즈,

와인 등이 곁들어 졌다. 농가는 항상 우유와 치즈를 위해 양을 키웠으며, 때로는 돼지도 키웠다. 따라서 부유한 농부는 많은 양을 키우는 것이 당연한 것으로 여겨졌지만 그리스에서는 그렇지 못했다. 왜냐하면 척박하고 산성화된 토양은 가축을 기르는데 적합하지 못하였기 때문이다. 따라서 음식에서 육류는 적을 수밖에 없었고, 종종 축제나 종교적 제물을 통해서만 육류 음식이 만들어졌다. 그리스인들은 이집트인과 로마인들처럼 우유를 거의 마시지 않았으나 페타 치즈(양이나 염소의 젖으로 만드는 흰색의 부드러운 그리스 치즈) 형식의 치즈는 많이 만들어 먹었다.

대부분의 그리스인들은 채식주의자들이었다. 일반적인 음식은 콩, 양배추, 부추, 편두, 양파, 순무, 과일 등이었다. 그리스의 음식은 주로 보리와 편두를 갈아 만든 포리지나 보리로 만든 죽인 파스타를 강조했다. 그러나 스파르타에서는 돼지고기와 피, 식초, 소금 등을 주재료로 한 육즙의 검은 묽은 수프가 유명했다.

음식과 농업의 문제. 인구가 증가함에 따라 많은 식량을 생산하기 위해 자주 사용해야 하는 소규모의 기름진 토지에 대한 경쟁이 심해졌다. 그러나 이러한 토지는 양들에 의해 거의 민둥산이 되어 버리거나, 지나친 곡식 재배로 인해 자연적으로 척박하게 되어갔다. 이러한 이유로 그리스인들은 나무로 덮인 숲을 많이 개간했다. 나무가 있는 숲은 은신처를 위해, 또 배를 만들기 위해, 뿐만 아니라 금속제품을 만드는데 사용될 숯을 굽는데 절대적으로 필요했다. 개간된 토지는 증가하는 배고픈 인구를 위해 더 많은 식량을 조달하기 위한 땅으로 이용되었다. 따라서 지나친 숫자의 양의 사육과 지나친 곡식의 재배와 숲에서 나무를 잘라 개간하는 일들은 원래부터 척박하고 메마른 그리스의 토양을 더욱 척박하게 만들었다. 여기에다 건조하고 무더운 기후는 토양의 염도를 증가시켜 거의 모든 곡식의 성장에 지장을 주었다. 이러한 환경에서 그리스의 풍경은 황량함 그 자체였다. 철학자 플라톤은 소중한 목초지, 숲, 그리고 과거에 이미 사라져 버린 활력의 땅을 두고 한탄했다.

그러나 다행히 올리브나 포도나무, 보리는 염도와 산성도가 높은 토양에서도 잘 자랐다. 올리브와 포도는 기원전 약 6세기 경에 그리스의 주요 수출품이었다. 결국 음식에서 가축과 밀 등은 쇠퇴하고 대신 올리브와 포도가 주가 되었다. 따라서 그리스에서는 현실적인 상황에서 적절한 식량 공급이 안전하게 확보되는 것이 이루어졌다.

황금시대, 양분된 음식문화. 기원전 5세기 중엽까지 그리스의 부자와 가난한 자의 음식은 거의 다르지 않았다. 그러나 인구가 증가하고 토지가 척박해 짐에 따라 물이 오염되어 갔고 그 때문에 부자들은 농부들보다 더 많은 와인을 마시게 되었고 고기 역시 더욱 즐기게 되었다. 이를 위해 사냥도 증가했다. 결국 아테네의 황금시대에 이르러서는 부자와 가난한 자의 요리에는 큰 차이가 있게 되었다. 가난한 아테네인들은 가축의 피로 만든 검은 푸딩(돼지 선지를 넣은 검은 소시지)을 먹었고, 부자들은 무역을 통해 들어온 외국의 고기와 신선한 채소를 먹었다. 심지어 부자들을 위하여 그리스에서는 기원전 4세기 경에 요리책이 만들어졌다.

그리스의 와인. 기원전 500~100년 사이에 그리스는 지중해 세계에서 가장 훌륭한 와인으로 유명했다. 그러나 그리스의 포도를 이용한 요리는 프랑스에 비길 수 없었다. 그럼에도 지중해에 접해 있는 여러 부유한 나라들은 그리스의 와인을 수입해서 애용했다. 특히 에게해에 있는 그리스의 두 개의 섬인 레스보스와 키오스(후에 Chianti로 바뀜)로부터 수입되었다. 그들은 달콤한 와인을 좋아했는데 예를 들어 꿀과 허브향이 들어간 꿀술 같은 것이었다. 그리스와 나중의 로마는 와인에다 물을 타고 소금량을 줄여 오랫동안 보관하는 이집트의 방법을 따랐다. 그 결과 알코올 성분이 줄어든 음료수와 같은 와인이 탄생하여 유행했다.

아테네의 쇠퇴. 황금시대는 기원전 431년의 아테네와 스파르타 간의 전쟁인 펠로폰네소스 전쟁의 발발로 끝이 났다. 또한 기원전 430년에 흑사병으로 알려진 전염병이 아테네를 강타하여 인구의 3분의 1이 사망했다. 기원전 350년 이후 아테네의 쇠퇴는 수출의 부족으로 돈이 부족하고, 결과적으로 수입을 할 수 없어 빚어진 식량 부족에 밀접하게 연관되어 있었다. 결국 로마가 기원전 140년에 그리스와 마케도니아를 점령하여 복속시켰다.

기원전 5세기 후반에 발생한 펠로폰네소스 전쟁은 아테네를 중심으로 한 아티카 지역의 도시국가를 황폐화시켰다. 마을이 약탈당하였고 곡식과 주요 작물은 파괴되었으며 토지도 황폐하게 되었다. 전쟁 후 물자와 식량의 부족으로 회복은 더디고 어려웠다. 특히 30년 이상이 걸리는 올리브의 성장은 요원했으며 3~4년이 걸리는 포도나무 역시 새로운 재배에 쉽지 않았다. 결국 농부들은 토지를 헐값에 팔거나 포기하고 도시로 이동했다.

전쟁으로 인한 이러한 파괴는 상황을 더욱 악화시켜 그리스 농업에 심각한 문제를 일으켰다. 설상가상으로 인구는 증가하였는데 이는 식량에 대한 수요가 증폭됨을 의미했다. 가정에서는 더 많은 식량을 확보하기 위해 식량을 상품화하지 않았고 민심이 더욱 흉흉해질 수밖에 없었다. 이러한 요인들이 복합적으로 작용하여 필요한 곡식과 물품을 수입할 수 있게 하는 그리스의 수출상품은 고갈되었다.

간소한 식사로의 전환. 식량부족에 직면한 아테네인들은 단조로운 식사를 하지 않을 수가 없었다. 무화과와 마른 대추야자 열매,

혹은 올리브나 치즈를 넣은 시리얼이 전부였다. 주식은 기름으로 구운 빵으로 포도주와 꿀이 곁들어 졌다.

요약: 대체적으로 그리스인의 생활은 궁핍했다. 기술이 부족했을 뿐만 아니라 짐을 나를 가축과 짐승의 이용도 거의 없었다. 가장 중요한 요소로 그리스의 철학자들은 이론에만 그쳤다. 적은 경험과 보잘것 없는 데이터로 철학자들은 논리에 입각한 이론을 펼쳤지만 이것을 현실에 적용시키지 못했다. BC 350년 이후 아테네의 몰락과 AD 476년의 로마제국의 몰락은 둘 다 극도의 식량부족에서 그 원인을 찾을 수 있다. 수출은 쇠퇴하고 수입을 할 수 있는 돈이 없었다. 대부분의 문명에서와 같이 이 문명의 운명도 식량의 공급에 관계되는 메커니즘과 밀접한 관계가 있었다.

고대 로마

유럽의 로마 지역에 사람들이 거주했다는 최초의 증거는 포계곡에 정착해 있던 중앙 유럽인으로부터 침략이 있었던 기원전 1500년 경이었다. 발굴되고 있는 청동기로부터 판단하건대 이 사람들은 이미 합금의 유용함에 익숙해져 있었다는 것을 알 수 있다. 1880년대에 발굴된 여러 마을을 통해 보면 이들은 마을을 만들고 기존의 신석기인들을 흡수하여 지배했다는 것을 알 수 있다. 기원전 900~800년 경에 새로운 침략자인 에트루리아인이 등장했고 이들은 티베르강 북쪽에 정착했다. 이들은 소아시아 지역에서 청동산업을 위해 필요한 구리와 주석을 구하러 온 상인으로 추정된다. 진보된 문화를 동반한 에트루리아인들은 로마문명에서 중요한 역할을 하기까지 오랫동안 존재했다. 에트루리아 사회는 상류사회와 하류사회가 뚜렷이 구분되어 있었다. 각 사회의 지배자는 정교일치를 이루어 성직자가 왕이었다. 그들은 로마 주위의 성벽을 쌓고 소택지를 만들고 오늘날에도 발견되는 최초의 하수구를 건설했다.

로마는 에트루리아인의 지배하에 있을 때인 기원전 600년 경까지 단순한 농업중심의 사회였다. 로마 건국 초기에는 여러 왕들이 로마를 지배했고, 기원전 509년에는 로마의 귀족들이 왕정을 무너뜨리고 공화정을 건설했다. 아피아 도로는 기원전 312년에 건설되어 로마 발전의 초석이 되었다. 기원전 270년 경에 로마는 이태리와 시실리섬에 있는 그리스의 도시들을 정복하여 반도의 남부에 하나의 통일된 연합체를 구축했다. 기원전 500년 경까지도 에트루리아 지배하에 있던 작은 마을로부터 출발한 로마는 공화정을 파괴하는 20년에 걸친 내전이 있은 후, 기원전 27년에는 거의 전 유럽을 통괄하는 로마제국을 건설했다. 이 제국은 공화정 500년을 포함한 천 년의 역사를 자랑하며 번성하다가 476년에 멸망했다.

공화국 시기의 음식. 기원전 2세기 무렵까지 로마인의 음식은 검소했다. 그들은 대부분 채식주의자였으며 음식을 차게 해서 먹었다. 그들의 도구와 식기류도 수수했다. 단지 은으로 만든 소금 셰이커에 대한 집착은 대단했다. 로마의 식탁에서 소금은 필수품이었다. 심지어 가장 명예로운 자리는 '소금 위에 자리를 잡는 것'으로 여겨졌다. 빵은 당시 로마 식사의 주식이었다. 접시 종류가 거의 사용되지 않았기 때문에 빵은 종종 기본 그릇으로 사용되었다. 당시까지도 계급 사이의 식사 구분은 거의 없었다.

로마가 기원전 2세기에 북아프리카의 카르타고를 점령했을 때, 로마는 이집트와 북아프리카와 시실리섬을 지배하여 밀을 얻을 수가 있었다. 이 두 세기 동안의 공화국의 성공적인 정복들은 로마 부유층의 생활조건을 획기적으로 개선시켰다. 메소포타미아 지역과 북아프리카 등으로부터 음식의 수입은 상류계급이 새로운 식사를 할 수 있는 물자를 제공해 주었다. 육류와 물고기도 쉽게 구할 수 있었다. 로마의 상류계급은 처음 포도주를 마셨는데 그리스인들이 했던 방법대로 포도주에 소금의 양을 줄이기 위해 물을 타서 이용했다. 그리스의 음식을 맛보고 나서부터 로마인들은 그리스 문화를 극도로 찬양했고 다른 문화를 포함한 음식습관이나 식사예절 등을 가능한 한 모방하려고 애썼다. 그러나 그들은 그리스의 지배층과 같이 미식가라기보다 포식가였고 탐욕스러웠다. 결국 그들은 기원전 121년에 최고의 와인을 가진 그리스라고 찬사를 보내면서도 그리스를 점령해 버렸다.

   그러나 그 동안에도 가난한 로마인들의 음식은 단순했다. 그들의 음식은 주로 기장으로 만든 포리지나 여러 가지 곡식 파스타와 조잡한 빵, 올리브유, 물 등이었다. 여기에 순무와 무화과, 올리브 열매, 콩, 치즈 등이 있었다. 소량의 돼지고기를 제외한 고기는 거의 접할 수 없었고 물고기는 강이나 바다 가까이 사는 사람을 제외하고는 거의 맛볼 수 없었다. 원시적인 요리 시설, 연료의 부족, 비좁은 주거환경에서의 불의 위험성 등으로 인하여 가난한 로마인들은 가능한 한 요리를 하지 않으려고 했다.

   로마제국의 음식습관. 기원전 27년에 로마제국이 시작되면서 지중해는 물론 유럽 대륙의 대부분을 국토로 삼았다. 이에 더해 서기 9년 경에 오늘날의 독일 지방을 침략하여 라인계곡의 가파른 언덕과 점령지인 성지 팔레스타인에 포도나무를 심었다. 100년 경, 최대의 판도를 구축한 로마제국은 북으로는 영국 북쪽까지, 동으로는 페르시아만까지 영토를 확장했다. 이 시기에 모든 유명한 음식들은 방대한 지배지역으로부터 수입을 통해 쉽게 구할 수 있었다. 이 시기에도 가난한 로마인들은 항상 그랬던 것처럼 보잘것 없는 음식을 먹었고 부유한 로마인들은 음식과 술의 즐거움을 그 어느 때보다 풍요롭게 누렸다. 부유한 로마인들은 향연과 만찬을 즐기기 위해 많은 시간과 돈을 낭비했다. 완벽한 향연을 즐기기 위해 로마인들은 5명을 초대하는 그리스에 비해 9명을 초대했다. 초대된 9명은 한 테이블 주위에 U자 형태로 놓여있는 3개의 침상에 습관적으로 기대어 앉았다. 그들은 이른바 네로 스타일이라고 불리는 자세로 4분의 3 가량 몸을 기울여 왼쪽 팔에 기대어 오른손 손가락으로 게걸스럽게 먹었다.

로마제국의 멸망, 476년. 5세기의 시작과 함께 로마의 지배계급은 향연과 사치와 육감적 만족에 흠뻑 젖어 들었다. 이제 그들은 통치의 문제와 어려움에 대처할 만한 정신적 능력이 사라졌고 나아가 대 영토를 다스릴 만한 외적 군사 능력도 상실했다. 동시에 그들은 수 세기 전부터 계속된 북쪽으로부터의 게르만족의 반복되는 침략에 능동적으로 대처할 수가 없었다. 이제 무식한 게르만족이 로마를 배우면서 또 다시 로마의 문 앞에 와 있었다. 드디어 476년에 게르만 출신 용병대장인 오도아케르가 서로마제국의 마지막 황제 로물루스 아우구스투스를 퇴위시킴으로 로마는 멸망하였다.

도시들은 침략자들에게 최고의 매력적인 곳이었고 자연히 약탈이 뒤따라 도시 사람들은 시골로 옮겨가지 않을 수가 없었다. 도시로부터의 대탈출이 로마 멸망기에 계속 이어졌다. 그 후 산업혁명기까지 서유럽 인구의 90%가 농업에 종사했고, 도시화가 진행된 시기에도 침묵하는 다수로 남아 있었다.

미개인인 게르만족은 정치기구를 파괴시켰고 시장의 기능까지 와해시켰다. 통화의 위기는 물물경제 체제로 다시 돌아가게 했고 수입 상품과 식량은 국내에서 생산되는 것보다 낮은 가격으로 판매되었다. 결국 제국의 약화는 식량과 상품의 조직적인 조달의 파괴를 가져왔고 이것이 로마제국의 멸망을 이끌었다.

중세 유럽

흉년과 기근. 유럽의 중세는 서기 476~1500년까지를 특징짓는 농작물의 흉년과 그로 인한 음식의 부족으로 기근의 시대라고 불리기도 한다. 중세 초기에 농업은 맥각중독(벼나 보리 등에 기생하는 유독 깜부기)이나 검은줄기 녹병 등의 병충해에 시달려 농작물이 거의 훼손되었고 먹을 수 있는 식량은 극소량밖에 수확하지 못했다. 이 맥각중독은 농작물에 피해를 줄 뿐만 아니라 사람과 동물에게 경련을 일으키게 하고 유산, 심지어 죽음으로까지 이르게 했다. 8세기에서 14세기 사이가 가장 어려웠지만 그 중에서도 9세기와 10세기 사이의 북서 유럽은 특히 기근에 시달렸다.

중세 동안 빵은 비상 식량이자 가장 애호된 식품이었다. 흉년이 심각할 때는 물론, 형편없는 농업 기술과 십자군 원정, 가뭄, 질병 등으로 인하여 중세인들은 말라 죽었다. 중세인들은 기근이 들 때면 도토리 열매에 자주 의존했는데 특히 프랑스 지역이 그러했다. 그래서 중세 프랑스 인들은 곡식을 전면적으로 재배하기 전에는 떡갈나무 옆에서 살았다. 도토리로 만든 빵은 이전의 게르만족들이 풀과 씨앗과 뿌리 등으로 만든 것보다 먹기에도 좋았고 영양가도 훨씬 좋았다. 오늘날의 사람들도 도토리로 음식을 만들어 먹으면서 인간의 식량 채집 시기인 수천 년 전으로 되돌아가기도 한다. 중세기의 가장 조잡한 빵은 스웨덴에서 만들어졌는데 이것은 90%가 나무껍질과 짚이었다. 밀가루로 고기 피를 범벅하여 구운 빵이 동물들이 있는 곳에서는 유행했다. 어떤 경우에 중세인들은 식인식사에 참석하기도 했다.

중세가 이러한 황량한 기근의 시대라는 것은 오늘날까지 남아있는 자장가에서도 잘 반영되어 나타난다. 자장가의 기원에 대한 논란이 있음에도 불구하고, 중세의 식량부족에 대해 상습적으로 언급하고 있고 당연했던 것처럼 선입견을 가지고 있다. 중세의 예술 역시 식량부족에서 빚어지는 현상들을 묘사하는 것이 대부분이었다.

음식습관. 중세 초기에 음식은 오두막의 한복판에서 불로 요리되어 연기와 오염이 만연했다. 한 접시씩의 식사는 불 위에서 지글거리고 있는 큰 냄비나 혹은 솥으로부터 준비되었다. 중세의 이러한 용기들은 하루 종일 끓고 있어 거의 청소가 되지 않았다. 잘 알려진 자장가 중 '뜨거운 포리지 좀 주세요.'도 여기에서 기인된 것이 아닌가 싶다.

호밀은 중세 북서유럽의 중요 곡식이었다. 이것은 모든 곡식 중 가장 단단했고 중세 튜튼족이 가장 애용한 것이었다. 따라서 중세의 일상적 빵은 호밀을 주재료로 만든 조잡한 호밀빵이었다. 밀과 달리 호밀은 빵을 잘 부풀려 만들 수 있는 단백질의 일종인 그루테닌과 글리아딘을 거의 함유하지 않고 있다. 그래서 중세의 빵은 아주 무거웠다. 밀이 풍부한 곳에서는 종종 밀죽을 만들어 먹기도 했다. 뜨거운 물에 껍질을 벗긴 알갱이를 24시간 정도 푹 적셔두었다가 우유와 꿀과 함께 먹었다.

가장 일반적인 주식은 빵과 에일 맥주와 소금에 절인 돼지고기였다. 양배추와 부추와 양파 이외의 야채는 중세 전체를 통하여 거의 없었다. 중세의 식량 공급은 계절의 영향을 많이 받았다. 특히 신선한 음식이 부족한 겨울에는 식량조달이 어려울 수밖에 없었다. 중세의 그림들은 여성들의 모습, 특히 출산을 한 후 철분이 부족하여 생긴 빈혈증의 모습을 많이 보여준다.

8세기에 어떤 농노들은 자신의 은밀한 작은 땅에 포도를 심어 포도주를 만들기도 하고 돼지, 송아지, 닭을 키우고 계란을 거두기도 하였다. 종종 들오리가 식탁에 올랐지만 과일은 드물었다. 이상적인 음식은 빵과 에일 맥주와 소금에 절인 돼지고기와 약한 불로 구운 양배추와 식물의 뿌리 등이었다.

그러나 봉건귀족은 다양한 육류--구운 코끼리 고기, 야생 멧돼지고기, 사슴고기, 송아지고기, 들오리, 오리, 거위, 닭--로 식사를 즐겼다. 그들은 호수나 강, 바다 가까이 있으면 물고기도 즐겨 먹었다. 빵과 치즈, 꿀도 일반적으로 애용되었다. 그러나 중세의 육류와 치즈와 빵 등의 식사는 너무나 무미건조했다. 그래서 더러운 육류를 위장하고 음식의 맛을 내기 위해 대대적으로 양념을 이용했다.

중세 초기(5세기에서 10세기까지). 로마의 멸망 이후 유럽의 내륙과 북유럽에는 수입 상품들이 거의 존재하지 않았다. 따라서 대부분의 사람들은 그들의 인접지역에서 생산되는 음식에 의존하지 않을 수 없었다.

튜튼족은 농사를 짓는데 노예를 이용하는 로마인의 방법을 따랐다. 힘든 노동과 농업을 싫어한 그들은 노예화된 로마 식민지인들의 후손을 농노로 알려진 노예로 삼았다. 그리고 이교도와 기독교도가 전쟁을 통하여 농토를 번갈아 지배했다. 게르만 야만족의 중세 농부들은 모든 것이 자연으로 돌아가기를 원해 토지를 경작하지 않았다. 그러나 수도원의 수도승들은 그렇지 않았다. 당시 지배계급에서 밀려난 로마인들은 농작물의 윤작, 관개, 농기구, 비료 등 각종 농업지식에 익숙해져 있었다. 그러나 이러한 지식을 언어의 장벽으로 인하여 무식한 게르만 침입자들에게 전달하기 어려웠다. 더구나 농업용어는 모두 라틴어였던 것이다. 이러한 장벽과 잦은 농작물의 흉년과 기근에도 불구하고 라틴문자나 그밖의 다른 문자를 아는 소수의 수도승들은 유럽 전역의 농업 발달에 지대한 영향을 주었다.

중세 중기(1050에서 1300년까지). 이 시기는 십자군 운동기로 대별

된다. 1096년에서 1270년 사이에 모두 여덟 번에 걸쳐 십자군들이 대외적으로는 성지를 회복하고 비잔틴제국을 보호하기 위한 목적으로 원정에 참가했다. 그러나 많은 십자군들은 권력과 영토와 부를 추구하기 위해 원정대에 올랐다. 역사가 존 엘슨(John Elson)은 십자군 원정의 이러한 동기를 '뻔뻔스러운 탐욕으로 혼합된 종교적 열망'으로 표현했다. 11세기에서 13세기에 걸쳐 성지를 회복한 십자군들은 유럽의 농업에 막대한 피해를 주었다. 남자들은 전쟁터에 나갔고 농사는 여성과 어린아이와 노인들의 책임이었다. 이러한 이유로 남자들이 남아있는 곳을 중심으로 10세기에서 15세기까지 최상의 유럽의 농업은 스페인으로부터 북이태리로 그리고 네덜란드로 옮겨졌다.

중세 말기(1300에서 1500년까지). 1300년 경에 유럽은 지난 세기의 쇠퇴를 부르는 전쟁의 후유증으로 침체기를 경험했다. 1348년에서 1349년 사이에 흑사병으로 알려진 쥐가 옮기는 전염병이 유럽 인구의 4분의 1을 죽이면서 더욱 곤궁하게 만들었다. 그러나 이러한 어려움에도 불구하고 이 시기는 르네상스로 알려진 재생의 기운이 싹트기 시작한 시기였다. 르네상스는 이태리에서 시작하여 유럽 전역으로 확산된 학문과 문예의 부흥이었다. 로마의 멸망 이후 암흑기와 13세기를 지나면서까지 학문과 과학에 대한 강조는 거의 없었다. 오로지 서유럽의 에너지는 기독교의 전파와 성지탈환에만 집중되었다. 그러나 르네상스와 함께 학문과 과학 지식의 부활이 이루어졌다. 중세 말기에 유럽은 보다 더 오랫동안, 보다 더 멀리 항해하는 해양의 시대를 간절히 바라마지 않았다. 1400년에 부유한 유럽인들은 다양한 수입 상품--보석, 자기, 비단, 귀중한 양념인 후추 등--에 흥미를 가지고 집착했다. 그러나 중동에서의 기독교도와 이슬람교도의 적대관계는 유럽인들이 인도와 중국으로 가는 육

로를 차단시키는 결과를 초래했다. 따라서 유럽인들을 유혹하는 여러 가지 물건을 얻고자 극동으로 가는 새로운 무역로를 개척하지 않으면 안되었다. 이에 더하여, 유럽 인구의 증가와 절대주의의 내부적 불안을 해소하고 나아가 중상주의적 경제 이익을 추구하기 위해 새로운 영토에 대한 식민화 작업이 고조되었다. 이러한 요인은 탐험을 자극했고 그 단계가 유럽의 탐험시대였다.

2. 서반구

초기 이민

최소한 2만 년 전, 홍적세 말기 베링 해협이 육지였을 때, 사람들이 시베리아를 가로질러 지금의 알래스카로 알려진 곳으로 건너왔다. 그들은 몽골계가 아니라 아마도 현재의 인도와 중국의 공동 조상이었던 것으로 추정된다. 바로 그들이 오늘날 아메리카 인디언의 조상이었다. 시베리아의 날씨가 몹시 춥고 거칠었기 때문에 많은 사람들은 베링 지역 근처에 살 수 있을 것이라고 여기지 않았다. 그래서 초기의 이민들과 이들을 뒤따라 온 사람들은 소수에 지나지 않았다.

이러한 최초의 아시아 이민들은 완전히 진화한 호모 사피엔스였다. 그러나 이들은 아직 도구 사용에 익숙하지 못해 자연히 농업을 주로 삼지 못했다. 또한 개를 제외한 다른 동물들을 기르는 데에도 익숙하지 못했음이 분명했다. 그들은 메소포타미아의 수메르 도시들이 건설되기 오래 전에, 또 중국인이 글을 쓰기 시작하기 오래 전에 이주했다. 최초의 아시아 이민들이 북아메리카 대륙으로 건너

오고 난 후 베링 해협은 다시 물에 잠겼고 아시아와 북아메리카는 현재처럼 분리되었다. 따라서 아메리카 인디언들은 이전에 살았던 환경과는 전혀 다른, 완전히 고립된 상태에서 새로운 생활을 해야만 했다. 이들은 시베리아의 혹독한 환경 아래에서 살았고 또 가장 적자들만 살아 남을 수 있는 북아메리카의 북극 가까이에 살았던 경험을 토대로 강한 인간으로 진화하였다. 거의 수천 년을 이런 상태에서 살아왔지만 15세기 이후 콜럼부스와 다른 유럽인들에 의해 자행된 약탈과 탐욕과 새로운 질병에 의해 이들의 인구는 격감하였다.

이들의 최초 이동의 목적은 특별한 기술 없이 식물이나 동물을 찾아 식량을 구하는 것이었음이 분명하다. 이들은 알래스카 기후에 적합하게 잘 자라는 식물을 주로 채집했을 것이고, 새의 알을 주워 먹거나 손으로 잡을 수 있는 작은 동물들을 사냥했음이 틀림없다. 아주 드문 일이지만 그들은 불구가 되거나 죽은 큰 동물을 구하기도 했다. 그들과 그들의 자손인 원시 인디언들은 수천 년 동안 이러한 방법으로 식량을 구하는 가장 원시적인 생활을 하였다.

원시 인디언 시기(기원전 13000~8000년)

이 시기에 북아메리카에는 큰 사냥감들이 즐비했고 사냥 기회도 그만큼 많았다. 그러나 불행히도 인디언들은 적절한 도구를 개발하여 사용하지 못했기 때문에 이런 매력적인 식량 자원을 개발하는 능력은 한정될 수밖에 없었다. 그들은 단지 생존을 위한 가장 기본적인 식량 채집을 계속할 뿐이었다.

그러나 기원전 1만 년 경 또는 그 이전에 초기 이민의 자손들은 도구와 날아가는 무기를 만들어 쓰는 집단 사냥꾼이 되었다. 이 시기에 만들어진 것으로 추정되는 수많은 화살촉이 뉴멕시코의 클로비스 근처의 맘모스와 아메리칸 낙타, 털 있는 코끼리의 뼈 무덤에서 발견되었다. 이러한 도구들은 당시 인디언들로 하여금 초원을 어슬렁거리는 큰 동물을 사냥하여 더 많은 고기를 얻을 수 있게 했음이 틀림없다. 이 동물들 중 가장 많았던 것은 들소와 맘모스였다. 그 중 들소가 최고의 사냥감이었다. 그리고 인디언들은 여러 도구를 가지고 식물음식을 채집하는 생활을 더욱 효과적으로 이끌어 갔다. 이러한 과정이 원시 인디언으로 하여금 식량공급 문제에 있어 차츰 독립을 하게 했다.

메마른 기후와 많은 육식동물의 서식으로 이들의 주식은 사냥을 통해 이루어졌다. 콜로라도의 포트 콜린스에 있는 동굴에서 발견된 화로와 탄 숯의 흔적은 고기 중 얼마는 구워서 요리되었다는 것을 보여준다.

이 시기의 인디언들은 사냥감을 죽이는데 단순한 기술을 이용했다. 나무로 만든 창끝에 부싯돌이나 흑요석 같은 것을 화살촉처럼 만들어 매달아 사용했다

구 인디언 시기(기원전 8000년~1500년)

이 시기의 초기에 인디언들은 특별한 어떤 기술을 이용하여 동물과 식물음식을 사냥하고 채집하는 생활을 계속했다. 영양의 적절성은 일반적으로 좋았다. 그러나 빙하기가 끝난 후 이 지역의 기후는 덥고 건조해 졌다. 아메리카 대륙의 남동부 일부를 제외하고 초원은 사라졌고, 그 결과 홍적세의 큰 동물들이 대부분 사라져 버렸다. 대부분의 동물들이 의존했던 초원이 사라짐으로 동물의 수는 격감했을 뿐만 아니라, 사람들에 의해 남아있는 동물도 모조리 죽

는 결과를 초래했다. 이것이 바로 홍적세의 동물의 종말이었다. 인디언들은 이제 적은 양의 고기를 주는, 남아 있는 작은 동물을 사냥하지 않을 수 없었다. 다행히 아메리카 대륙의 기온은 식물이 자라는데 큰 지장을 주지 않았다. 그래서 그들은 식물과 작은 동물로, 이전만큼 풍부하지는 못했지만 일상의 식량 공급에서 독립된 생활을 할 수 있었다. 그 결과 종래의 사냥보다는 식량을 채집하는 활동이 전개되었다. 이 시기에 마노스, 메타테스와 같은 분쇄기구가 만들어져 사용되었다는 것은 놀랄 일이 아니다. 주요 작물은 콩, 옥수수, 도토리, 밤 등이었다. 그러나 이들이 재배되지는 않았다. 광범위하게 채집 식물들이 이용됨에 따라 이 시기 북아메리카에서 등장한 것으로 추정되는 원예가 발달되기 시작했다.

이와 같은 대형 동물 사냥감의 결핍과 광범위한 식물 채집의 가능성은 인간들로 하여금 보다 안정된 정주생활을 하도록 이끌었다.

숲속 인디언 시기(기원전 1500년~기원후 300년)

이 시기에 식물 재배와 원예가 광범위하게 이루어졌고 비록 소규모지만 농업의 실제적 시작이 이루어졌다. 숲속 인디언들은 우물 근처에 작은 마을을 이루어 살았다. 이들이 아메리카 대륙에서 최초로 정주생활을 했던 것이다. 이러한 정주생활은 두 가지의 혁신에 의해 더욱 촉진된 것으로 보인다. 저장소와 도자기의 개발이었다. 이들의 저장소는 항상 종모양으로 파여져서 풀과 일직선이 되게 했다. 이것은 모아온 곡식과 견과류를 보관하는데 이용되었다. 도자기는 물의 저장과 수송을 용이하게 하여 굽는 방법 이외의 다른 방법으로도 고기와 곡식을 요리할 수 있게 했다.

식량을 저장하는 능력은 사회발전에 중요한 약진을 가져왔다. 숲속 인디언들이 저장을 할 수 있다는 것은 식량을 얻는데 보다 적은 시간을 들이고 나머지 시간을 농업에 종사하도록 했다는데 의의가 있다. 따라서 숲속 인디언들은 오늘날 아메리카 대륙으로 알려진 이 지역에 사실상 최초의 농업 시작과 식량 저장법을 발견하여 이용한 사람들이다.

농작물과 더불어 사냥과 조개 채집이 숲속 인디언 음식의 주요 구성요소였다. 작은 동물의 사냥이 주로 이루어졌으며 두 가지의 새로운 도구가 개발되었다. 활과 화살, 혹 부는 촉 화살이었다. 괭이도 만들어져 이 시기에 식물 재배의 기술적 발전의 전기를 마련해 주었다. 대초원 지역에서는 들소의 견갑골로 괭이가 만들어진 반면, 남동부 지역에서는 홍합껍질로 만들어졌다. 기원전 1천 년으로 추정되는 탄화된 흔적을 살펴보면 많은 종류의 식물이 재배되었음을 알 수 있다. 북동부 지역의 이런 흔적에는 옥수수, 시금치, 호리병과 식물, 각종 습지 식물, 해바라기 등이 있다. 이 시기에 등장한 이와 같은 기술은 외적, 사회적 환경의 중요한 변화를 초래케 했고 결과적으로 식량체계와 음식문화에 지대한 영향을 주었다.

미시시피 인디언 시기(330년~1500년)

이 시기에 이루어진 것으로 추정되는 소규모의 거주 단위와 마을의 존재는 미시시피 인디언들의 상호작용을 통한 진보된 사회 환경에 대한 표시이다. 여기에는 종교적 생활과 광범위한 농업활동에 대한 증거도 있다. 이 사람들은 식물을 재배하는데 유용한 비옥한 강과 계곡 지역에 정착했다. 주요 농작물은 인디언 옥수수, 콩, 호박, 인디언 호박 등이었다. 이들은 괭이, 삽 그리고 쟁기 같은 도구를 이용했다. 따라서 이 시기는 북아메리카 지역에서의 광범위한 농업의 시작을 의미한다.

　농작물의 재배와 더불어 채집과 사냥과 낚시도 식량을 조달하는 수단이었다. 채집에는 음식의 다양화를 가져다 준 각종 과일과 뿌리와 장과류가 있었다.

유럽인의 도래

　유럽인들이 도착했을 때 북아메리카 인디언들은 남쪽과 동쪽에 흩어져 생활하고 있었다. 하나는 중앙 및 남아메리카였고 다른 하나는 동북아메리카와 카리브해 유역이었다. 콜럼부스가 신대륙을 발견할 당시, 서쪽과 북쪽 지역의 인디언들은 미시시피 유역으로 밀려들어 왔다. 이들의 농업은 비교적 상당히 발전한 것이었지만 동물은 개, 칠면조, 오리 등을 제외하고는 거의 기르지 않았다. 그 때까지 인디언들은 말을 보지 못했고, 이것은 인디언들의 문화가 유럽 백인 문화의 지배를 받게 되는 결정적인 역할을 했다. 석기시대를 이제 막 벗어난 것과 같은 이들의 활과 화살은 유럽인의 머스켓 소총과는 경쟁할 수 없었다.

II. 신대륙 발견에서 미국의 독립까지

1. 동서의 만남

콜럼부스의 신대륙 도착

 1492년 10월 12일 아침, 바하마 군도에 콜럼부스가 도착했을 때 유럽에서는 탐험의 시대가 무르익고 있었다. 1419년에 포르투갈의 헨리 왕자(Prince Henry)는 대서양 해안에 있는 도시 사그레에 항해훈련소를 만들어 운영했다. 항해에 대한 그의 열정은 바톨로뮤 디아즈(Bartholomeu Dias)와 바스코 다 가마(Vasco da Gama)와 같은 탐험가들을 자극하여 아프리카 해안을 항해하여 궁극적으로 인도에 도달할 수 있게 했다. 후에 프톨레마이오스의 지도로부터 얻은 정보를 이용하여 콜럼부스는 서쪽으로 계속 항해를 하면 동양으로 가는 좀 더 빠른 길을 찾을 수 있지 않을까 해서 이를 시도했다. 1492년 8월 3일에 스페인의 깃발을 단 이 이태리 탐험가가 3척의 배--니냐, 핀타, 산타 마리아--에 90명의 승무원을 태우고 스페인의 팔로스항을 출발했다. 항해 70일만인 1492년 10월 12일 자신이 후에 산 살바도르라고 명명한 바하마 군도의 어느 섬에 도착했다.

　발견의 시대의 씨앗과도 같은 이 항해는 그의 네 번의 항해 중 첫 번째였고, 그는 죽을 때까지 이곳이 신대륙인지 몰랐다. 사실, 그는 북아메리카 본토에는 발을 내딛지 못했다. 콜럼부스는 그가 발견한 이곳이 동양의 어느 한 지점이라고 죽을 때까지 여기면서, 결코 새로운 땅이라는 것을 꿈에도 생각하지 못한 채, 빚더미에 쌓여 잊혀진 인물로 살다가 1506년 스페인에서 죽었다. 그는 자신의 용기 있는 행위가 '한 사람에 의해 이루어진 지식으로 인간의 가장 위대한 부가적 성과'로 찬양되는 것을 결코 알지도 못했다.

　콜럼부스는 죽을 때까지 자신이 인도나 중국, 아니면 일본 근처 동양의 한 섬인 동인도 지역에 도착했다고 믿었다. 그와 승무원들을 '하늘로부터 온 사람들'이라고 칭한 남미 인디오의 한 종족인 온화한 아라와크족이 동인도에 살고 있는 인디언으로만 알았다. 비록 사람들은 그의 생각이 틀렸다는 것을 얼마 후에 알게 되었지만 그의 이름과 명예는 영원히 살아 있다. 또한 아메리카 대륙의 원주 거주민들은 아직까지 인디언이라고 불리고 있고, 그가 도착한 최초의 섬이 있는 지역은 서인도 제도라고 하고 있다.

콜럼부스의 탐험 동기

　콜럼부스(1451~1506)의 생애는 중세 말기, 서구 사회에 과학적 지식이 태동되고 근대인이 탄생되는 등의 격동의 시대 중심에 있었다. 그러나 그를 둘러싸고 있던 환경은 그를 변화의 시대로 끌어 주지 못했다. 이 당시 서유럽은 전쟁과 페스트와 기근, 노예, 종교적 박해 등의 혼란기여서 사람들은 좀 더 나은 환경과 생활을 갈구했다.

당시 다른 탐험가들에 의해 공유되었던 후추를 비롯한 양념, 유혹적인 상품, 부에 대한 욕망에 더하여, 콜럼부스는 종교적인 동기도 가지고 있었다. 1270년 이래로 비록 십자군이 이루어졌지만 콜럼부스는 예루살렘과 터키에 대한 최종적이고 성공적인 공격을 가하고자 갈망했다. 이러한 종교적 열망은 1492년 스페인의 경우에서도 마찬가지였다. 종교적이고 정치적인 욕망에 사로잡힌 스페인 정부는 무어족을 정복하여 이교도를 와해시켰고, 수만 명의 유대인들에게 카톨릭으로 개종을 하든지 아니면 추방을 당하든지 선택하도록 하였다. 따라서 콜럼부스가 '지금까지 이 세상에서 가장 거대한 제국인 기독교국의 이름으로 무장한 스페인의 도움 아래' 페르디난드와 이사벨라의 경제적 도움을 얻을 수 있었던 것이다.

콜럼부스가 발견한 세계

콜럼부스가 바하마 군도에 도착했을 때 구세계의 과학기술과 다른 지식들은 신세계의 그것을 훨씬 능가하는 것이었다. 그러나 두 세계는 아직까지 오늘날에 비하면 유아 사망률이 대단히 높아 1천 명 당 35명만이 살아 남았다.

당시 북아메리카의 인구는 2백만에서 1,800만 사이로 추정되고 있다. 아메리카 대륙 전체적으로 볼 때 드물게 인구가 분포되어 있던 서반부는 아마도 당시 유럽과 비슷한 수의 인구가 있었던 것 같다. 당시 유럽 인구는 6천만에서 7천만으로 추정된다.

콜럼부스는 신세계라기보다 독특한 문화를 가진 수많은 다양한 사람들이 오랫동안 살아온 또 다른 구세계를 발견한 것이나 다름없었다. 그는 이 이상한 땅에서 빙하기인 2만에서 2만 8천년 전에 아시아로부터 베링 해협을 건너 온 조상들을 가진 갈색 피부의 사람들을 발견했다.

　그들의 조상이 이 대륙에 도착한 후 그들은 선사시대를 포함하여 네 번으로 구분되는 고고학적 시기--기원전 15000년부터 기원후 1500년까지--를 경험했다. 이것은 1장과 8장에서 언급된 것으로 원시, 고, 숲속, 미시시피 시기로 구분되는 것이다. 이 시기들은 오늘날 미국의 지리적 지역에 거의 모두 포함된다.

　콜럼부스가 도착했을 당시 아메리카의 주인인 인디언들은 미시시피 시기 말기에 살고 있었다. 당시 그들의 광대한 농업활동은 구세계의 초기 신석기인들과 거의 다르지 않았다. 그들의 농업이 발전된 것에 비해 가축은 거의 없었고, 결코 주목할 만한 것이 못되었다. 알프레드 크로스비(Alfred Crosby)는 '콜럼부스가 도착했을 때 가장 발전한 인디언들도 아직 석기시대를 거의 벗어나지 못했으며 자연히 그들은 소규모의 정복자들에게도 지배되지 않을 수 없었다.'고 말했다. 인디언들은 유럽인들과 대적할 수가 없었다. 그것은 철기 대 석기의 싸움이었으며, 대포와 총 대 활과 화살과 투석기의 대결이었으며, 말 대 맨발의 대결이었다. 말은 비록 북아메리카가 원산지였지만 여기에서는 오래 전에 사라져 없었고, 이를 본 인디언들은 놀라지 않을 수가 없었다. 후에 그들은 유럽으로부터 온 말의 후손을 얻어 이용했다.

　콜럼부스가 1492년에 도착한 바하마 군도의 히스파니올라섬에는 약 25만 명의 아라와크 인디언들이 살고 있었던 것으로 추정된다. 그러나 그 후 20년이 지나면서 질병과 새로운 지배자들은 그 수를 단 1만 4천 명으로 줄여 놓았다. 그리하여 1600년 경에 인디언 원주민들은 거의 사라지고 말았다.

2. 콜럼부스의 교환

콜럼부스의 2차 항해는 세계를 근본적으로 변화시킨 또 하나의 사건으로 일컬어지고 있다. 1493년 9월 25일, 콜럼부스는 17척의 배에 1,200명의 선원을 싣고 스페인의 카디즈항을 출발했다. 그들은 카나리섬에 잠시 멈추었다가 다시 여행을 하여 21일 동안 해안을 탐색하였다. 1493년 11월 3일, 항해 후 콜럼부스가 마리아갈란테라고 명명한 한 섬에 도착했다. 그 후 그는 히스파니올라로 되돌아 와서 북쪽 해안에 아메리카 대륙에 최초의 유럽 식민지인 이사벨라를 세웠다.

콜럼부스는 1493년 2차 항해시 말, 개, 돼지, 소, 닭, 양, 염소 등과 더불어 각종 씨앗과 꺾꽂이용 나뭇가지를 가지고 출발했다. 이 항해는 전례가 없었던 중요한 사건으로 동·서반구 사이의 식물군과 동물군의 전파와 이동을 초래하였다. 유럽인들은 갈 때는 구세계로부터 동물과 식물을 가지고 갔고, 돌아올 때는 신세계로부터 동반구로 각종 동·식물을 가지고 왔다. 그의 항해는 '콜럼부스의 교환'을 출발시켰던 것이다. 즉, 두 반구를 근본적으로 변화시켜 사람, 식물, 동물 그리고 각종 질병 등의 교환이 두 개의 반구 사이에 이루어졌던 것이다.

서에서 동으로

음식으로 이용되는 주요 식물. 재배되고 있는 다양한 식물의 지리적 기원을 연구한 러시아의 위대한 식물학자 니콜라이 바필로프(Nikolai Vavilov)는 사람들에 의해 재배되고 있는 중요한 식물 640여 종을 목록화했다. 그 중 약 5백여 종은 구세계에, 1백여 종은 신

세계에 속해 있음을 확인했다.

　오늘날 세계의 부의 5분의 3은 콜럼부스 이전의 동반구에서는 널리 알려져 있지 않았던 식물들로부터 이루어진 것이라고 해도 과언이 아니다. 이러한 식물들 중 대부분은 음식으로 이용되는 식물들이다. 혹 음식으로 이용되지 않는 식물들도 경제적으로 중대한 영향을 주었다. 예를 들어, 신세계가 원산지인 담배, 고무, 면화 등이 그것들이다. <표 2. 1>은 중요한 곡식들의 원산지를 신세계와 구세계로 구분한 목록이다.

　콜럼부스의 탐험을 통하여 구세계 사람들은 새로운 주산물인 옥수수에 대해서 알게 되었다. 또 다른 작물로는 16세기에 포르투갈인에 의해 브라질로부터 아프리카로 가져온 카사바(열대지방에서 잘 자라는 카사바 녹말)가 유명하다. 이 두 식물은 아프리카에서 너무나 중요한 주요 음식으로 자리잡게 되는 운명에 있었다. 신세계의 또 다른 중요 식물은 감자와 고구마였다. 역사적으로 구세계가 원산지인 주요 식물은 쌀, 밀, 보리, 귀리, 호밀 등이었다.

　신세계의 곡식 목록에서 바필로프는 가장 가치 있는 15개의 작물을 목록화했다. 이 곡식들 중 콩, 옥수수, 호박은 스페인인이 도착했을 때 중앙 아메리카 문명을 지탱하는 '영양의 삼위일체'를 구성하고 있었다. 집단적으로 이 15가지의 식물은 농업의 시작 이래로 구세계의 식량생산 식물에 더해진 가장 중요한 작물들이었다. 이들 중 옥수수, 감자, 고구마, 콩, 카사바 등이 가장 풍부하게 재배되었고 거의 400년 이상을 사람들에 의해 주요 음식으로 이용되고 있다. 이것들은 구세계의 그 어떤 대륙보다 아프리카에서 더욱 중요하게 되었다. 왜냐하면 아프리카 인구의 대부분이 이 작물들에 의존하게 되기 때문이다.

<표 2. 1> 신세계와 구세계의 중요한 곡식

신세계	구세계
옥수수	
각종 콩	
땅콩	밀
감자	쌀
고구마	보리
카사바	귀리
단 호박	호밀
호박	사탕수수
파파야	기장
반석류	바나나
악어배	사탕수수 설탕
파인애플	커피
토마토	가지
칠레후추	
코코아	

　16세기에 아프리카에 전래된 옥수수와 카사바는 아프리카에 있어 특히 중요했다. 이에 비해 유럽에서 가장 중요한 신대륙의 작물은 토마토였고 콩과 옥수수가 그 뒤를 이었다. 신세계에서 인디언들이 재배하던 이러한 작물들은 농부들이 필요한 음식을 생산하는 다양한 식물의 범위를 확대시켜 구세계의 재배종에 너무나 가치 있는 지대한 영향을 주었다.

　신대륙의 토착 아메리카인들은 음식으로 적합한, 길들여진 동물들을 거의 소유하지 못했기 때문에 생존을 위한 수단으로 광범위하게 식물에 초점을 맞추어 온 것으로 생각된다. 이러한 환경은 모든 식물들 중 중요한 것들의 발달로 이어지는 것이 상례이다. 이에 더하여 인디언들은 담배, 고무, 면화 등 먹을 수 없는 식물이지만 인간다움을 만들어 주는 속성을 지닌 식물들도 전해 주었다.

동에서 서로

음식으로 이용되는 중요 식물. 콜럼부스에 의한 교역은 두 개의 방향으로 이루어졌다. 서반구에 중요한 사회 경제적 변화를 야기시킨 구세계로부터 들어 온 식물군은 <표 2. 1>에 있는 것과 같다. 이들 중 쌀, 밀, 보리, 귀리, 호밀 등은 구세계의 주요 산물이었다. 더욱 흥미롭고 흥분을 자아내는 구세계로부터 온 또 다른 식물은 바나나, 사탕수수, 커피, 가지 등일 것이다. 왜냐하면 후자는 결코 아메리카가 원산지가 아닌 가지속과의 식물이기 때문이다. 오늘날 세계적으로 가장 많이 재배되고 널리 유포된 식물은 <표 2. 1>에서 보는 바와 같이 밀, 쌀, 옥수수, 감자, 보리 등이다.

1600년 경에는 구세계의 중요한 식물들 중 거의 대부분이 아메리카 대륙에서 자라나고 있었다. 이러한 상황은 유럽 식민자들에 의한 식량의 독립적 공급을 확보하고자 한 데에 크게 기인하였다. 만약 유럽 농업 상황의 서반구로의 이와 같은 성공적 변이가 없었다면 아메리카 대륙으로 이주하고자 하는 유럽인의 수는 훨씬 소규모에 지나지 않았을 것이다.

의심할 여지없이 이주된 식물들은 아메리카 대륙의 식량 생산의 잠재성을 한층 풍부하게 했다. 예를 들어 신대륙의 주요 산물인 옥수수와 카사바가 잘 자라나지 못하는 습지로 이루어진 토양에서 아메리카인들은 쌀을 능동적으로 재배할 수 있었다. 또한 옥수수가 자라는 곳보다 고지대에서 잘 자라는 밀, 보리, 유럽 잠두 등의 식물은 아메리카의 산악지역에서 잘 자랐다.

새로운 동물의 유입. 구세계로부터 유입된 식물들이 사회 경제적으로 중요한 역할을 했지만 콜럼부스와 그의 동료들에 의해 신대륙으로 들어온 동물들은 더욱 중요한 역할을 했다. 스페인 정복자들의 노력 덕택에 말과 소를 포함한 길들여진 많은 동물들이 1500년 경에 신대륙에 도착했다. 이 동물들은 신대륙에서 활동하고 있던 식민자들에게 이 세상 그 어떤 비유목민들보다도 많은 양의 고기를 제공했다. 그 중 돼지가 특별히 중요했는데 식민자들의 후손은 오늘날까지 엄청난 양을 증식시켰다. 또한 가축들은 아메리카 대륙의 풍부한 풀을 인간이 먹을 수 있는 음식으로 바꾸어 주었다. 고기는 물론, 우유와 치즈 등이 그것이다. 따라서 유럽 동물의 신대륙 유입은 아메리카 대륙에서 인간들이 필요로 하는 동물성 단백질의 풍부한 양적 증가를 가져오게 했다.

결국 콜럼부스의 교역은 이전에는 꿈도 꾸지 못할 정도로 음식의 다양함과 영양의 풍부함을 가져다 주었다. 이것은 어디까지나 콜럼부스의 항해와 지난 300년 동안의 인구의 폭발적 증가 사이의 상호관련 속에서 가능했다.

3. 식민지 시대, 1500~1783

식민지인들의 대부분은 영국인이었지만 북아메리카에 들어와 살고 있는 식민지인들 중에는 네덜란드인, 프랑스인, 독일인, 스코틀랜드계 아일랜드인, 스코틀랜드인, 스웨덴인 등이 수천 명씩 있었다. 스페인과 프랑스인들은 모피와 금 등 이익을 직접적으로 제공하는 다른 산물에 관심을 가지고 이를 추구했다. 이들은 인디언을 로마 카톨릭으로 개종시키는 데에도 지대한 관심을 가졌다.

대부분의 식민지인들에게 있어 이민의 제 1 동기는 경제적 기회의 포착이었다. 일거리와 농장과 정착할 수 있는 장소를 얻기 위함이었다. 어떤 정착자들은 구세계에서 종교적 믿음으로 인하여 박해를 받았기 때문에 종교의 자유를 찾아 신대륙으로 왔다. 이들 중에는 필그림, 퀘이커 교도, 로마 카톨릭 교도, 위그노파, 유대교도 등이 있었다. 그 동기가 종교적이건 경제적이건 대부분의 영국 식민자들은 영구적으로 정착하기를 원했고 농업에 종사했다.

이민자들이 새로운 땅에 정착해감에 따라 많은 인디언들이 다양한 방법으로 도움을 주었다. 특히 식량을 얻는 적절한 방법과 기술집약적인 농업방법을 식민자들에게 가르쳐 주었다. 그러나 인디언들은 자신들이 그 동안 살아왔고 자신들의 영토라고 생각했던 땅을 유럽인들이 착복하려고 한다는 것을 알게 됨에 따라 정착자들에 대한 적대감과 상호투쟁이 상당한 정도로, 아니면 훨씬 심각하게 전개되었다.

결국, 정착자들은 인디언들을 힘으로 서쪽으로 몰아내면서 그들의 땅을 점령해 갔다. 그러면서 그들은 식량을 풍부하게 생산했고 농장과 플랜테이션 농업을 통해 여러 곡식을 생산해 냈다. 이를 통해 식민자들은 그들의 모국인 영국과 또 다른 식민지들과의 거래를 활발하게 이끌어 갔고 자신들이 정착하기 위한 집과 마을과 도시를 건설했다. 그들은 또한 교회와 학교와 지방정부를 설립했다.

식민지 시대가 끝나갈 무렵 식민지 대부분의 생활조건은 유럽의 가장 부유한 나라의 부자들과 거의 동일하게 되었다. 거기에다 그들은 이 시기에 다른 어떤 사람들보다도 스스로를 지배할 수 있는 보다 많은 자유를 누리고 있었다.

스페인 식민자들

스페인은 콜럼부스가 1493년에 이룬 두 번째 항해를 통해 바하마 군도의 히스파니올라섬에 1,500명의 정착자들을 이식시킴으로써 아메리카 대륙에 최초의 식민지를 건설했다. 그는 두 번째 항해를 통해 서반구에 사탕수수의 가지를 가져왔고 이를 오늘날 도미니카 공화국의 수도인 산토 도밍고에 심었다. 이때 그는 단맛의 오렌지도 가져왔다. 따라서 히스파니올라는 플로리다, 멕시코, 페루 등으로의 스페인 식민지 확장의 기본 기지가 되었다. 이곳을 기반으로 스페인은 텍사스, 뉴멕시코, 애리조나 등을 탐험했다. 이러한 활동을 통해 가장 오래된 유럽의 정착지 중 하나인 플로리다의 세인트 어거스틴이 1565년에 설립되었다. 오렌지는 1579년 초에 이곳에서 자라나고 있었다. 이 스페인 식민자들은 아즈텍인이 멕시코에 있을 때 이곳에서 초콜릿을 발견하여 이것을 북아메리카와 유럽에 유입시켰다.

영국 식민자들

비록 영국 식민자들은 유럽의 다른 나라에 비해 상대적으로 늦게 신대륙에 도착했지만 가장 많은 인원이 정착한 유럽인이었다. 1607년에서 1733년까지 영국 식민자들은 북아메리카의 대서양 연안에 영구적인 식민지 13개를 건설했다(<표 2. 2>). 이 초기의 영국 정착자들은 주로 왕으로부터 신세계의 식민 특허권을 얻은 회사나 기업인들에 의해 추진되는 사업에 종사했다. 이 식민자들의 제 1의 목적은 돈을 버는 것이었고, 영국의 무역과 산업을 확장시키는 것이었다. 기회의 땅으로 선전을 한 그들은 많은 유럽인들이 식민지로 이민을 오도록 유도했다. 이를 위해 종종 이 상인들은 새로운 이민자들에게 수송과 토지와 도구 등을 제공해 주었다.

영국 식민지. 영국 식민지는 일반적으로 지역별 그룹으로 형성되었으며, (1) 북부 혹은 뉴잉글랜드 식민지 (2) 중부 식민지 (3) 남부 식민지 등이다.

북부 식민지는 매사추세츠, 뉴햄프셔, 코네티컷, 로드 아일랜드 등이다. 이곳은 대부분 뉴잉글랜드인들이 마을을 만들어 살았고 소규모의 농업에 종사했다. 기후는 서늘하고 토양은 바위가 많았다. 그러나 뉴잉글랜드 식민지는 이 세상에서 가장 훌륭한 목재와 최고의 어업장소를 보유하고 있었다.

중부 식민지는 뉴욕, 델라웨어, 펜실베이니아, 뉴저지 등이다. 이곳의 토양과 기후는 밀과 다른 곡식들이 잘 자라 대규모의 농업이 적합한 곳이었다.

남부 식민지는 버지니아, 메릴랜드, 노스 캐롤라이나, 사우스 캐롤라이나, 조오지아 등이다. 남부의 따뜻한 기후와 기름진 토양은 담배와 쌀, 면화 등이 자라는데 가장 이상적인 지역으로 플랜테이

<표 2. 2> 대서양 연안의 영국 식민지

식민지	최초의 영구적 정착지
버지니아	1607
매사추세츠	1620
뉴햄프셔	1623
뉴욕	1624
코네티컷	1633
메릴랜드	1634
로드 아일랜드	1636
델라웨어	1638
펜실베이니아	1643
노스 캐롤라이나	1650
뉴저지	1660
사우스 캐롤라이나	1670
조오지아	1733

션 농업이 성했다.

각 식민지의 역사와 음식 유형

버지니아. 버지니아는 아메리카 대륙에서 최초의 영구적인 영국 식민지였다. 1607년에 800명에 달하는 승무원과 승객들이 9척의 배에 승선하여 영국을 출발하여 버지니아로 항해했다. 그들은 치즈, 말린 물고기와 육류, 오트밀, 빵과 비스킷, 콩과 양파, 마른 과일, 각종 양념, 버터 등을 가지고 왔다. 이와 함께 그들은 많은 맥주와 사과술과 물을 담은 수많은 통과 심기 위한 곡식의 씨앗을 다량으로 가지고 왔다. 이들 중 650명은 지금 제임스타운이라고 불리는 곳에 도착하여 정착했다. 이때 인디언들이 식민자들에게 옥수수 씨앗을 선물로 주었고, 어디에서 물고기가 잘 잡히고, 어떤 사냥감을 먹을 수 있는가를 가르쳐 주었다. 스콴토 인디언은 이러한 방식으로 특별히 필그림에게 도움을 주었다. 그러나 음식은 유럽에서만큼 적절하지 못했다. 이른바 '굶주림의 시기'로 알려진 1609~1610년 사이의 겨울에 수많은 정착자들이 죽었다. 그러나 1617년에 추가 이민단이 대거 도착하여 이곳의 인구가 약 4천 명으로 증가했다. 수많은 시련에도 불구하고 제임스타운은 생존할 수 있었고 윌리엄스버그에 또 다른 정착지가 개발되었다.

새로 도착한 이민 가족들은 마침내 버지니아에 정착했던 초기의 탐험가와 무역업자들을 대신했다. 담배는 영국에서 버지니아산 담배에 대한 훌륭한 시장이 열려 있었으므로 새로운 식민자들을 유혹했다. 버지니아 식민지에서 거의 모든 사람들은 담배 농업에 종사했다. 그러나 담배를 재배하는데 이용되던 방법이 토양을 너무나 고갈시켰기 때문에 이것은 3년 이상을 한 토지에서 자라날 수가 없었다. 이러한 연유로 식민자들은 토지의 질을 회복시키는 것 대신에 새로운 땅을 찾아 서부로 갔고 농업도 서부로 확대되었다.

1617년 봄에 식민자들은 아메리카 대륙에서 또 하나의 중요한 일을 했는데 그것은 옥수수를 최초로 정원과 밭에 심었던 것이다. 인디언 호박과 호박은 매우 잘 자라났기 때문에 이것들은 식민자들이 가꾸는 텃밭에서 흔히 볼 수 있는 것이 되었다. 옥수수는 식민지나 개척지에서 주요 산물이었다. 따라서 이것은, 역사적으로 주요 산물이 처음부터 밀, 쌀, 보리였던 유럽인과 아시아인들에게는 거의 알려지지 않은 새로운 음식의 이식이었다. 인디언들은 정착자들에게 약절구와 공이를 사용하여 옥수수를 가는 방법을 가르쳐 주었다. 약절구는 나무 그루터기에 홈이 파여져 있는 것이고 공이는 막대기이다. 정착자들은 인디언으로부터 간 옥수수로 옥수수 죽과 다른 다양한 음식을 만드는 법을 배웠다.

1652년에 식민지에 처음으로 돼지가 유입되었다. 이것 역시 식민지와 개척지에 잘 적응했다. 왜냐하면 돼지들은 부엌의 음식 찌꺼기와 숲속의 도토리, 오크 열매로도 잘 성장하였기 때문이다. 후에 돼지들은 넓게 방목되어 농장주들에 의해서 재배된 땅콩을 먹기도 했다. 개척지가 가까우면 가까울수록 더 많은 중요한 사냥이 이루어졌다. 쇠고기와 사냥으로 잡은 것들은 인디언들의 전통적인 방법에 따라 건조되었다.

아프리카 노예. 버지니아에서 무역의 증가는 인구의 증가와 대규모 노동력의 수요를 자극했다. 1600년 경에 인디언 노예는 거의 소멸되었다. 이를 대신하여 식민자들은 아프리카 흑인과 계약된 백인 하인을 노동집약적인 담배와 면화농업에 투입시키기 시작했다. 최초의 아프리카 흑인이 1619년 네덜란드의 상선을 타고 버지니아에 이송되었다. 그 후 흑인들은 다른 식민지에도 대량으로 유입되

었다. 남부 인구에 이와 같은 아프리카 흑인들의 대거 유입은 이 지역의 사회 경제 구조에 지대한 충격을 주었다.

뉴욕. 1613년에 네덜란드인들은 맨하탄섬에 뉴암스텔담의 모피 무역 항구를 건립했다. 후에 네덜란드 동인도회사는 스스로 비용을 들여 새로운 식민지에 50여 명의 정착자들을 수송해 온 상선의 관리에게 허드슨강을 따라 펼쳐진 넓은 땅을 주었다. 1623년 3월에 남부와 남동부 벨기에와 프랑스 등으로부터 열세 가족의 왈론인들이 뉴암스텔담에 도착했다. 그 해 그들은 옥수수와 사냥하는 방법과 주위의 바다에서 먹거리를 구하는 방법을 가르쳐 준 인디언들의 도움으로 생존할 수 있었다. 다음 해 4월, 3척의 원정대가 농업과 낙농시설에 요구되는 더 많은 정착자들을 데리고 왔다. 이 원정대는 거의 100마리에 달하는 말, 돼지, 양 등의 가축들을 가지고 왔다. 네덜란드인들은 잘 조직되어 있어 항해는 물론 뒤이어 온 식민자들에 의한 정착이 능수능란하게 이루어졌다. 비옥한 토양은 각종 곡식과 담배와 과일, 콩, 호박, 인디언 호박을 포함한 다양한 채소의 재배를 용이하게 했다.

매사추세츠. 필그림들이 1620년에 플리머스에 도착하여 아메리카 대륙에서 두 번째로 영구 식민지를 개발했다. 필그림들은 경제적인 이유보다 종교적 자유를 찾아 신대륙으로 온 사람들이었다. 맥주의 부족과 항해자들의 사기 저하는 메이 플라워호가 본래 목적지인 버지니아 식민지가 아닌 다른 지역으로 방향을 바꾼 것과 연관이 있는 것으로 알려졌다. 그들의 음식은 거의 상해 버렸고 남아 있지도 않았다. 겨울을 보내고자 찾은 주거지도 형편없었다. 그리하여 원래 99명의 정착자들 중 단지 절반만이 생존했다.

그러나 다행히 필그림들은 옥수수 재배법을 가르쳐 주고 최고의 고기잡는 장소를 일러주는 등 특별한 도움을 준 이 지역 인디언들과 우호적 관계를 유지했다. 인디언들은 식민자들에게 옥수수를 주었고, 옥수수와 함께 콩을 재배하는 방법과 이를 환기가 잘 되는 저장소에 보관하는 법과, 필요할 때 옥수수를 갈아서 먹는 방법을 가르쳐 주었다. 이 당시 옥수수, 고구마, 호박, 인디언 호박 등은 수대에 걸쳐 북아메리카 인디언들에 의해 재배되고 있었다. 근채작물들이 정착자들에게 유입되었고, 물고기는 대서양과 정착지 근처의 강에 너무나 풍부했다. 거칠게 간 옥수수 가루가 식사로 이용되었다. 1년 후 플리머스 식민지는 옥수수 가루로 만든 빵과 덩굴월귤 열매와 야생 칠면조와 단풍시럽으로 구운 호박 등을 준비하여 최초의 추수감사절을 기념했다. 이때 야생 칠면조는 멕시코에서 북부 뉴잉글랜드 지방까지 퍼져 있었는데, 멕시코의 아즈텍에서 사냥된 야생 칠면조가 1530년 경에 유럽에서 볼 수 있었다. 멀리 바다로 나가 해양활동을 하는 터키인들이 이것들을 잡아 영국으로 가져갔고 그 후로 이 새는 '터키'라고 불려지게 되었다. 식민지가 성장함에 따라 과다사냥으로 인하여 사슴고기는 풍부하지 않았다.

영국 식민지인들이 제임스타운과 플리머스에 정착한 이후로 대서양에 접해 있는 넓은 지역이 식민화 되어갔다. 마지막 식민지까지도 어려운 생활을 겪었는데 어디든지 제임스타운과 플리머스의 경험만큼 어려웠다.

델라웨어. 스웨덴인들은 1638년 델라웨어강 유역에 최초의 정착지를 개발했다. 초기 정착자들은 모피상인들이었다. 그러나 1655년에 뉴욕 중심의 네덜란드 모피상인들과 마찰이 있은 후에 스웨덴인들은 관심을 바꾸어 주로 과일과 담배를 재배하고 작은 규모의 농장을 운영했다. 비옥한 토지 덕분에 스웨덴인들은 과일 농사를 짓고 콩, 완두콩, 양배추 등을 재배하는데 성공했다. 그들은 호밀, 보리, 옥수수, 밀 등의 재배에도 성공했을 뿐 아니라 소, 염소, 양 등을 기르는 일도 대대적으로 성공했다. 그들은 자신들이 재배한 옥수수로 만든 맥주를 즐겼고 또 원주민인 인디언들이 만든 훌륭한 포도주와 소와 염소의 젖과 조개도 즐겨 먹었다.

뉴저지. 1664년에 약 230 가족의 퀘이커 교도들이 영국, 아일랜드, 스코틀랜드로부터 종교적 자유와 토지의 자유 획득을 위해 이곳으로 이주해 왔다. 이곳의 일부는 본래 퀘이커 교도들이 새로운 땅에서 평화로운 생활을 하기 위한 은거지로 사용할 의도로 개척되었다. 퀘이커 교도들은 대부분 부자였지만 소박하고 절제된 생활을 하는 현실적이고 근면하고 검소한 사람들이었다. 그러나 미국의 다른 식민지들과 마찬가지로 이들도 식량과 주거지를 확보할 필요에 직면했다. 인디언들은 이들에게 옥수수를 제공해 주었다. 그리고 이곳은 물고기가 많았다. 그러나 그들은 사냥꾼이 아니었기 때문에 사냥을 할 수 없었다. 뉴저지에서 널리 상용되고 있던 원주민들이 즐겨 먹는 덩굴월귤과 월귤나무 열매가 곧 이들의 주요 곡식이 되었다. 퀘이커들의 정성스런 농업으로 뉴저지의 기름진 토양은 질 좋은 많은 곡식과 야채와 과일을 생산했다. 그 후 뉴저지는 이른바 정원 주로 알려졌고 이곳의 음식은 질이 좋을 뿐만 아니라 양에 있어서도 풍부했다.

펜실베이니아. 17세기와 18세기 초 중엽에 독일인들이 대거 아메리카 대륙으로 이민을 왔다. 초기 정착자들의 소수는 뉴욕에 정착했다. 그러나 퀘이커 교도로서 펜실베이니아를 개척한 윌리엄 펜(William Penn)의 선전과 환영에 고무된 독일인들은 서부로 옮겨가 남동 펜실베이니아 지역에 정착했다. 이 독일인들 혹은 펜실베이니아 더치(Dutch, 네덜란드인, 이는 독일인이란 의미의 Deutch로부터 유래되었다)들은 대부분 농민으로 태어났고 농사에 정통해 있었다. 그들은 모든 음식을 자급자족했고, 소금과 양념만 사서 공급했다. 수프와 빵과 야채는 초기 개척자들의 최초 음식이었다. 점차 그들은 우유, 사냥을 한 동물, 가금, 야생 장과 등을 음식으로 이용하였고, 식량의 능동적인 확보를 위해 이들을 보관했다. 허브향이 나는 풀 등으로 차를 만들어 마셨고, 태운 귀리와 밀로 커피를 만들어 마셨다. 그들은 커티지 치즈(탈지유로 만든 희고 연한 치즈)를 버터와 같이 이용하였다. 안정된 펜실베이니아 더치 가정의 일상생활은 음식의 다양함에 따라 마음대로 선택할 수 있게 되었다는 인상을 강하게 주었다. 여기에는 빵, 우유, 옥수수 가루, 감자, 국수 수프, 절인 양배추와 덤플링을 곁들인 돼지고기, 소시지, 간 소시지, 빵과 사과 튀김, 팬케이크, 소시지 속살, 당밀, 시럽, 농가 젤리, 사과 소스, 커티지 치즈, 샐러드, 다양한 재료로 만든 파이와 케이크 등이 있었다.

식민지의 음식습관에 대한 개관

인디언의 도움. 콜럼부스와 초기 백인 정착자들이 도착했을 때 동부 대서양 지역과 플로리다의 인디언들은 거의 모두 훌륭한 원예가들이었다. 이들은 음식을 채집하거나 모으는 데--사냥, 어업 활동, 채집 등--에도 정통해 있었다. 초기 정착자들은 인디언에게서 많은 것을 배우고 그들에게 빚을 졌다. 인디언들은 그들에게 어디에서 어떻게 물고기를 잡으며, 어떻게 사냥을 하고, 식량을 모을 수 있는지를 가르쳐 주었다. 더불어 전문적인 농업 기술까지 가르쳐 주었다. 어떤 땅에 어떤 곡식이 잘 자라는지, 또 이것을 어떻게 하면 잘 재배할 수 있는지를 가르쳐 주었다. 그들은 필그림들에게 옥수수를 언덕에 줄지어 심는 법을 가르쳐 주었고, 죽은 물고기로 언덕을 기름지게 하는 방법도 강조하여 가르쳐 주었다. 뿐만 아니

라 토지의 집약적 이용을 가능케 하는 것으로 줄지어 심은 옥수수 사이에 콩과 땅콩, 포도 등을 심는 법을 가르쳐 주었다. 식량을 얻는 이러한 실제적인 방법은 식물의 공생적 관계로부터 이익을 볼 수 있다는 것을 보여 주었다. 옥수수는 키가 작은 식물을 위해 그림자와 보호의 역할을 하는 반면, 공중질소 고정성의 콩들은 옥수수에 많이 필요한 질소를 제공해 주었다. 몇몇 인디언들은 곡식을 말리고 저장하기 위하여 나뭇가지와 옥수수를 재료로 한 작은 방을 만드는 법도 가르쳐 주었다.

인디언의 이러한 가르침과 충고는 이전의 무역업자나 수공업자들이었던 식민자들에게 특별한 가치가 있었다. 과거에 농부였던 독일계를 제외하고 거의 모든 식민자들은 신세계의 사냥과 어업과 농업에 대해서 전혀 알지 못했다.

역사를 통해 보면 인디언 여성들은 자신들과 같이 살면서 요리를 하는 식민 초기의 백인 여성들에게 요리 기술을 가르쳐 주었다는 것을 알 수 있다. 새로 이민 온 많은 백인 여성들은 인디언 여성들로부터 옥수수와 콩을 요리하는 다양한 방법--강낭콩과 옥수수를 끓인 콩 요리 서컷타시, 옥수수빵, 더욱 다양한 재료가 들어간 옥수수빵과 수프, 스튜 등--과 야외생활에 필요한 요리의 원리를 배웠다. 백인 여성 정착자들은 인디언 여성이 가르쳐 주는 식단표를 채택했고 이를 자신들의 조리법과 통합하여 활용했다. 야외의 불 위에서 꼬챙이를 이용하여 야외 생활에 필요한 음식을 조리하는 실제적인 방법과, 이를 한 접시에 담아먹는 인디언 풍습은 이미 영국에서도 익숙하게 되었다. 그래서 이민자들은 주저 없이 이 방법을 채택했고, 인디언들의 귀중한 기구와 연료 재료를 이용하는데 있어서는 더욱 그러했다.

식민지 시대에 인디언과 식민자 사이에 다툼과 소규모 전투가 있었음에도 불구하고 인디언들은 식민자들이 신세계에 성공적으로 적응하도록 하는데 본질적인 도움을 주는 역할을 했다. 인디언의 도움이 없었다면 식민자들은 음식을 구하는 적절한 방법을 알지 못했을 것이다.

식민지의 음식 공급. 음식의 부족과 새로운 땅에 적응해야 하는 초기의 어려운 시절이 지난 후, 음식은 풍부해졌다. 사실 식민자들은 이 세상의 어떤 다른 사람들보다도 식량공급에 있어서 능동적으로 대처했다. 마틴(James Martin)은 식민지 시대의 음식습관에 대해 이렇게 설명했다.

"농장에서 그들은 곡식과 과일과 야채를 재배하였고 소, 돼지, 양, 닭 등을 길렀다. 들과 숲에서 그들은 사슴과 비둘기, 다람쥐, 야생 칠면조, 그리고 다른 짐승들을 사냥했다. 강과 바다에서 그들은 대합조개, 굴, 바다가재, 다른 많은 종류의 물고기를 잡았다.

옥수수는 대부분의 가정에서 기본적인 음식이었다. 사람들은 다양한 방법으로, 특히 가장 일반적인 방법인 옥수수 빵을 만들어 먹었다. 여자들은 옥수수를 물이나 우유, 소금, 라드 등을 섞어 이것을 롤빵 모양으로 만들었다. 그리고 나서 여자들은 괭이나 과자 굽는 전철 위에 롤빵을 놓고 굽거나 튀겼고, 혹은 불을 피운 재위에 이것을 놓아 구웠다. 옥수수빵은 식민지 아메리카의 여러 지역에서 너무나 다양한 이름--에시 케이크, 호케이크, 쟈니 케이크, 옥수수 빵 등--을 가지고 있다. 굵게 간 옥수수로 쑨 죽으로 요리를 해서 먹기도 했고 때때로 껍질 상태에서 옥수수 알을 구워 먹기도 했다.

호밀빵과 밀빵은 효모를 첨가하여 만들어졌다. 여러 가정에서 여성들은 뜨거운 난로에서가 아니라 벽난로나 집밖의 난로에 만들어진 작은 오븐에서 이런 빵을 구웠다. 이런 빵은 역시 단단하게 고정된 뚜껑을 가진 쇠로 만든 빵굽는 솥에서 구워졌다. 이 솥은 타다 남은 것들이 뚜껑 위나 주위에 쌓여 있는 뜨거운 석탄판 위에 놓이게 되어 있었다.

고기와 사냥감은 항상 야채와 함께 요리되어 스튜로 만들어졌다. 여자들은 고정되어 있는 작은 도르레나 난로대에, 불 위에 매다는데 사용하는 S자형의 고리에 매달려 있는 쇠로 만든 큰 주전자에 스튜를 만들었다. 이 쇠주전자의 키는 대개 작고 주로 석탄판 위에 놓여져 있었다. 대부분의 가금들과 크게 자른 고기는 쇠꼬챙이라고 불리는 날카로운 막대기에 끼워져 구워졌다. 쇠꼬챙이의 역할은 불 위에서 고기를 뒤집는 것이었다."

음식 준비와 보존. 대부분의 음식은 끓임, 구이, 찜, 볶음 등으로 만들어져 준비되었다. 건조, 소금 절임, 피클링, 냉장 등은 보존을 위한 방법으로 이용되었다. 음식물은 계절과 기후에 따라 너무나 다양하게 만들어졌다. 식민자들은 아직 통조림이나 냉장을 하는 방법을 몰랐기 때문에 겨울에 먹기 위한 음식을 저장하는 것이 큰 문제였다. 그러나 고기, 특히 돼지고기는 소금에 절이거나 연기에 그을려 성공적으로 보존했고, 야채는 말리거나 피클을 해서 보존했다. 뿌리 야채와 과일, 특히 사과는 시원하고 건조한 다락에 보존했다. 그래서 빵과 고기는 한겨울에도 거의 항상 준비되었다. 당시의 음식, 특히 겨울 동안의 음식은 다양하지는 못했지만 실제로 부족하지는 않았다.

음료. 식민자들은 각종 고기를 먹을 때 물보다 많은 양의 맥주, 사이다, 럼주, 포도주 등을 함께 마셨다. 당시 대부분의 유럽인들이 그랬던 것처럼 그들은 물을 마시는 것은 건강에 좋지 못하다고 생각했다. 식민자들에게 널리 이용된 가장 대중적인 알코올 음료는 같은 이름의 포르투갈 섬으로부터 수입된 마데이라 포도주다. 1700년 경이 되어서야 차와 커피, 뜨거운 코코아가 대중 음료가 되었다.

음식과 사회적 신분. 식민지 시대에 일부 음식의 다양화는 사회적 신분과 밀접하게 연관되어 있었다. 식민지 뉴잉글랜드 지역에서 가난한 자와 부자의 음식을 구분하는 기준이 세 가지 있었다. 빵의 모양과 색깔, 동물성 단백질의 질과 종류, 버터의 소비였다. 부자들의 음식은 신선한 고기, 흰 빵과 버터가 기본인 반면, 가난한 자의 음식은 소금에 절인 고기, 절인 물고기, 볶은 콩, 인디언 옥수수 빵, 호밀로 만든 검은 빵 등이 기본이었다.

식민지 시대의 식사 유형. 식민지 시대에 등장한 음식 생산의 체계는 두 개의 서로 다른 농업적 전통--인디언과 유럽--의 합성으로부터 나왔다. 음식은 유럽인들이 신세계에 적응하는데 있어 가장 근본적인 요인이었다. 식민자들이 풍부하고 다양한 음식을 얻는데 성공한 이면에는 음식을 생산하고 가공 저장하는데 있어 다양한 기술을 이용하고, 또 인디언과 유럽의 기술을 혼합함으로써 가능했다. 식민지 시대에 형성된 음식의 유형이 오늘날까지 유지되고 있는 미국 음식의 지배적인 기본구조를 이루고 있다. 주요 요리는 동물의 고기가 기본을 이룬다. 여기에 과일, 야채, 곡식, 낙농제품, 콩, 설탕 절임, 설탕, 알코올 등이 첨가되었다.

4. 미국 혁명, 1775~1783

혁명전쟁은 새롭고 독립된 국가인 미합중국(the United States of America)의 탄생을 이끌었다. 혁명 발발 이전의 10여 년 동안 대영제국과 아메리카 식민지 사이에는 긴장이 고조되고 있었다. 1760년대 중반부터 영국 정부는 식민지를 통제하는 여러 종류의 법을 통과시켜 시행했다. 그러나 당시 식민자들은 대체로 자치정부의 기능에 익숙해져 있었기 때문에 이러한 새로운 법, 특히 세금을 징수하고자 하는 법에 대해 강하게 반발했다.

1775년에 영국 의회는 가장 반발이 심한 지역인 매사추세츠 식민지를 반란지역으로 선포했다. 영국 정부는 군대를 파견하여 폭도들을 진압하도록 명령했다. 곧 전쟁이 발발했고 1776년 7월 4일, 제2차 대륙의회에서 <독립선언서>가 공표되었다. 여기에서 식민지 정부는 모국과의 관계를 단절하고 합중국을 건설할 것을 다짐했다.

1783년 9월 3일, 영국은 파리조약에 서명하여 합중국의 독립을 인정하였고, 식민지 정부는 독립국이 된 것을 확인 받았다. 이 조약은 새 나라의 국경을 설정했다. 합중국은 서쪽으로 미시시피강까지, 북쪽으로 캐나다까지, 동쪽으로 대서양까지, 남쪽으로 플로리다까지 국경선을 확장했다. 이에 영국은 플로리다를 스페인에 넘겼다.

Ⅲ. 신생 공화국에서 19세기까지

1. 신생 독립 공화국, 1783~1850

독립 공화국 초기에 미합중국은 본질적으로 농촌 중심이었다. 1800년에는 약 95%의 인구가 소규모 농가에 살고 있었다.

중요한 발전

농업의 변화. 19세기 초를 전후하여 미국의 음식문화에 상당한 영향을 끼친 중요한 발전이 농업경제에 나타나기 시작했다. 1700년대 중반기에 영국에서 시작된 산업혁명이 미국에서도 진행된 것이다. 1830년 경에 산업화는 도시지역과 공장에 영향을 초래했을 뿐만 아니라 농업분야에도 큰 변화를 가져왔다.

노지 제로미(Noege Jerome)는 혁명전쟁에 뒤따른 사회적, 경제적, 지적, 정치적 활력이 농업기계와 식물의 재배와 동물의 사육에 기술적 발전을 자극했다고 확인했다. 토지와 농촌사회는 대규모 농업의 방향으로 이끌려 갔다. 이후 식량의 부족은 더 이상 어쩔 수 없는 것이 아니라는 신념이 확고해졌다. 제로미의 견해에 따르면 이러한 발달이 식사 형태에 즉각적인 변화의 충격을 주지는 않았다. 그래서 아직까지 식민지 시대의 식사관습과 크게 다르지는 않았다. 그러나 1800년 이후 토지에 목말라 있던 유럽 이민들이 대거 미국으로 이주해 왔다. 이것은 자유와 토지 요구에 대해 약속을 해 주었기 때문이다. 사회환경과 조직의 변화와 함께 계속 증가하는 인구는 음식체계와 식사형태에 직접적인 영향을 주었다.

기술의 발달 이 시기에 이루어진 수많은 중요한 발명들은 농업과 음식체계에 적극적이고 직접적인 영향을 주었다. 뉴욕주의 농부였던 제드로 우드(Jethro Wood)는 1819년에 보습 바닥에 쇠를 비스듬히 댄 넓적한 쟁기를 고안해 냈다. 일리노이주의 대장장이였던 존 디어(John Deere)는 1837년에 최초로 강철 쟁기를 생산해 냈다. 사이러스 맥코믹(Cyrus McCormick)이 1832년에 수확기를 고안해 냈다. 뒤이어 바인더 기계와 케이스(J. J. Case)의 탈곡기가 개발되었고 근대화된 농업기계가 줄을 이어 생산되었다.

한편, 18세기 말에 매사추세츠 태생의 벤자민 톰슨(Benjamin Thompson)에 의해 고안된 요리 기구 레인지는 가정에서의 음식 준비에 지대한 영향을 주기 시작했다. 1840년에서 1850년을 전후하여 재래의 옥외 취사장은 더 이상 요리 장소로 사용되지 않았고, 나무와 석탄으로 열을 내는 레인지가 전격적으로 등장하여 요리에 이용되었다. 그 후 점차적으로 이러한 레인지가 가스나 전기 레인지로 대체됨에 따라 요리는 더욱 쉽게 만들어졌다.

음식을 보관하는데 얼음이 점차적으로 이용되었고 1803년 메릴랜드의 농부 토마스 무어(Thomas Moore)에 의해 고안된 얼음 냉장고로 음식 보관은 더욱 용이하게 되었다. 또한 존 더튼(John Dutton)은 1846년에 인공으로 얼음을 만드는 공정을 특허를 냈다.

인디언 1800년대 초와 중기에 계속적으로 성공을 거둔 백인 정착자들은 더 많은 인디언의 땅을 요구했다. 정착을 위한 보다 많은 땅을 자유롭게 하기 위하여 의회는 1830년에 <인디언이주법>을 만들어 시행했다. 이 법에 따라 대통령은 동부 인디언 종족을 미시시피강 서쪽으로 이주하도록 하는데 서명했다. 미국 정부가 1830년에서 1906년 사이에 인디언 주거지로 확보해 두었던 이 지역은 그 후 인디언 보호구역이 될 운명이었다. 이곳은 정착하기가 어려울 뿐만 아니라 가치가 거의 없는 것으로 여겨진 곳이었다. 그 후 미국 정부는 7만 명 이상의 인디언을 미시시피 훨씬 넘어 새로 마련한 보호구역으로 이주시켰다. 수만 명의 인디언들이 서부로 이주하는 가운데 죽었다. 체로키족에 의해 이루어진 이 이주는 그 후 '눈물의 시련'으로 알려졌다.

이 시기의 식사 유형

이 시기의 식사 유형은 식민지 시대와 거의 비슷했다. 왜냐하면 19세기 중반까지 영국계 미국인이 인구의 대부분을 차지한 결과, 이들에 의해 소비되는 음식이 다양하지 못했기 때문이었다. 현대의 몇몇 연구가들은 이 시기의 식사는 단조로울 뿐 아니라 신선하지 못했고 소화가 잘 안되는 것으로 이루어졌다고 특징지었다.

프랑스의 여행가인 콘스탄틴 볼니(Constantin Volney)는 19세기 초기 대부분의 미국 음식들은 단순하기 짝이 없고 성의 없이 준비되어 볼품 없었다고 혹평했다. 허브향의 풀과 양념이 너무 적게 사용되었으며, 기름으로 튀기는 것이 음식을 만드는 가장 일반적인 방법이었다. 튀긴 후 남은 기름은 종종 소스와 그레이비를 만들기 위하여 보관되었다.

사무엘 모리슨(Samuel Morison)은 19세기 전반기의 식사에 대해 이렇게 말했다. '이 시기 미국의 요리는 일반적으로 좋지 않았으며, 식사는 더욱 나빴다.' 웨이블리 루트(Waverly Root)와 리차드 드 로흐먼트(Richard de Rochement)는 이 시기의 미국 식사에 대해 외국인 여행가들은 '음식은 좋지 않았지만 양은 풍부했다.'고 말했다고 설명했다.

이 시기에 미국의 식사는 지역, 계절, 사회 경제적 수준 등에 따라 매우 다양했다. 농촌과 도시의 식사는 너무나 달랐다. 이는 이 시기의 인종별 혹은 민족별 식사에 차이가 있었던 것과 마찬가지였다. 1830년에서 1860년 사이에 약 5백만 명의 이민이 새로운 음식습관을 가지고 도착했다(<표 3. 1>). 이민과 함께 인구는 급증했고 인구가 분산됨에 따라 지역적인 다양한 음식이 개발되어 발전했다. 이러한 다양함에도 불구하고 이 시기의 음식은 전반적인 종합화가 이루어지기도 했다.

농촌 인구. 국가 전체는 압도적으로 농촌이었다. 대부분의 사람들은 소규모 농장에 살았고 큰 잡화점에서 구할 수 있는 설탕, 소금, 양념 등을 제외하고는 자신들의 음식을 대부분 스스로 생산했다. 농촌 지역의 식사는 이전 식민지 시대의 그것과 별반 다를 바가 없었다.

<표 3. 1> 미국으로의 이민 물결

물결	기간	이민수	이민 온 주요 나라
1차	1830~1860	490만 명	영국, 독일, 아일랜드
2차	1860~1890	1,000만 명	영국, 독일, 아일랜드, 스코틀랜드
3차	1890~1930	2,200만 명	그리스, 오스트리아-헝가리, 이태리, 폴란드, 포르투갈, 러시아, 스페인

미국 음식에 있어 대들보의 자리를 잡은 것은 토착 옥수수와 감자, 이와 더불어 돼지고기, 빵, 버터 등이었다. 이러한 음식은 정착지나 개척지에서 마찬가지로 중심이었다.

옥수수는 당시 뉴잉글랜드 지역에서 밀과 보리 등 많은 곡식이 깜부기 흑수병에 의해 피해를 입은 후 미국에서 가장 중요한 곡식이 되었다. 옥수수는 식민지 시대에서처럼 다양한 방법으로 요리되어 이용되었다.

1830년대에 중서부에 살던 트롤로프(Trollope) 부인은 옥수수는 여러 형태--굵게 간 죽이나 12가지 종류의 케이크를 만들어--로 먹을 수 있다는 것을 알았다. 그러나 이것들이 모두 좋은 음식은 아니었다고 그녀는 말했다. 그러나 그녀는 한두 종류의 가루로 만든 빵은 지금까지 맛보았던 그 어떤 것보다도 훨씬 좋은 빵이며 맛있는 것이라고 인정했다.

개척자들은 옥수수가 땅이 완전히 개간되기 전에 나무 그루터기 사이에서도 잘 자라기 때문에 개척지의 여기저기에서 잘 자란다는 것을 알았다. 남부에서는 옥수수가 황금보다도 더욱 가치 있는 것으로 여겨졌다. 왜냐하면 옥수수는 '노예부터 병아리까지' 모두 먹을 수 있기 때문이었다.

북부에서는 흰 감자와 아일랜드 감자를 주로 먹었다. 남부에서는 흰 감자가 계절보다 먼저 성장하고 상대적으로 빨리 수확해야 하기 때문에, 또 남부 기후가 이것을 보관하기에는 너무 덥기 때문에 잘 재배되지 않았다. 그 대신 가을까지 성숙하지 않는 고구마가 남부에서 중요 녹말용으로 이용되었다. 이것은 수확한 다음에 저장해 두었다가 필요할 때마다 튀기고, 굽고, 캔디로 만들고 혹은 커스터드 과자로 만들어 먹었다.

리차드 커밍스(Richard Cummings)는 '1789년의 미국은 땅은 값싸고 고기는 풍부했다.'고 말했다. 돼지고기는 이 시기 미국 전체를 통하여 잘 정착된 뉴잉글랜드 지역과 남부뿐만 아니라 서부 프론티어 지역에서도 가장 인기 있고 맛있는 고기였다. 돼지고기의 대중화에는 약간의 강제적인 이유가 있었다. 정착자들은 풍부한 옥수수를 돼지에게 먹이로 줄 수 있었고, 또 남부 산지 사람처럼 방목할 수 있었기 때문에 쉽게 사육할 수가 있었다. 남부 산지인들의 사육 방법에 따르면 돼지는 어떤 계절에나 숲에서 도토리나 다른 사료를 먹고 스스로 자랄 수 있었기 때문에 전혀 신경을 쓸 필요가 없었다. 돼지는 빨리 자라나 빠른 시간 안에 효과가 나타났다. 돼지고기는 맛뿐만 아니라 영양가에서도 뛰어났다. 냉장고 이전의 시대에 대부분의 고기를 보존하는 것이 큰 문제였지만 돼지고기는 연기에 그을려 훈제를 하거나 소금에 절여 보관할 수 있었기 때문에 보관 문제가 그리 어려운 것도 아니었다. 사실, 오히려 돼지고기의 맛은 이런 과정을 거치면서 더욱 향상되었다.

일반적으로 쇠고기는 부분적이기는 했지만 비싸기 때문에 돼지고기보다 훨씬 적게 이용되었다. 그러나 번영하고 있는 뉴잉글랜드 지역에서는 돼지고기와 쇠고기의 이용이 거의 비슷했다. 양고기도 즐겨 먹는 요리였으나 보관하는 방법이 어려워 자주 이용되지 않았다.

수시로 있는 사냥을 제외하고는 신선한 고기는 도살 때에만 구할 수가 있었다. 고기는 너무나 쉽게 상하기 때문에 왜 소금에 절인 고기가 그렇게 많이 선호되었는가를 쉽게 이해할 수 있다.

고기 소비 가운데 돼지고기의 소비가 가장 높았다. 1830년에서 1839년 사이에 1인 당 고기 소비는 연간 80kg으로 매일 220g으로 추산되었다. 이는 1930년대에 소비되었던 22kg보다 훨씬 많은 양이었다.

19세기 초에 방목지를 이용함으로써 뉴잉글랜드 지방에서 일년 내내 우유의 이용은 지장을 받았다. 겨울에 풀이 말라죽을 때에는 우유가 적게 생산되기 때문이었다. 따라서 당시 우유의 섭취량은 현재의 영양 수준에 비하면 형편 없는 것이었다.

우유의 이용이 용이하게 되었을 때, 이것은 즉시 이용되지 않고 종종 버터 제조기나 치즈 제조기를 이용하여 가정에서 버터와 치즈로 만들어졌다. 우유에 비해 치즈와 버터는 오랫동안 보관할 수가 있었기 때문이다. 이런 방식으로 우유의 이용이 극대화되었으나, 역시 부패가 문제였다. 우유는 더운 날씨에 신선도를 유지하기가 매우 어렵기 때문에 남부지역에서는 아주 드문 음식이었다.

잘 정착된 지역에서 신선한 야채는 계절에 따라 때때로 공급되었다. 그러나 이런 야채는 아주 드물게 이용되었다. 그것도 영국의 전통에 따라 주요 요리에 곁들이는 요리나 신선한 야채라는 뜻의 '사스'로만 이용되었다. 잎이 무성한 야채는 유효기간이 짧기 때문에 대부분의 야채는 저장용 광에 저장할 수 있는 사람들에게만 주로 소비되었고, 아니면 말려서 보관되었다. 순무와 호박, 콩 등이 널리 이용되었고 남부에서는 이집트콩이라고 불리는 병아리콩이 널리 유통되었다.

농부들은 신선한 야채를 거의 먹을 수가 없었고 특히 겨울에는 더욱 그러했다. 야생 장과는 봄과 여름에 구하기 쉬웠다. 불행히도 과수원의 과일은 특별히 브랜디나 사이다를 만들기 위하여 재배되었다. 대부분의 과일은 너무 쉽게 시들기 때문에 대체로 값이 비쌌으며, 설탕과 같은 비율로 섞어 보존되거나 말려서 보존되었다. 예외가 있다면 사과였다. 사과는 여러 달 동안 보존이 가능했기 때문에 겨울에 가장 일반적으로 유통되는 과일이었다. 그러나 개척지에서 나무가 자라 과일을 맺기까지는 시간이 많이 걸리기 때문에 대체로 과수 과일은 일반적이지 못했다. 1833년에 해안지대에서도 과일나무를 가진 농부는 거의 없었다.

　해안지대에 살고 있는 몇몇 농부들은 차 또는 커피를 마셨다. 또한 그들은 감미료로 사용할 설탕 제조 과정에서 부산물로 나온 갈색 설탕과 당밀을 샀다. 개척지에서 커피가 일반화되기 전에는 볶은 밀과 다른 곡식으로 만든 커피 같은 음료수를 마셨다.

　해안지대를 따라 건설된 양조장과 사이다 공장에서는 맥주와 사이다를 생산해 냈다. 그러나 내륙 깊숙한 지역에서는 이와 같은 술과 음료는 사과는 물론 맥주를 보존하는 시설의 부족으로 인하여 그 제조량이 극히 적었다. 그 대신 옥수수를 발효하고 증류해서 만드는 위스키가 유행했다. 이것은 개척자들 사이에서 가장 보편적으로 유통되는 술이었다. 토마스 애쉬(Thomas Ashe)에 따르면 켄터키인들은 화끈하게 독한, 도수가 높게 증류된 술을 아침부터 저녁까지 마셨다는 것을 알 수 있다.

　유일한 현금 농작물 재배자인 버지니아주의 담배농사 농부들은 식량을 생산하는데 시간, 땅, 에너지 어느 것도 거의 투자하지 않았다. 그 결과 제퍼슨(Thomas Jefferson)은 이 지역의 사람과 동물들을 '병든 연방주의자'라고 불렀다.

　모리슨은 1820년에서 1850년에 비록 상류사회의 품격이 남부 백인사회에 나타났지만, 아마도 그러한 가정의 수는 1만 5천에 훨씬 못 미쳤을 것이라고 확신했다. 이러한 역사가들에 따르면 전형적인 남부인이란 아마 6명 이상의 노예를 거느리고, 현금 작물을 재배하고, 자신의 음식 중 많은 부분을 스스로 생산해 내는 농부였을 것이다. 물론 남부에는 노예를 소유하지 않은 가정도 수십만 있었다. 따라서 다양한 사회 경제적 계층 속에는 아주 넓고 다양한 음식이 존재했다. 부유한 플랜테이션 소유주의 음식은 그야말로 다양화 그 자체였고 풍성하기 그지없었다.

　남부에는 유행과 편안함을 위해서 흑인 여성들이 부유한 어머니의 아이의 유모가 되어야만 하는 경우가 허다했다. 그러나 적은 수의 노예를 소유하거나 노예가 없는 자작농들은 이중으로 된 통나무 오두막집이나 편리한 도구가 거의 없는 텅 빈 목조가옥에서 살았고 이들은 돼지가 먹는 것과 같은 굵게 간 옥수수죽을 먹었다. 이런 종류의 음식은 니코틴산이나 트립토판이 부족하기 때문에 니코틴산 증후군인 펠라그라병을 유발시키기도 했다. 이러한 영양소의 결핍으로 생기는 질병은 세기가 바뀔 무렵 일반대중들의 건강에 있어서 심각한 문제가 되었다.

　펠라그라병의 발생은 트립토판의 부족이 주요 원인이었는데, 신체의 비타민과 니코틴산을 종합화 해주는 우유의 부족으로 인하여 더욱 심했다. 보관이 어려운 우유는 더운 날씨의 남부에서는 다른 상하기 쉬운 음식과 함께 귀하지 않을 수가 없었다.

　노예는 아주 다른 음식을 먹었다. 그러나 때때로 노예의 음식이 가난한 백인 농부의 음식보다 영양에 있어 뛰어나기도 했다. 가정에 소속되어 있는 노예는 주인의 부엌에서 마련되는 음식을 먹는 경우가 대부분이었지만, 들에서 일하는 노예는 자신의 오두막에 살면서 음식을 만들어 먹는 것이 일반적이었다. 후자는 자신들의 작은 규모의 정원 같은 땅을 소유하기도 했다. 이들은 이 정원에 야채를 심어 먹었고 또 주인의 부엌에서 버려진 야채와 고기의 일부를 먹었다. 또한 이들은 그레이비라는 육즙을 만들기 위하여 야채와 고기조각을 요리하면서 남은 것으로 만든 비타민과 미네랄이 풍부한 고기와 야채를 삶아낸 국물을 먹었다. 노예들은 이러한 초라한 음식에 맛을 더하기 위해 능숙하게 양념을 첨가하는 방법을 배웠다. 그들이 만든 많은 음식이 너무나 맛이 있어 그들은 주인의 식당에 요리사로 발탁되기도 했다. 오늘날 이러한 음식은 '영혼의 음식'이라고 불린다. 이 '찌꺼기' 음식은 노예들이 펠라그라병에 걸리는 것을 막아주었는데 이것은 충분한 니코틴산을 제공해 주었기 때문이다. 그리고 영양결핍으로 생기는 각종 질병으로부터 보호해 줄 충분한 비타민과 미네랄도 제공해 주었다.

도시 인구. 이 시기에 도시 거주자들의 우유, 신선한 과일, 야채의 소비는 농촌보다 적었다. 19세기 초 교통망이 정비되어 있지 않았고, 수송 수단이 보잘 것 없는 상태에서 시장에 시들기 쉽고 상하기 쉬운 음식을 공급하는 방법은 그야말로 원시적이었다. 철도가 만들어져 수송을 전담하기까지 보스턴과 뉴욕, 그리고 다른 대도시로의 과일과 야채의 공급은 겨울은 물론 봄에도 아주 형편없었다. 여름에도 어쩌다가 구할 수 있는 야채와 과일은 쉽게 상해 버렸다. 우유도 마찬가지였다. 그래서 썩은 냄새가 나는 신선하지 못한 음식이 일반적이었다. 버터나 크림, 그리고 이것들이 들어간 다른 음식들이 상하기 쉬웠다.

냉장고가 없던 18세기의 미국에서 얼음은 음식으로의 용도보다 단순히 음료수를 차게 하고 아이스 크림을 만들기 위하여 부유한 사람들에 의해서만 이용되었다. 그러나 1803년 토마스 무어에 의한 냉장고(사실은 아이스박스 정도)의 발명 이후 음식의 냉장은 일반적인 것이 되었다.

19세기 초에 도시 지역에는 질병이 만연했다. 콜레라, 황열, 장티푸스 등의 유행병이 분명한 원인이 무엇인지도 모른 채 창궐했다. 따라서 당시에는 도시 생활 그 자체가 건강악화의 가장 큰 원인으로 여겨지기도 했다. 이런 이유로 복통이나 혼란, 각종 무질서 등을 모두 망라한 용어인 소화불량에 시달리는 불평 불만자들은 부지기수였다. 1830년에 《엔사이클로피디아 아메리카나》는 이것은 당시에 유행하던 질병 중 가장 일반적인 것이라고 설명했다.

당시 미국에서 임금을 받고 일하던 도시인들은 비록 신선한 음식을 많이 먹지는 못했지만, 이들은 이 시대 유럽의 같은 처지의 사람들보다는 훌륭한 식사를 했다고 여겨진다. 18세기 말에 도시 거주자들은 일주일에 한 번 이상은 신선한 고기를 먹지 못했다. 특히 구운 쇠고기는 아주 드물게 소비되었는데 그 맛은 좋았다. 우유 소비는 현대 영양 수준에 비하여 계속 하락했다. 대체로 도시 노동자들은 많은 양의 빵을 소비했다. 가장 값싼 에너지원의 하나인 빵은 가족의 음식 예산 중 가장 큰 비중을 차지했다. 감자 역시 중요한 음식이었다. 뉴잉글랜드 지방에서는 밀이 비쌌기 때문에 가난한 사람은 빵을 만드는데 옥수수, 귀리, 호밀, 보리 등을 이용했다. 그리고 설탕보다 훨씬 싸다는 이유로 당밀은 감미료로서 가장 일반적으로 이용되었다.

유럽의 여행자들은 신세계 노동자의 음식이 구세계 노동자의 음식보다 우수하다고 생각했다. 왜냐하면 신세계의 노동자들은 적어도 고기를 비롯한 음식의 양에 있어서는 자유롭게 먹을 수 있었기 때문이었다. 그러나 구세계보다 신세계의 음식이 더 좋다는 이야기는 다소 과장된 것으로 보인다. 더구나 고기는 너무나 자주 질이 좋지 않았다. 이 나라 어디를 가더라도 18세기 초기에 가장 널리 이용된 고기는 소금에 절인 돼지고기였다. 고기의 피로 만든 푸딩은 정육점의 부산물로 널리 이용되었다. 이것은 돼지나 소의 피에 돼지고기 조각과 양념과 각종 잡다한 고기를 섞어 만든 것이었다. 배고픈 노동자는 3, 4센트로 1파운드의 피로 만든 푸딩과 버터 크래커를 사서 한 끼 식사를 해결할 수 있었다.

부유한 미국인. 부유한 도시민들은 생활하기에 빠듯한 임금을 받는 노동자들과 비교해 훨씬 다양한 음식을 즐겼다. 이 당시 미국 농촌 인구의 극소수--부유한 귀족--가 부유한 도시민과 같이 전 세계적인 메뉴를 먹을 수 있었다. 이에 비해 대부분의 농촌 사람들은 사치 요소가 있는 식사는 거의 할 수 없었고, 이것은 궁색한 음식이 주를 이루었다는 것을 의미했다.

당시 부유한 미국인들은 검소한 것을 미덕으로 삼는 전통적인 영국 요리 중심의 앵글로 요리를 초월하려고 노력했다. 존 아담스(John Adams)는 식민지인들은 영국인들에 의해 프랑스 파리식 요리를 즐기지 못하도록 교육받아 왔다고 했다. 그러나 1778년 프랑스와 동맹을 맺은 이후로 프랑스 요리는 미국에서 유행하기 시작했다. 미국 건국의 아버지들인 초대에서 4대까지의 미국 대통령들은 모두 프랑스 요리를 즐겼다.

사실, 제 3대 대통령(1801~1809)이며 프랑스 대사를 역임했던 토마스 제퍼슨(1743~1826)은 백악관에 프랑스 요리사를 데리고 왔을 정도였다. 제퍼슨 대통령의 미식가적 취향은 당시 신생 공화국의 식생활에 많은 영향을 주었다. 이런 이유로 그의 취향은 여기에서 충분히 다루어질 가치가 있다. 정원사며 식도락가였던 그는 이미 알려져 있거나 이국적인 다양한 종류의 과일과 채소, 허브향의 풀을 직접 재배했다. 제퍼슨은 토마토가 아직 대부분의 미국인들에게 잘 알려지지 않았을 때 토마토를 재배하고 먹었다고 알려졌다. 그는 또한 평범한 맛이 아닌 여러 음식을 즐기는데 열성이었다. 마카로니 파이, 크러스트를 곁들인 아이스 크림(지금의 Baked Alaska의 선구자 격), 치즈를 곁들인 다양한 종류의 파스타(오늘날 미국에서 가장 일반적인 음식이 된 마카로니와 치즈), 허브향 나는 쑥국화로 만든 푸딩, 그리고 옥수수로 만든 폴렌타죽 등이었다. 제퍼슨이 유럽을 여행할 때, 그는 의심할 여지없이, 신세계가 원산지인 옥수수가 1780년대에 일반화되어 사용되던 남프랑스와 북이태리의 맛있는 여러 요리를 즐겼을 것이다. 그러나 건국 초기 많은 프랑스 요리의 유입에도 불구하고 프랑스의 음식은 미국사회에서 음식의 주류가 되지 못하였다.

일반적 경향

이 시기에도 부유한 도시 거주자들은 임금 노동자나 농민들보다 음식을 준비하는데 많은 시간을 할애하였고 다양한 음식을 즐겼다. 특히 교통망이 이루어지고 잘 정비된 지역에서는 부자들은 편안한 환경 속에서 양고기, 야채, 질이 좋은 사이다가 곁들어진 맛있는 음식을 먹을 수가 있었다.

이 당시 거의 대부분의 사람들이 음식 보관을 위한 얼음 사용을 일반화하지 못했기 때문에, 음식 썩는 냄새가 미국 전체에 퍼지는 것이 보통이었다. 결과적으로 상하기 쉬운 음식은 자주 사용되지 않았고, 반면 일년 내내 보존이 가능한 소금에 절인 돼지고기나 옥수수 가루는 항상 준비되어 있었다.

동부 지역에서 설탕 산업의 부산물로 나온 갈색 설탕과 당밀은 단풍나무 시럽과 함께 감미료로 널리 이용되었다. 그러나 애초부터 이런 산물이 부족했던 서부 초원지역에서는 사탕수수 시럽이 감미료로 일반화되었다. 당시의 식사는 지방 성분이 매우 높았다. 왜냐하면 버터와 지방질이 높은 치즈와 돼지기름으로 만든 라드가 대량으로 소비되었기 때문이다. 돼지고기를 소금에 절이는 형태를 비롯하여 소금의 소비 역시 매우 높았다. 농민들에게는 특별 음식이었던 흰 빵은 부자들에게는 일반적인 것이었다.

19세기 초에서 1830년대까지 1인당 약 1.6kg에 이를 만큼 차와 커피의 소비는 꾸준히 증가했다. 1800년에는 두 음료 중 차가 훨씬 인기 있었다. 그러나 1830년이 되자 커피가 미국 음료의 최고의 자리를 차지했다. 이러한 경향은 차는 독립전쟁과 함께 미국사회에서 정치적으로 인기가 없는 것으로 낙인이 찍힌 데다가 1812년에 이러한 현상이 더욱 강화되어 마침내 그 자리를 커피에 넘겨 주었다. 위스키와 다른 독한 술의 소비는 서부개척이 심화되어 감에 따라 더욱 상승했다.

2. 19세기 후반, 1850~1899

이 시기는 미국사회의 산업화, 도시화, 근대화로 특징지을 수 있다. 그 결과 제로미에 의해 연구 확인된 것처럼, 미국 음식문화의 5가지 중요한 요소--물질적·생물학적·과학기술적·사회적·문화적--가 더욱 복잡하게 상호 관련되어 나타났다.

중요한 발달

농업의 변화. 1850년 경에는 아직 전체 인구의 약 85%가 농업과 농업관련 직업에 종사하고 있었다. 이 시기에 미국에서 일어난 전반적인 산업혁명과 함께 미국에서는 선례가 없었던 최초의 농업, 음식, 영양 혁명도 함께 일어났다. 이때 비로소 근대 음식체계의 기본구조가 처음으로 마련되었다. 음식의 유형이 평가되기 시작했고 사람들이 먹는 음식이 대중들의 관심을 끌기 시작했다. 이때부터 미국인들은 농업, 음식, 영양, 상업 등을 서로 의존적인 체계로 보았다. 이러한 변화는 국가의 경제적 건실함은 농업에 달려 있다고 믿는 토마스 제퍼슨의 통치 스타일과도 연관이 있었다.

또 다른 변화. 이 시기에는 제조업도 붐이 일어났다. 산업혁명과 남북전쟁(시민전쟁)은 농업 노동력의 수요를 줄이는 반면, 도시로의 인구 이동과 서부로의 진출 증가를 촉진시켰다.

인디언 재배치. 1850년대 중반에 인디언 주거지를 지금의 오클라호마 지역으로 한정했다. 정부는 촉토, 체로키, 치커소, 크리크, 세미놀 등의 인디언 종족을 이 지역으로 이주시켰다. 인디언 중 문명화된 5종족으로 알려진 이들은 주로 남동부 지역에서 살았는데 거의 100년 이상 백인과 밀접한 관계를 유지하여 왔다. 이 시기에 이 인디언들은 흑인노예를 보유하는 등 백인들의 관습과 풍습의 많은 것을 채택하며 살아왔다.

인디언 주거지는 일정한 정치적 조직을 가지고 있지 않았다. 인디언들은 평화를 유지하는 한 자치할 수 있도록 허락 받았다. 미국 당국은 1866년에 인디언들이 보호구역 서부의 일부를 포기하도록 요구했다. 이러한 정책은 남북전쟁 당시 인디언들이 남부를 도와준 것을 응징하는 표시였다. 인디언 보호구역으로 할당받지 못한 이 지역의 일부는 1889년 백인 정착자들에게 개방되었다. 그리하여 많은 백인 정착자들이 다음 해에 만들어진 현재 오클라호마주 서부 지역의 일부인 오클라호마 주거지에 정착했다.

음식 관련산업의 발달

19세기 초에 시작된 음식 관련산업의 발달은 이 시기가 되자 음식의 생산, 저장, 보관, 마케팅 전반에 걸쳐 중요한 변화를 초래하였다.

새로운 기술의 발전과 함께 농업과학 분야의 새로운 지식이 농사를 짓는데 활용되기 시작했다. 1850년 이후 농업은 급속도로 기계화되어 갔다. 농업의 기계화와 전문화와 함께 더 좋은 도구들이 다시 결합하여 미국 농업에 큰 개선을 이루었다. 농업분야에 있어서 농민들에 의한 기업방식 활용의 증가와 함께, 이러한 개선은 획기적으로 음식 공급을 증가시켰다. 또한 토지와 음식의 재분배 과정이 확대되어 풍요로움을 더해 주었다. 이러한 현상은 계속되는 이민의 증가, <홈스테트법>(서부 개척 농민들이 오랫동안 염원했던 자작농지법. 누구든지 국유지에 5년간 정주하여 개척에 종사하면 160에이커에 이르는 토지를 정부로부터 무상으로 받음. 1862년 제정)과 <모릴법>(상하 의원 1명당 3만 에이커의 토지를 기준으로 하여, 북부에 충성한 주의 연방의원 수만큼 그 주에 국유지를 무상으로 분배하고, 그 재산을 기금으로 하여 농업 및 공업기술 향상을 목적으로 하는 대학을 설립. 1862년 제정. 곧바로 이 해에 연방정부에 상무성이 설치)과 같은 적절한 입법활동, 철도 수송시대의 도래, 통조림 기술의 발달 등이 이루어진 결과이기도 했다.

　이민. 독립부터 18세기 말까지 연간 약 1만 명의 새로운 정착자들이 미국에 이민을 왔다. 그리고 1830년대 무렵에는 상당할 정도로 이민이 증가했다. 1830~1860년 사이는 '제 1차 이민 물결'로 알려진 시대이다. 1830년, 1840년, 1850년에 이민수는 60만 명에서 170만 명, 260만 명으로 증가했다. 이 새 이주자들의 대부분은 영국, 독일, 아일랜드로부터 온 사람들이었다. 특히 아일랜드인들은 감자마름병으로 인한 감자농사의 흉년으로 생긴 심각한 기근을 견디다 못해 신대륙으로 대거 이민을 왔다. 감자는 16세기에 신세계로부터 도입된 후 오랫동안 아일랜드의 주요 산물이었다. 1845년과 1846년 두 번에 걸친 전국적인 감자의 흉년으로 아일랜드 인구의 5분의 1이 굶주려 죽었다. 생존자 중 상당수가 미국으로 이주해 왔다. 이 아일랜드인들은 농작물을 재배하는데 쓰라린 경험을 한 결

과 독일인들과 달리 소수만이 서부로 이주했다. 대신 이들 대부분은 동부 도시 지역에 정착했다. 1920년 경에 미국 도시 인구 약 2천 5백만 중 4백만이 아일랜드인이었다. 따라서 지난날의 쓰라린 감자 기근은 여러 미국 도시들의 인구와 정치적 양상을 철저히 변화시켰다.

1862년의 <홈스테드법>은 토지의 무상제공을 약속함으로 농업에 관심이 있는 많은 사람들에게 매력적이었고, 1860년에서 1890년에 이르는 '제 2차 이민 물결'을 촉발시켰다. 이때 이주한 사람들의 최대 비율을 차지한 이민은 영국, 독일, 아일랜드, 스칸디나비아반도의 여러 나라 사람들이었다. 또한 점차적으로 오스트리아-헝가리, 이태리, 러시아 등으로부터도 새로운 이민이 도착했다.

1890년에서 1930년 사이에는 식민지 시대부터 지금까지 이민 온 전체를 합친 수보다 더 많은 이민이 '제 3의 이민 물결'을 이루면서 미국에 도착했다. 이들은 대부분 그리스, 헝가리, 이태리, 폴란드, 포르투갈, 러시아, 스페인 등으로부터 온 이민들이었다.

모릴법. 에이브라함 링컨(Abraham Lincoln) 대통령 재임시 의회에 의해 1862년에 제정된 모릴법은 연방 소유의 땅을 토지무상분배대학에 영구 기부하는 것을 인정했다. 이 대학들은 가정경제를 포함한 농업과 공업의 기술을 제공해 주었다. 후에 종합대학으로 발전한 대부분의 이 대학들은 가르치고 연구하여 사람들에게 지식을 전해 주었다. 그 결과 농민뿐만 아니라 다른 일에 종사하는 사람들에게도 정보의 분산을 가능하게 해주었다. 이에 따라 많은 사람들이 연방의 모든 주에 설치된 농업실험국과 토지무상분배종합대학에 의해 가능케 된 식량의 생산 증가에 따른 미국 식량 공급의 성과물을 누릴 수 있게 되었다.

수송. 철도의 도래는 음식 산업에 있어 너무나 중요한 획기적인 발전을 가져왔다. 왜냐하면 신선한 계란, 고기, 우유와 각종 신선제품이 서부에서 동부로 빠른 시일에 운반될 수 있었기 때문이다. 1869년에 완공된 최초의 대륙횡단철도 유니언 퍼시픽은 서부를 완전 개방했으며 음식과 다른 산물들을 태평양에서 대서양까지 수송 가능케 해 주었다.

음식 보존. 1809년에 프랑스 요리사인 니콜라 아페르(Nicholas Appert)에 의한 간단한 통조림 제조공정의 발견은 그 후 통조림 산업의 급속한 발전을 가져왔다. 1859년에는 입이 큰 식품보존용 유리병인 메이슨병이 만들어졌다. 남북전쟁은 미국의 통조림산업 발달에 강력한 충격을 주었다. 왜냐하면 군인들을 위한 통조림 식료품에 대한 수요가 엄청나게 컸기 때문이다. 메이슨병의 발달과 함께, 통조림은 1874년에 개발된 레토르트라고 불리는 대형 압력 요리기구와 더불어, 가정이나 공장에서 음식 보존의 가장 보편적인 방법으로 등장했다. 음식 보존산업의 개척자는 보스턴의 언더우드가(Underwood family)가 가장 대표적이다. 이들은 해산식물과 고기를 통조림으로 생산하였고, 특히 농도가 짖게 양념을 하여(맵게 양념) 샌드위치에 발라먹는 스프레드를 위해 고기통조림을 만들어 냈다. 매사추세츠기술회사의 리만 언더우드(Lyman Underwood)와 사무엘 프레스코트(Samuel Prescott) 박사는 세기말 경에 통조림 식품의 변질에 대한 협동적인 연구에 획기적 이정표를 그었다. 1875년에 스위프트(Gustavus F. Swift)와 아머(Armour)는 시카고에 그들의 유명한 포장육 회사를 건립했다.

제로미는 이 시기에 두 가지의 중요한 발달--1870년의 냉장 철도차량 도입과 1874년의 압력 요리기구의 발견--은 음식의 보존과 보관, 그리고 분배에 있어 획기적인 변화를 가져왔다고 확인했다.

음식 관련법. 음식의 질을 향상시키고자 하는 법적 노력은 1850

년에 우유에 물 등을 타서 불순우유를 만드는 것을 금지하는 매사추세츠주의 법에서 처음으로 볼 수 있다. 우유는 1850년대 말에 브루클린에서 병에 넣어 팔렸다. 우유를 병에 넣어야 한다거나 일정한 품질을 갖춘 우유에 품질증명을 발급하는 등의 일정한 표준을 세우는 일은 우유를 안전하게 생산하고 판매하기 위해 계속된 노력의 하나였다. 연방 차원에서 깨끗한 음식과 의약에 대한 입법활동에 최고의 열성을 보인 하비 윌리(Harvey Wiley) 박사는 1883년에 미국 농무부 화학국의 국장이 되었다. 이러한 일은 오늘날 미국의 음식 공급체계에 따르는 안전을 확보하기 위한 초기의 노력이었다.

이 시기의 식사 유형

19세기 전반기의 산업화와 도시화는 번영을 누리는 중산계층의 확대를 가져왔다. 이 현상은 1861년 남북전쟁의 발발 이후에는 보다 확고하게 확립되어 갔다. 이 시기에 미국 사회에서 풍요롭고 신분 의식을 하는 계층이 뚜렷하게 형성되었다는 것에 대해 대부분의 역사가들은 일치를 보고 있다. 그러나 이 시기 농촌과 도시를 막론하고 거의 대부분의 미국인들은 그저 그런 평범한 생활을 했다. 가난한 소작인이나 도시의 임금 노동자 같은 사람들에게 먹기 위한 음식을 얻는 것은 여전히 힘든 도전이었다. 특히 도시 노동자들은 경제 사닥다리의 최하층에 있었고 그 결과 영양에 있어서도 가장 형편이 없었다.

농촌 인구. 농촌 지역에 사는 사람들은 대부분의 음식을 스스로 재배할 수 있는 이점이 있었다. 19세기 후반에 이르러 농촌 지역에서는 개척기보다 더 많은 야채를 재배하도록 강조되었다. 사람들은 음식 가운데 야채에 대한 필요성을 점점 많이 인식하여 갔다. 따라서 도시 지역에 가까이 있는 농장에서는 시장생산을 목표로 야채를 생산하여 도시에 팔았다.

그러나 불행하게도 철도 노선이 아직 확보되지 않은 남서부에서는 돼지고기와 굵게 간 옥수수죽인 '호그 앤 하미니'가 주요 메뉴였다. 1850년에 남부지역을 여행한 올름스테드(Frederick Law Olmsted)에 따르면, 남부의 농장주들은 종종 싱싱한 초록 순무와 함께 요리한 베이컨과 옥수수빵을 주식을 하고 당밀로 달게 한 커피를 즐겼다. 그리고 노예들은 항상 야채를 심은 밭을 가꾸었기 때문에 일반적으로 좋은 음식을 먹었다.

1870년 이후 농촌과 도시의 주부들은 겨울에 가족에게 과일과 야채를 공급하는 방법으로 통조림을 선택했다. 도시의 주부들이 지역 시장에서 계절에 따라 많은 양의 음식을 구입하는 반면에 농촌의 주부는 자신의 밭에서 직접 수확했다.

야외 방목의 신세로부터 벗어나 착유소를 건설하고 겨울 동안 건초와 사료를 확보한 결과, 우유는 일년 내내 생산이 가능하게 되었다. 특히 농촌 인구는 더 많은 우유를 섭취할 수가 있었다.

도시 인구. 철도의 도래와 함께 이제는 보다 많은 양의 상하기 쉬운 음식들이 대도시 지역으로 공급이 가능해졌다. 또 냉장차가 만들어져 신선한 우유, 과일, 야채 등이 신속하게 배달됐다. 이 시기에 대도시 지역의 중상류층은 이러한 음식을 쉽게 구입할 수 있어 상당할 정도로 세련되고 향상되었다. 소규모 도시에서의 음식은 세기가 바뀔 무렵까지 계절의 한계를 벗어나지 못했다. 소규모 도시에는 사과를 제외한 신선한 과일이 거의 없었고 겨울에는 녹색 야채는 전무했다.

역사가 모리슨은 인디애나주 상원의원 알버트 베버리지(Albert

J. Beveridge)가 남북전쟁 전 인디애나 고향 마을 사람들의 아침식사에 대해 회고한 내용을 이렇게 적고 있다.

"여명이 걷히자 사람들은 바로 그들의 오두막과 집으로부터 나와 마을의 푸주간으로 모이는 모습이 보였다. 이곳에서 각자 어제 밤에 도살한 쇠고기를 구입했다. 오고 가면서 그들은 옥수수로 만든 위스키를 소량 구입했다. 집으로 돌아오면 주부는 블랙커피와 구운 비프스테이크, 뜨거운 옥수수빵으로 아침을 준비했다."

1840년 이후, 도시의 음식은 도시민들이 받는 임금과 크게 연관되어 있었다. 1850년대와 1860년대에 노동자들은 주로 많은 살코기와 우유와 잎이 무성한 야채, 과일 등을 사서 먹었다. 그러나 남북전쟁 동안에는 상황이 바뀌었다. 신선한 고기가 너무 비쌌기 때문에 노동자들은 정량의 반 정도밖에 구입하지 못했다. 일인당 하루 우유 소비량이 1833년 이후 급속도로 늘어났지만, 1864년에는 $1/3$파인트(약 0.47리터)로 한 사람이 아침에 커피와 오트밀을 먹고 마시는 양에도 미치지 못하였다. 그리고 불행히도 남북전쟁 직후에는 음식의 전반적인 개선을 가져오지 못했다.

1870년대에도 경제는 여전히 좋지 않았다. 그 결과 새로운 노동계급 속에서 고용과 임금을 호전시키기 위한 상당한 노력이 필요했다. 해방된 노예들은 새로운 생활에 적응하기 위해 온갖 노력을 기울여야 했다. 자유란, 소작인이 되거나 구직이 문제가 되는 도시로의 이주 같은 위험스러운 모험 대신에, 상대적으로 안정된 농장 생활과 거래해야 한다는 것을 의미했다. 자유를 얻은 대가는 항상 가능했던 텃밭에서의 재배를 멈추어야 하는 것이었고, 이것은 한동안 음식을 얻는데 있어서 고통을 동반하는 것임을 의미했다.

일반적인 식사 경향

이 시기의 식사 유형은 칼라 반 식클(Calla Van Syckle)이 잘 설명해 주고 있다.

"이 시기에 미국 식탁의 기본적 표준--경제적 상태와 과학기술의 발달이 허락하는 한 식탁의 표준이 향상될 수 있는데도--은 1900년까지 그대로 유지되었다. 여기에는 압도적으로 쇠고기가 첫 번째 자리를 차지하였고 돼지고기가 두 번째를 차지하므로 상대적으로 고기가 많은 양을 차지했다. 여기에 감자, 양배추, 양파, 계절 따라 나오는 적당한 양의 신선한 다른 야채가 있었다. 주로 여름에 다양한 종류의 신선한 과일이 있었고, 겨울에는 값싼 사과가 주류를 이루었다. 흰빵과 롤빵, 케이크와 파이, 버터, 계란, 빵을 굽는데 필요한 우유와 마시기에 적당한 적은 양의 우유, 잼과 커피와 차가 있었다. 이 시기의 고기와 단 것과 흰 가루 음식의 대대적인 사용은 미국 인구의 대부분을 구성하고 있는 영국, 아일랜드, 북유럽과 스칸디나비아 나라들로부터 이민 온 사람들에게 전통적인 생활수준으로 자리 잡았다."

중산계층. 위의 설명에서 언급되었듯이 건실한 중산계층은 풍요의 시대로 들어갔다. 그들은 경제적 상태가 허락하는 한 흔히 쇠고기를 사서 먹었다. 비록 쇠고기가 돼지고기보다 인기가 있었지만 전국적으로는 쇠고기보다 돼지고기가 더 많이 소비되었다는데 주목해야 한다. 이러한 경향은 식민지 초기에 시작되어 300년 동안이나 계속되었다.

상류계층. 이 시기에 전국적으로 음식요리가 풍부하였지만 부자들의 입장에서 볼 때 음식의 우아함에 있어서는 부족했다. 따라서 19세기 초에 시작되었던 유럽, 특히 프랑스 요리가 압도적으로 강조되었다. 이처럼 프랑스 요리에 대한 열정이 있었음에도 불구하고 이것이 미국사회의 음식의 주류로 등장하지는 못했다. 아마 그 이유는 서부개척의 분주함과 계속된 이민들의 정착과정에서 발생한 메커니즘, 또한 청교도의 검소한 생활방식의 영향 등에서 나온 결과가 아닌가 생각된다.

빅토리아 시대. 19세기 후반기에 활짝 꽃을 피운, 빅토리아 중산계층이라고 불리는 새로운 계층이 출현했다. 수잔 윌리엄즈(Susan Williams)는 이 계층을 '적당하고 부유한' 계층이라고 규정지었다. 그러나 이 새로운 계층의 한계는 계속해서 변해갔고, 그 결과 정착되지 않은 사회의 불확실한 차원을 창조했다. 이에 미국인들은 그 상황에서 새로 획득한 위상을 정립하고 유지하기 위한 각종 에티켓을 세심하게 만들어 내기 위해 신경을 썼다. 이른바 식사 의식--먹는 방식, 식당의 가구, 장식, 식탁 배치, 그리고 만찬에 입는 옷은 어떠하며 메뉴 선택은 어떻게 해야 하는가 등--은 대단히 중요한 것이 되었다. 빅토리아 중산계층에 있어서 이러한 식사 습관은 변화하는 세계 속에서 성공하고 안정된 사회적 위상에 대한 확고한 자신감을 제공해 주었다.

이런 이유로 이 시기의 부유한 미국인들은 잘 차려진 식탁에서 하인들의 봉사를 받으며 정성들인 다양한 코스의 만찬 파티를 자주 벌여 친구와 동료들을 초청하였다. 그러나 평상시의 가족 식사는 간단했다.

평범한 가정에서의 식사는 사회생활을 위한 모임보다 생계유지의 기본적 모임이 일반적이었다. 많은 미국인들의 식탁은 다마스커스의 고급 천보다 흰 오일클로스로 덮여져 있었고, 특별한 어려움이 없는 환경에서의 만찬에는 버터, 잼, 어린이들이 빵을 찍어 먹는 데 필요한 농축 우유와 치즈, 그리고 성인들을 위한 1파인트의 맥주 등이 포함되어 있었다.

남북전쟁 직후 극단적인 계급의식이 형성된 사회에서 보통의 미국인들은 지나치게 틀에 박히고 점잔 빼는 유럽의 모델을 추종한 결과, 독창성이 없는 음식문화를 가졌던 것 같다. 그러나 대체로 유럽인을 의미하는 '문명'에 대한 뿌리깊은 관심에도 불구하고 미국인들은 그들 자신의 독특한 역사와 경험에 대해 특별한 관심을 기울였다. 미국인들은 독립 후 국가가 기틀을 잡는 과정에서, 특히 음식문화와 관련하여 세심한 이념적 개념을 확립하고자 했다. 미국인들은 세련되기 위하여 계속해서 유럽인을 추종했지만, 그럼에도 불구하고 그들은 선택적으로 도덕적 우위성에 대한 증거와 국가적 용기와 개인적 독창성에 대한 그들 자신의 과거 식민지 시절의 경험을 면밀히 조사하여 계승했다. 따라서 미국인들의 문명은 점차적으로 과거의 유산으로부터 유래된 것들--유럽적인 것 혹은 독특한 미국적인 것--의 혼합물이 되어갔다. 이런 것은 한층 복잡해지는 세계에서 유용한 것으로 입증되었다.

윌리엄즈는 19세기말 경에 '과거의 식민지는 대체로 식민지 시대의 가구와 거주지, 행동양식과 문화적 열정으로 강조되는 것들에 대해 특별한 향수를 가지는 것으로 충분한 가치가 있다. 그리고 당시의 거칠고 덜 정형화된 면들은 사라져가고 있다.'고 강조했다. 거의 모든 사회에서처럼 음식습관에 대한 자료 중 최상의 것은 그 사회의 부자들의 경우였다.

개관

19세기는 증가하는 인구의 다양성, 도시의 성장, 냉장고와 같은 기술의 발달, 개선된 수송수단, 음식의 진전과 같은 사회의 발달에 반응하여 음식습관이 어떻게 변화했는가에 대해 뛰어난 설명을 제공한다.

현재 영양에 관한 지식에서 볼 때 농촌과 도시를 막론하고 많은 사람들이 공화국 초기(1789~1850)에는 심각한 음식 부족으로 고통을 겪었다는 것을 알 수 있다. 일반적으로 상하기 쉬운 식품(우유, 신선한 과일, 채소, 고기 등)의 소비는 적당하지 못했다. 도시 노동자들과 그들의 가족은 농촌 거주자들보다 결코 잘 먹지 못했다. 왜냐하면 도시의 거주자들은 자신들을 위한 그 어떤 음식도 재배할 수 있는 기회가 없었을 뿐만 아니라, 이 시기 도시에서 살 수 있는 음식도 상당히 제한되어 있었기 때문이다. 이 시기 흑인들의 영양상태는 대부분이 여전히 농장에 머물러 있었던 관계로 식민지 시대와 거의 같았다. 인디언 중 많은 사람들은 1830년의 <인디언이주법>과 그 후의 재배치로 인하여 생활이 근본적으로 변했다. 수천 명의 인디언들이 이러한 환경과 관련된 질병과 영양결핍으로 죽어갔다.

적당하지 못한 우유의 소비와 더불어 과일과 야채의 부족은 신체의 적절한 성장과 유지에 필요한 각종 비타민과 미네랄의 부족을 가져왔다. 특히 비타민 C, 성장촉진 요소인 리보플라빈, 칼슘, 비타민 A와 D에 있어 그러했다. 일반적으로 낮은 생활수준에서 오는 이 시기의 이러한 영양의 결함은 미국인들의 키가 작아지는 원인이 되었다.

19세기 말이 되어서야 비로소 사회 경제적 여건이 좋아짐으로 미국인들의 우유와 과일, 야채의 소비가 증가했다. 전체적으로 좋아진 영양상태는 미국인들의 신장과 체격이 훨씬 커지고 장수했다는 사실에서 입증되었다.

Ⅳ. 20세기 미국의 음식

1. 제 1차 농업혁명의 확대, 1900~1920

　1900년에서 1920년까지는 1850년에 시작되었던 농업분야의 산업화가 획기적으로 확장된 시기이다. 기계화와 산업화의 증대가 미국의 음식체계에 포괄적이고 명백한 영향을 주었다. 이것은 식량생산의 증대와 함께 식품의 가공, 수송, 분배 등에 있어서도 획기적인 변화를 가져왔다.
　농부들은 점차적으로 기계화 농업에 종사하게 되어 식량 생산이 크게 늘어나는 효과를 가져왔다. 19세기에는 몇몇 농부만이 이용할 수 있었던 증기의 힘을 이용하는 도구들이 이제는 대대적으로 이용되었다. 얼마 후, 이 도구들은 가솔린 동력으로 대치되었다. 1900년대 초에 기술자들은 쟁기를 끌 수 있는 충분한 힘을 가진 가솔린 동력의 트랙터를 발명했다. 그러나 아직도 이 시대는 말이 농사일의 중요한 수단이었다.
　1900년 경에 이르러 개선되고 효과적인 농사방법으로 농업 노동자의 수요가 줄어들었기 때문에 농촌의 많은 사람들이 도시로 이주하였다. 이렇게 증가한 이주자들은 대도시나 산업도시로 집중되었다. 인구증가와 산업화에 따른 노동력의 도시 집중은 1900년대

초의 음식산업에 발전을 가져왔다. 인구의 증가, 새로운 직종의 증가, 대규모의 도시화 등 모든 것이 사회를 변화시켰고, 이것으로 음식의 양과 다양함에 있어 보다 많은 추가적인 요구가 생겨났다. 20세기 미국의 최초의 승리는 당시 음식 체계가 이러한 도전에 성공적으로 대응할 수 있었다는 것이다.

음식 관련산업의 발달

철도 차량이 음식을 정기적으로 소비자들에게 운반해 주었다. 냉동차는 특히 상하기 쉬운 음식--신선한 과일과 야채, 고기, 우유, 계란 등--에 아주 효과적이었다. 아이스박스는 이 시기에 가정에서의 냉장에 사용된 유일한 형태였다. 1903년에 농업분야에서 일하던 공학자들이 수송과 저장 과정이 수월하며 오래 가는, 잎이 양배추 모양의 양상추의 일종인 아이스버그 레티스를 개발하므로 현대의 미국 식사에 지울 수 없는 획기적인 충격을 주었다.

19세기에 만들어진 메이슨병과 압축 요리기구와 증류기인 레토르트 등과 같은 요리와 관련된 기구들이 이제는 널리 이용되었다. 음식 저장 방법이 다양해져 공장과 가정에서 아무 때나 먹을 수 있게 되었다. 그 결과 사람들은 더 이상 특정 계절에만 특정 음식을 먹게 되는 제한을 받지 않았다. 1900년 경에 미국의 음식 저장산업은 국가 제조업의 20%를 차지할 정도로 대기업이 되었다. 주요 음식 부분은 이미 몇몇 거대기업에 지배되었다. 음식의 요리에 있어 증대된 기계화와 통조림 기술의 개선 등은 통조림 제조업자의 생산성을 향상시켰다. 미국 통조림 산업의 실제적인 전성기 바로 전인 1910년 경에 이미 6만 8천 명의 종사자들이 30억 개의 음식 통조림을 생산해 냈다.

음식의 안전성. 음식 구입의 원활함과 함께 이 시기의 음식에 관련된 또 다른 발전은 공급의 안전성이 증대되었다는 점이다. 19세기 말 이래로 일부 소비자들의 음식의 위생에 관한 관심은 증가하여 왔다. 음식을 저장하고 시장에서 판매하는 상태가 종종 비위생적이었다. 따라서 부패가 흔히 있는 일이었고 상하기 쉬운 불순물이 음식에 들어가기도 했다.

1880년대에 시작된 육류에 대해 검사를 하고자 하는 움직임은 1891년이 되어 <연방육류검사조항>을 통과시키게 되었다. 이것이 개정되어 좀 더 명확하고 확실하게 규정한 1906년에는 <연방육류검사법>이 만들어졌다.

미농무부의 책임 화학자인 하비 윌리는 음식 첨가물에 대한 연방 차원의 규제와 음식 재료에 대한 강제적인 명령을 만들어 내는데 주도적 역할을 한 선구적 인물이었다. 이러한 운동에 대한 노력은 1906년 <순수식품의약법>의 제정으로 고조되었다. 이 법들은 이 나라 역사에서 가장 중요한 평화기의 입법으로 여겨지고 있다.

1908년에 우유의 신선한 순도에 대한 관심은 시카고에서 최초의 <강제저온살균법>의 제정을 이끌어 냈다. 1920년 경에 우유의 저온 살균을 요구하는 이와 비슷한 법들이 지방과 주 차원에서 통과되었다.

이러한 모든 규제는 우유, 고기, 음식 저장 산업의 합법화를 이끌어 냈다. 각종 시설에 필요한 투자를 할 수 없고, 새롭게 마련되고 있는 '신선음식법' 요구하는 감시조항에 능동적으로 대처할 수 없었던 많은 소규모 회사들을 대신하여 거대한 주식회사가 탄생했다. 전국적인 규모의 비스킷 회사인 나비스코와 헤인즈, 밴 캠스, 캠벨 수프 등이 유명하였다. 빅 파이브로 알려진 포장육회사인 아머, 스위프트, 윌슨, 모리스, 쿠다이 등도 이름이 있었다.

음식, 영양, 1차 세계대전. 미국은 1917년 4월에 1차 세계대전에 개입했다. 얼마 후 허버트 후버(Herbert Hoover)는 새로 만들어진 미식량청(U. S. Food Administration)의 책임자로 임명되어 음식의 가격, 생산, 분배에 대한 폭넓은 권한을 행사했다. 식량청의 핵심 전략은 사실 1916~1917년 겨울의 식량 위기 때 만들어진 것이었는데 흰 밀가루, 고기, 설탕, 버터 등에 대한 자발적인 사용 억제책이었다. 음식 소비에 대한 전반적 축소를 요구하는 것과 더불어 '밀가루 없는 날'과 '고기 없는 날' 등이 만들어졌다. 또한 유명한 미국의 영양학자인 윌버 앳워터(Wilbur Atwater)와 그의 제자들에 의해 만들어진 대용음식에 대한 기본 개념이 확고하게 자리잡았다. 전쟁으로 인하여 미국인들은 다양하지만 비싸지 않은 음식 재료로부터 단백질, 지방, 탄수화물 등을 구할 수 있는 앳워터의 가르침을 실천했다. 이러한 개념을 적용하는 방법으로 미국인들은 고기보다 콩으로부터 단백질을 얻도록 했고, 옥수수 가루, 귀리, 밀과 같은 다른 곡식으로부터 탄수화물을 얻었고, 돼지비계 기름인 라드와 야채 기름으로부터 지방을 얻도록 독촉 받았다. 식량청의 이러한 노력을 보완하기 위해 가정경제학자들은 밀, 쇠고기, 버터, 설탕 등에 대치할 요리법과 메뉴를 고안해 냈다. 이태리 이민들은 파스타와 감자 소스가 포함된, 고기가 있거나 없는 요리법을 만들어 냈다. 이것은 점차적으로 1920년대에 대중화되어 갔다. 따라서 이태리 음식은 폭넓은 호응을 얻은 최초의 이민 음식이 되었다. 당시에도 과일과 야채는 유럽에까지 보내기에는 상하기 쉬웠기 때문에 이에 대한 소비가 촉진되었고, 그 결과 예상치 못한 영양 혜택이 미국 대중들에게 나타났다. 비록 식량청의 노력이 중산계층과 상류계층에게 큰 충격을 주었지만 이것의 중요성은 결코 과소평가 될 수 없는 것이었다. 분명 이것은 미국인들이 무엇을 어떻게 먹어야 할 것인가에 대한 진지한 고려를 하도록 하면서 미국의 음식에 대한 습관과 사상 등 음식문화 전반에 중요한 영향을 미쳤다.

이 시기의 식사 유형

1900년대 초의 미국인들은 무엇을 먹었는가. 음식을 살 돈이 충분하지 않은 아주 가난한 사람을 제외하고 대부분의 사람들은 필요 이상의 음식을 먹었다. 따라서 음식의 과다섭취와 관련된 비만과 소화문제가 일반적인 현상이었다. 상류계층과 하류계층은 비록 다른 이유가 있었지만 둘 다 과식을 하는 경향이 뚜렷했다. 상류계층은 자신들의 부유함이 먹을 것과 마실 것을 폭넓게 선택하도록 하였기 때문이었으며, 반면 하류계층은 대체로 힘든 육체적 노동을 하는데 필요한 에너지를 확보하기 위하여 과식했다. 술은 노동자 계층에서 특히 과음하는 사례가 허다했다.

이민 1세대는 특히 음식에 많은 관심을 기울였다. 왜냐하면 음식의 부족이 자신들로 하여금 미국으로의 이민을 결심하게 한 가장 큰 이유였기 때문이다. 많은 고기가 포함된 일상의 음식은 충분한 단백질 섭취를 위해서 필요했다. 따라서 보다 많은 고기를 섭취하기 위하여 이들은 본토(유럽)에서의 고기와 관련한 음식습관을 계속 유지했다. 처음부터 미국 제 1의 육류 자원이 되어 온 돼지고기는 그 후 3세기 이상 이 나라에서 가장 일반적인 고기로 소비되었다. 1900년 경, 아마 지방 함유량 때문에 당시의 영양학자들에 의해 그 가치가 일그러진 돼지고기는 상류계층으로부터 서서히 인기를 잃기 시작했다. 그럼에도 불구하고 여전히 공장 노동자, 중서부와 남부인들에게 있어서는 중요한 위치를 계속해서 유지했다.

농촌 인구. 이 시기 농촌 지역 미국인들의 음식은 그들의 경제

상태에 따라 매우 다양했다. 임차농민이나 소작인들은 좋지 못한 식사를 했다. 왜냐하면 이들은 텃밭에 심는 채소, 고기와 가금을 제외하고 돈이 되는 작물을 키워야 했기 때문이었다. 그래서 니코틴산 결핍 증후군인 펠라그라병이 만연했다. 이와는 대조적으로 부유한 농부들, 특히 농장을 소유하고 자신들이 먹을 음식의 대부분을 생산해 내는 농촌 사람들은 영양이 있는 다양한 음식을 즐겼다.

도시 인구. 1900년 이후 이민은 극적으로 증가했다. 1901년과 1910년 사이에 약 1백만 명에 달하는 새로운 이민이 도착했는데, 주로 이태리인, 유대인, 폴란드인 등을 포함한 중부와 남부 유럽인들이었다. 대부분의 '신이민'들은 대도시와 산업도시에 집중되었다.

1880년대를 시작으로 상대적으로 부유한 숙련 및 반숙련 노동자와 투쟁적인 미숙련 노동자로 구분되는 노동계급의 이중구조가 만들어지기 시작했다. 1900년 이후 대부분의 신이민들은 후자에 포함되었음으로 이러한 구분은 인종적 차이에 의해 더욱 뚜렷하게 나타났다. 이와는 반대로 도시 상류계층은 주로 토착민이나 앵글로색슨계, 북유럽계 이민 1세대로 구성되어 있었다. 이 두 그룹은 서로 다른 문화적 지리적 기원과 배경, 그리고 경제적 상태를 반영하는 서로 다른 식사 유형을 보여 주었다. 대부분의 노동자에게 있어 빵, 감자, 양배추, 양파 등은 필수적이었다. 그리고 우연히도 가난한 사람들의 비타민 C 공급원으로 불려지는 감자와 양배추는 사람들에게 너무나 필요한 아스코르브산을 제공해 주었다. 주로 영국계 이민인 숙련 노동자들은 식민지 시대에 개발되어 그 후 약간의 수정을 가한 전형적인 뉴잉글랜드 요리를 즐겼다

숙련 및 반숙련 노동자들의 음식은 자유롭고 다양하였으며 상대적으로 부를 반영하였고, 또 좋은 음식을 선택한다는 특징을 가지고 있었다. 이러한 노동자들의 음식은 각종 신선한 고기와 계란, 감

자, 흰 소스, 과일과 야채, 다양한 통조림, 그리고 유명한 사과 파이를 포함한 디저트 등이 포함되었다.

'신이민'들은 맵게 한 쇠고기 야채 스튜, 굴라시, 이태리 파스타, 감자, 소시지 요리 같은 '다양한 음식'을 먹었다. 그러나 이것은 토착 미국인들과 놀랍게도 당시의 가정경제학자들에게 과소평가 되었다. 가정경제학자들은 혼합된 음식은 소화가 잘 안될 뿐만 아니라 따로따로 그 효과를 발휘한다고 믿었다. 분명히, 당시의 전문가들은 음식을 먹었을 때 모든 음식이 위에서 혼합되어 소화된다는 사실을 고려하지 않았다.

대부분의 이민들은 빵을 가장 중요한 주식으로 삼고 빵의 상징적인 중요성을 인정하는 문화지역으로부터 온 사람들이었다. 그래서 빵은 미국 음식의 필수적 구성요소로 남아 있었다. 이 빵들은 항상 같은 민족의 빵집으로부터 구입이 가능했으며 그곳에는 구대륙에서 먹었던 것과 같은 빵이 만들어져 있었다. 신이민들은 아침으로 빵과 커피와 수프를 즐겼다.

부유한 가정에서는 상업적으로 만든 통조림 과일과 야채(미국화의 상징)를 즐겨 이용하였지만, 새로 이민 온 여성들은 주로 가정에서 만든 통조림 음식--철이 지났을 때 가족들을 위한 음식으로 내놓기 위하여 여름과 가을에 많은 양의 과일과 야채를 저장해 둔--을 이용했다. 1918년 노동자들은 음식 비용으로 그들 예산의 40% 가까이 소비했다.

중산계층. 1900년 경에 영양학자들은 중산계층의 식사를 변화시키는데 노력을 집중했다. 가난한 도시 공장 노동자들을 위한 1890년대의 '영양 개혁가들'의 노력은 실패했다. 1890년대에 앳워터와 그의 동료들에 의해 전달된 영양 메시지는 적게 먹음으로 더 좋은 영양을 얻는다는 것이었는데 이는 대부분의 미국인들에게 진지하게 받아들여지지 않았다. 그러나 교육을 많이 받고 과학적인 연구 접근에 더욱 인상을 받는 많은 중산계급은 앳워터의 영양 가르침에 큰 매력을 가지고 이에 따랐다.

건강과 영양에 대한 새로운 관심과 함께 미국의 중산계층은 20세기 초 20여 년 동안 일시적으로 유행하는 음식과 엉터리 치료 같은 것에 쉽게 현혹되었다. 이러한 관심은 이 시대의 편안한 환경이 과음 과식을 하게 한 결과로서 그들이 겪는 다양한 가벼운 심신장애로부터 비롯되었다.

다행히도 이 시기 미국인들에 의해 개발된 일시적으로 유행한 음식이 모두 영양이 나쁜 것은 아니었다. 영양학적으로 타당한 이론적 근거와 이유를 가지고 있는 하나의 혁신이 일어났는데 그것은 아침식사로 건조된 시리얼(오트밀, 콘플레이크 등의 곡물식품)의 이용이었다. 1900년 경에 일반적인 미국인의 음식에서는 아직도 육류가 최고의 위치를 차지하고 있었다. 그러나 변화된 아침식사를 장려하는 주도적 개척자였던 윌리엄 켈로그(William R. Kellogg)와 찰스 포스트(Charles W. Post)는 전통적이고 전형적인 아침식사로 소비되는 고기의 대용으로 다양한 시리얼 식사를 지속적으로 장려했다. 식사에 있어서 하나의 혁신을 이룩한 이 기업가들은 자신들이 추천한 음식의 건강상의 이점을 강조했다. 이들의 홍행을 주도하는 듯한 전략은 이 시기에 중산계층이 음식과 건강의 상호관계에 대해 지대한 관심을 가지고 있었기 때문에 대대적인 효과와 성공을 거두었다.

중산계층의 만찬. 1880년 이후 산업화 도시화와 함께 중산계층이 상당히 확대되었다. 1900년대 초에 좋아진 경제 상태와 수입과 내수를 통하여 언제든지 이용이 가능해진 다양한 음식의 축복을 받아 그들은 점차 상류계층의 만찬 스타일을 따르고자 했다. 그러나 궁극적으로는 가정에서의 만족할 만한 서비스 문제, 영양학자들의 과식에 대한 경고, 중산계층 여성들이 부엌에서 보내는 시간의 단축을 바라는 잠재적 욕망 등이 미국사회의 중산계층 요리의 양적 질적 변화를 초래하는데 이바지했다. 1905년 이후 양이 적고 노력이 덜 드는 음식으로의 전환이 분명히 이루어졌다. 보다 단순해진 메뉴로 시간을 절약했다. 반찬은 거의 사라졌고 식사 준비를 위한 여러 단계도 사라졌으며, 코스도 줄었다. 당시의 가정경제학자들이 중산계층의 음식문화에 막대한 영향을 주었기 때문이었다.

2. 위기의 시기, 1920~1940

이 시기는 두 개의 중대한 위기인 대공황과 1930년대의 가뭄으로 크게 특징지을 수 있다. 앞선 20년과는 달리 1920년대는 기업 번영의 시대였다. 그러나 대부분의 농업은 경제적 어려움에 휘말려 있었다. 농업 생산물의 가격은 1920년과 1921년에 약 40% 하락하였고 1920년대 전체를 통하여 낮은 가격이 지속되었다. 많은 농부들이 파산하여 농토를 잃어버렸고 강제로 소작인이 되거나 농사를 포기해야만 했다.

1929년 10월 29일의 주식시장 붕괴는 1930년대에도 계속되는 전 세계적 기업 불경기인 대공황을 알렸다. 현대사회에서 이때만큼 최악의 상태로 높은 실업률과 낮은 기업활동이 오래 계속된 시기는 없었다. 상황의 심각함을 더한 것은 1930년대에 중서부와 남서부의 일부를 강타한 심각한 가뭄과 먼지폭풍과 침식작용이었다. 가장 심각한 가뭄은 1934년과 1936년에 발생했다. 수천 명의 농부들이 쫓겨났으며 많은 사람들이 일거리를 찾아 캘리포니아의 비옥한 농업

지역으로 이주했다. 일을 찾은 사람들이라도 대부분은 아주 낮은 임금을 받고 떨어진 과일을 줍는 노동자로 일을 해야 했다. 이주한 가족들은 농장 부근에 있는 오두막집에서 바글거리거나 야외에서 캠프생활을 해야만 했다. 이때 이주 가족이 겪는 전형적인 모습이 존 스타인벡(John Steinbeck)의 소설 《분노의 포도》에 생생하게 묘사되어 있다.

연방주의. 1929년 10월의 주식시장 붕괴와 프랭클린 루즈벨트(Franklin Delano Roosevelt, FDR)가 대통령이 된 1933년 3월 사이는 미국 대공황의 최악의 시기였다. 루즈벨트 대통령의 1차 임기는 미국의 20세기 연방주의의 시작으로 볼 수 있다. 대통령 취임 후 그는 즉시 공황을 타개하기 위한 각종 입법을 위해 의회에 특별회기를 요구했다. 이것이 바로 그의 새로운 계획인 '뉴딜정책'이었다. 이 입법으로 만들어진 많은 기관들이 지원과 구제 프로그램을 실행해 나갔다. 1933년에 민간자원보존단과 공공사업청이, 1935년에는 공공사업추진청이 수천 명을 고용하는 효과를 가져왔다.

1930년대에 정부는 대공황과 가뭄의 이중 위기에 능동적으로 대처하기 위하여 미국의 음식 체계에 깊숙이 개입했다. 그것은 국가의 농업적 기반을 안전하게 보존하기 위해 다양한 노력을 기울이는 것이었다. 그럼에도 불구하고 수많은 소규모 농장의 농부들은 거의 강제적으로 농사를 포기하게 되어 도시로 이주했다. 1920년대 초 이래로 계속된 농업 생산물의 낮은 가격은 결국 이 시기에 와서는 농민들로 하여금 거의 공짜로 팔기보다는 우유를 내다 버리고 소를 쏘아 죽이고 곡식을 불태워 버리도록 했다. 이러한 진퇴양란을 수습하고자 가격 부양책이 마련되었고 처음으로 연방정부가 직접 농업 생산물을 구매하기 시작했다. 다른 중요한 입법은 1933년의 <농업조정법>과 1935년의 <사회보장법> 등이 있다. 현명치 못한 농업기술에 의해 더욱 악화된 길고 긴 가뭄은 기름진 토양을 못 쓰게 만들어 종국적인 파멸로 몰고 갔다. 농토의 이러한 위협에 대한 관심은 1939년 농무성 내 정부기관인 토양보존기구의 설립을 이끌었다.

음식 관련산업의 발달

냉장. 1920년대에 기계식 냉장고는 구매능력이 있는 사람들에게는 쉽게 이용할 수 있는 것이 되었다. 그러나 1924년에 재래의 부엌에는 아직까지 냉장고가 보이지 않았다.

영양실조. 1930년대에 미국의 도시와 농촌을 막론하고 영양실조가 상당히 확산되었다. 특히 도시의 빈민가 거주자, 농촌의 가난한 자, 이민 노동자, 인디언 등은 영양실조의 공격에 노출되어 있었다. 뿐만 아니라 대공황으로 인하여 실직한 중산계층의 많은 사람들도 영양실조의 고통을 겪었다.

식량지원. 루즈벨트 행정부는 1935년에 <일상음식법>으로 두 가지 종류의 음식보조 프로그램을 운영했다. 이 프로그램으로 가정과 학교가 잉여농산물을 배급받았다. 일상 음식의 생산에는 고기와 가금류 통조림, 말린 콩, 과일과 야채 통조림, 요리된 고기, 옥수수가루, 밀가루, 탈지 건조 우유, 땅콩 버터, 쌀, 압축 밀, 기타 곡류 등이 포함되어 있었다. 이러한 음식은 많은 사람들과 어린이들의 식사에 반드시 필요한 영양분을 보충해 주었다. 일상음식 프로그램은 오늘날도 계속되고 있는 보다 강하고 확대된 프로그램의 선구자 역할을 하였다. 즉, 1946년의 <학교점심 프로그램>과 1949년의 <생활필수품분배 프로그램> 등이다.

음식의 안전성. 1930년대에 들어서자 1906년의 식품의약법은 음식 체계의 복잡한 확대와 다양화 때문에 능동적으로 대처하지 못하게 되었다. 커진 필요성과 소비자들의 압력에 의해 연방 차원의 <식품의약화장품법>이 1938년에 제정되었다.

이 시기의 식사 유형

농촌 인구. 이 시기에 보잘 것 없는 식사는 농촌 지역에서 너무나 일반적이었다. 백인이건 흑인이건 남부지역에서 소작을 하는 사람들은 이른바 음식의 '3M'이라고 알려진 옥수수(maize), 당밀(molasses), 고기(meat, 주로 거의 비계이고 살코기가 없는 소금에 절인 돼지고기)가 주요 음식으로 소비되었다. 따라서 남부 농촌 지역은 이때까지도 니코틴산 부족 증후군인 펠라그라병이 유행했다. 환금작물을 재배하라는 지주의 압력은 농부들로 하여금 자신들의 음식을 만들기 위한 신선한 야채나 과일, 고기, 우유 등의 정원 재배나 가축사육을 현실적으로 불가능하게 만들었다. 이러한 보잘 것 없는 음식은 애팔래치아 산악지역에서도 남부 농촌지역과 비슷하였다.

도시 인구. 1924년에 노동통계청에 의해 실시된 조사는 20년대에 실시된 것 중 가장 대규모의 조사로써 전국 42개 주에서 1만 2천 가정을 대상으로 한 것이었다. 이 조사 결과 노동자들의 지출 가운데 평균 38%가 음식을 위한 것이었다. 이 통계는 음식을 위한 노동자들의 지출이 1901년의 43.1%에서 1918년에 38.2%로 하향 조정된 것으로 조사되었던 1930년의 더글라스(P. Douglas)의 경우와 비슷했다. 가장 중요한 변화는 현재 음식을 위한 비용이 어떻게 소비되고 어떤 음식이 주로 구입되는가에 있었다. 노동자들의 지출의 중요한 부분을 차지하는 품목이었던 밀가루, 감자, 고기 등은 대체로 줄어들어 하향 안정상태에 있었다. 그 대신 과일과 야채의 구입을 위해 보다 많은 지출이 이루어졌다. 이는 1975년의 미국통계청의 조사와 일치하는 것이다. 1928년에 뉴욕시 노동자들은 육류 소비에 있어 비슷한 수준을 보여주었으나 지출이 낮았고, 대신 우유, 치즈, 과일, 야채 등에 보다 많은 돈을 소비했다. 이들은 밀가루와 시리얼을 적게 먹었고 수입이 늘자 고기와 곡식 종류를 많이 먹었다. 일반적으로 1930년대의 표준적 식사는 1914년보다 건강식으로 판명되었다.

식사와 낮은 경제 상태. 이 시기에 노동자 계급은 여전히 충분한 음식을 확보하는데 일차적인 관심이 있었기 때문에, 중산계급에서 대대적으로 유행하고 있던 칼로리가 계산되고 멋을 내는 음식을 먹는 것과는 거리가 있었다. 아직까지 많은 노동자에게 있어 일차적인 문제는 단순히 먹기 위한 음식을 확보하는 것이었다.

일반적으로 1920년대에 도시 노동자들의 경제 상태가 개선되기는 하였지만 최소 10명 중 1명은 비고용 실업상태에 있었다. 따라서 도시 하층계급이 형성되었는데 이들 중에는 남부 농촌지역에서 북부, 중서부 산업지역으로 무조건 이주해 온 흑인들이 다수 포함되어 있었다. 새로운 환경 속에서 그들은 전통적인 음식조달 방법인 소금에 절인 돼지고기와 옥수수, 흰 밀가루, 당류, 그리고 가공저장된 식품들이 주를 이룬 식사를 했다. 물론 이들은 우유와 신선한 야채와 과일은 거의 먹지 못했다. 영양학적으로 적절하지 못한 음식을 먹은 결과, 이전의 노예보다도 왜소한 경우가 허다했다. 이들의 형편없는 음식으로 말미암아 두말할 여지없이 유아사망률이 높아져 도시 백인 중산계급의 두 배 이상이 되었다. 그러나 1930년대에 이르러 수입이 적은 사람들은 정부의 생필품지원 프로그램의 도움으로 이전보다 훨씬 나은 음식을 섭취할 수 있게 되었다.

미국화의 효과. 신이민으로 다양화된 민족적인 음식들이 이 시기에 와서 점차 미국화 되어갔다. 1924년의 <이민법>은 지금까지 신이민의 주류를 이루었던 남동유럽으로부터의 이민을 감소시켰다. 지금까지 그들은 구이민의 음식에다 새로운 것을 보강시켜 왔다. 이민 1세대 역시 학교에서의 가정경제학과정, 학교점심 프로그램, 또는 여성잡지, 영화 등 외부와의 접촉으로부터 미국적인 사고방식을 지니게 되고 그것을 가정으로 가져온 그들의 자녀들로부터 많은 영향을 받았다. 그 후 이민 2세대는 자신의 원래 나라의 음식 관습을 포기하는 경향이 뚜렷해 졌다. 점차적으로 이민 가정은 아침 식사로 마른 시리얼 종류나 통조림 상품, 그리고 다른 형태의 미국식으로 조리된 음식을 이용하기 시작했다.

중산계층. 여성 참정권과 경제적 번영으로 여성들의 관심이 다변화된 결과, 가사노동의 축소에 대한 욕구가 강렬해 졌다. 이것은 또한 중산계층에 의해 계산된 칼로리 음식의 선호와 함께, 1900년대 초부터 시작된 보다 가볍고 간단한 음식을 추구하는 경향을 더욱 강하게 하였다. 초창기 유럽 이민 농부들의 식사 방식이었던 '한 접시의 식사'를 한때는 경멸하였지만 이제는 가정주부가 한 접시에서 모든 것을 해결함으로써 많은 시간과 노력이 절약되어 대대적으로 유행하기 시작했다.

핵심적 식사 유형. 이 시기에 들어와서 오늘날까지 계속되는 현대 미국 식사 유형의 핵심을 이루는 음식문화의 기초가 확립되었다. 가장 일반적인 유형은 다음과 같다. 아침식사로는 감귤 종류의 과일과 쥬스, 마른 시리얼, 계란, 구운 빵이 전형적이었고, 점심에는 보다 가벼운 음식으로 샌드위치, 수프, 샐러드 등이었으며, 저녁에는 핵심에 고기류, 그 외에 감자와 각종 야채류와 간단한 후식 등이 전형을 이루었다.

특히 중산층 가정에서는 통조림 상품의 이용이 꾸준히 증가했다. 1897년에 미국 식탁에 등장했던 젤오(Jell-O; 과일 맛과 빛깔과 향을 낸 디저트용 젤리)는 이 시기에 와서 인기 있는 다용도 음식이 되었다. 한 봉지에 몇 페니만 지불하면 되는 젤오는 색과 맛이 다양해서 공황기의 진부했던 많은 음식을 대신했다. 이것은 통조림 과일과 함께 인기 있는 후식이 되었다. 마요네즈와 통조림 과일과 야채와 함께 젤오는 식사의 메인 코스는 물론 부식으로도 빠르고 쉬운 샐러드를 만드는데 대대적으로 이용되었다.

또한 이 시기에 있어 잘라 구운 빵의 보급은 많은 사람들에게 인기 있고 편리한 혁신이었다. 1904년에 등장한 아이스크림 콘은 1920년에는 막대기가 들어있는 굿 유머 바로, 1921년에는 에스키모 파이로 발전했다. 아이스케이크인 팝시클은 1924년에 등장했다.

새로운 레스토랑. 새롭게 형성된 중·하류층의 화이트칼라 노동자들과 점심시간에 빠른 식사를 필요로 하는 상점의 노동자들을 위한 새로운 종류의 레스토랑이 발달되어 이들에게 음식을 제공했다. 금주법 이전에는 일반적으로 먹는 장소가 거의 술집과 연관되어 있어 남성 위주로 운영되었다. 그러나 1920년대의 경제적 번영과 여성해방이라는 사회적 분위기에 힘입어 새롭게 만들어진 레스토랑은 여성들에게 대단히 인기 있는 장소가 되었다. 찻집이 성행하였으며 이는 여성뿐 아니라 남성에게도 인기가 있었다. 1920년대 이전에 소개되었던 자동판매식 식당 같은 셀프서비스 카페테리아가 성행하여 대기업으로 성장했다. 이때 스팀 테이블이 등장하여 맛있고 적절한 식사에 필수적인 따뜻한 음식을 제공했다. 1920년대 중반에 이러한 카페테리아는 보다 간편한 음식을 제공하는 점심전문 레스토랑에게 자리를 내주었다. 1930년대에 완전히 꽃핀 수정된 영양에 대한 개념의 출연으로 뜨거운 음식을 먹어야 한다는 강박

관념은 사라지고, 샌드위치나 샐러드, 그리고 다른 찬 종류의 음식이 인기를 끌었다. 얼마 전에 고안된 전기 토스터로 손쉽게 준비할 수 있는 구운 빵이 새로운 차원의 샌드위치를 만들어 냈다. 그 결과 이른바 간이 구내식당이 대대적으로 유행했다. 이 당시에는 약국에서도 샌드위치와 다른 종류의 음식을 팔았다.

일반적 경향 세심하고 검소한 많은 식사 습관은 비싼 음식 대신 값싼 음식을 권한 앳워터의 가르침에 의해 이루어졌다. 이에 의해 일반적인 음식 관습이 대공황기의 도래와 함께 새로운 분위기 속에서 계속되었다. 콩이나 완두콩, 그리고 값싼 육류가 비싼 육류를 대신했다. 검소한 가정주부는 비싼 상업적 마른 시리얼보다 요리된 시리얼을 이용했다. 1830년에서 1930년까지 한 세기 동안 돼지고기의 소비가 1인당 연간 80kg에서 60kg으로 25% 하락하였지만 그럼에도 아직 돼지고기의 소비는 1인당 25kg 수준의 쇠고기 소비를 능가했다. 가정의 텃밭에서 재배한 음식이나 가정에서 만든 통조림은 1920년대에서 1930년대까지 음식 공급에 중요한 역할을 했다. 뿐만 아니라 그 후 2차 세계대전 시기에도 마찬가지였다.

가정경제학자가 점차 음식산업에 관계함에 따라 그들의 역할이 강화되었다. 이 기간에 규정 조리실이 대규모 음식회사에서 일반화되었고 가정경제학자들이 충원되기 시작했다. 어떤 음식회사는 상품을 선전하고 판매를 촉진하기 위하여 전형적인 가정경제학자의 모형이나 개성을 강조했다. 이러한 가정경제학자 중 가장 잘 알려진 사람은 제너럴 밀스사의 베티 크로커(Betty Crocker)일 것이다. 그녀는 이 시기를 살아가면서 회사의 음식 생산물에 관한 유용한 정보를 소비자들에게 제공했다. 수퍼마켓과 체인점이라고 불리는 그에 속한 수많은 조직망은 1930년대에 미국 전역을 통해서 활성화되었다. 레드 아울이나 피글리 위글리 등의 이름은 가정용 단어가 되었다.

술 소비. 1920년 7월 14일, <금주법>의 효력 발생과 함께 알코올 음료의 소비는 급격하게 줄었다. 1934년 18차 헌법 수정 이후 음주는 다시 늘었고 특히 경제의 발전과 함께 다시 증가했다.

개관. 대공황 때 다른 분야와는 달리 영양분야는 손상을 입지 않았다. 이는 의심할 여지없이 루즈벨트의 뉴딜 정책의 신속한 실행과 전반적인 효능에 힘입은 바 컸다. 1900년대 초 영양학자들의 노력과 1차 세계대전 동안 후방의 음식보존 프로그램의 메시지는 미국인들에게 새로운 습관과 태도를 만들어 주었다. 이는 경기침체와 가뭄의 결과로 온 음식 공급의 어려움에 훌륭한 대비가 되었다. 미국인들은 놀랍게도 적은 음식으로도 잘 지낼 수 있는 방법을 알게 되었고 보다 좋은 음식을 선택하는 길을 알게 되었다.

대공황 시기에 다양하고 새로운 행동과 음식의 유형이 나왔다. 동시에 영양에 관한 확대된 지식이 새로운 차원으로 발전하여 이것은 질병을 이기는 수단이라기보다 최적의 상태의 건강을 얻는 것을 강조했다. 앳워터의 공헌이 영양학의 기초를 확립하는 동안, 계속된 비타민과 미네랄의 발견은 영양의 개념을 혁명화하였으며, 이는 여과 과정을 통해 미국 대중들에게 일반화되었다. 대공황이 한창일 때 이러한 영양물들이 성장과 일반 건강과 장수에 필수조건이라는 많은 증거들이 나왔고 폭넓게 받아들여졌다. 곧 이에 대한 연구가 강화되고 궁극적으로 대중들의 관심은 인간의 신진대사에서 이러한 영양물의 기능의 중요성을 인식하게 되었다.

1930년대 말의 일반적인 '음식형태'에 대한 흥미 있는 설명이 1939년에 다음과 같은 식품과학에 관한 설명으로부터 나왔다.

"통조림은 과학기술의 발전으로 인하여 하나의 확고한 생산기술이 되었다. 1939년에 냉장방식은 운송과 시들기 쉬운 음식의 저장 방법으로 보편화되었고, 냉동식품은 소매점까지 유행하게 되었다. 그러나 장애물이 없었던 것이 아니었다. 가정용 냉장고가 아이스박스에 대체되었지만 얼음을 얼게 하는 냉동장치는 4개의 얼음으로 된 입방체 모양이었다. 이때 한 인기 있는 벤처기업이 냉동식품을 위한 칸막이 냉동고 센터를 주택가 주변에 설치했다. 사람들은 단지 몇 블록만 가면 그곳에서 편리하게 냉동식품을 구입할 수 있었다. 최근에 입하된 냉동식품을 제외하고 해안으로부터 백 마일 이상 떨어진 곳에서는 그 어디라도 싱싱한 해산식품은 없었다. 건조되거나 절인 물고기가 보통이었다. 사순절에는 지옥과도 같았다. 신선한 오렌지와 레몬, 사과, 야채 등은 지역적으로 계절에 따라 얻을 수 있었다. 그러나 이것도 가능할 때만 구할 수 있었다."

3. 전쟁과 복구, 1940~1960

1940년이 되어서도 대공황의 여파는 완전히 가시지 않았다. 1920년 이후로 경제적 슬럼프에 빠져있던 농업은 이 시기에 와서 미시시피 서부의 평지인 먼지바람 지역으로부터 서서히 회복되기 시작했다. 2년이 채 되기 전에 미국은 제 2차 세계대전에 개입하게 되었다. 국가가 총체적으로 전쟁물자의 생산을 증가함에 따라 일자리가 창출되었고 많은 자금이 유통되어 길고 긴 공황은 끝이 났다.

1940년에 식품과학은 과학기술에 의해 크게 영향을 받았다. 판매되고 있는 모든 음식의 65% 이상이 몇 단계의 가공을 통하여 이루어졌다. 2차 대전은 식품과학의 확고한 발전의 거대한 촉매제로 작용하였고 일반적인 음식체계의 발전에도 기여했다. 1940년 무렵에 영양학자들은 모든 필수 영양물을 실제로 확인하고 분리시켜 특성화하는데 성공했다. 이제 영양학자들의 관심은 이러한 영양물들의 생화학적 기능과 기계적 움직임을 결정하는 방향으로 바뀌었다. 따라서 이 시기는 식품기술로 향하는 식품과학과 영양학의 중요하고 획기적 변화를 보여 주었다.

2차 대전의 종결과 함께 주요 산업국가들 중에 미국만이 유일하게 경제적 피해를 입지 않았다. 미국이 깊숙이 개입한 한국전쟁(1950년 6월 25일에서 1953년 7월 27일까지)은 미국 경제에 미미한 영향을 주었고 따라서 미국의 음식체계에 큰 영향을 주지 않았다.

음식 관련산업의 발달

2차 대전과 음식체계. 2차 대전은 미국의 음식체계에 대대적인 영향을 끼쳤다. 군인들에게 최상의 영양으로 적절하고 안정된 식량을 제공해야 하는 필요성이 부각되었고 이는 식량배급제도에 관심을 기울이게 하였다. 뿐만 아니라 정부 주도의 다양한 연구를 통해 새롭게 발전된 음식관련 기술이 나왔으며 표준이 마련되었다. 다행이 전체 미국 대중들은 전면전쟁에서와 같이 이러한 노력으로부터 적지 않은 혜택을 보았다.

설탕, 지방, 육류, 통조림 과일과 야채 등이 배급되었다. 1차 세계대전에서처럼 이와 같은 통제는 간접적으로 계란, 우유, 신선한 야채 등의 생산과 소비를 증대시켰다.

국무부의 병참부대에 의해 이루어진 연구는 다양한 조건하에서 전투 병사들에게 유용한 음식을 개발하는데 목표를 두었다. 이는 가공식품의 개선 방법을 낳았고 이로 인하여 모든 미국인들이 이득을 보았다. 탈수기술을 확보하기 위해 많은 시도가 이루어졌으며, 일단 탈수된 음식은 냉장을 필요로 하지 않았고 물기가 99%까지 제거되어 가볍고 휴대하기 편했다.

1940년에 국가방위와 관련하여 연방정부에 영양에 대한 자문을 하기 위해 국가연구위원회의 식품영양청이 설치되었다. 루즈벨트 대통령으로부터 표준적인 음식을 개발하는 권한을 받은 식품영양청은 좋은 영양을 목표로 하여 1년도 안되어 최초의 추천식사방안을 개발했다. 1943년 국가연구위원회의 최초의 방안 이래로 추천식사방안에 대한 주기적인 수정판이 나왔고 이때마다 새로운 과학적 지식과 해석이 반영되었다. 가장 최근의 안은 1989년 국가연구위원회가 발표한 것이다. 이 표준 식사안은 서로 다른 활동량에 따른 에너지와 관련하여 다양한 나이의 가장 건강한 남성과 여성들을 위한 섭취량을 권고하였다. 이 정보는 가치가 있는 것으로 판명되었다.

빵을 구울 때 티아민, 리보플라빈, 니코틴산, 철분, 칼슘 등을 포함시켜 품질향상을 가져와야 한다는 것이 1943년 1월에 법으로 제정되어 1946년 10월에 전쟁 입법이 종결될 때까지 계속되었다. 이 법은 필수적인 비타민과 미네랄이 곡식을 도정하고 정제하는 공정과정에서 껍질이 벗겨질 때 없어진다는 관심으로부터 생겨났다. 일반적으로 식품의 품질향상이 연방 차원의 법으로 요구되지는 않았지만 절반 이상의 주 정부가 밀가루와 빵의 품질향상을 요구했다. 주와 주 사이의 통상에 관여하기를 원하는 회사들이 곡식을 생산하고 품질향상을 해야했기 때문에 실제로 오늘날 시장에서 팔리고 있는 대부분의 밀가루와 빵과 곡식의 질이 향상되었다. 품질이 향상된 모든 생산품들은 이제 티아민, 리보플라빈, 철분 등이 포함된 것임에 틀림없고 따라서 적절히 품질보증을 받았음에 틀림없다.

전쟁 동안 동물성 마가린은 비타민 A가 강화되어야 했고 우유도 비타민 D가 강화되어야 하는 것이 요구되었다.

전후 음식 가공업의 발전 비록 냉동음식의 이용이 1930년대에 시작되었지만 2차 대전 후 이 냉동식품은 소비자들에게 유용하게 된 다른 저장 음식과 중요한 경쟁자가 되었다. 버즈아이(Clarence Birdseye)는 냉동음식 산업을 구상하고 창조하는데 가장 책임과 능력이 있는 개척자로 등장했다. 그러나 냉동음식을 가능하게 만든 과학적인 면의 발전은 매사추세츠주 대학의 펠러(C. R. Fellers) 박사와 코넬대학의 트레슬러(Donald K. Tressler) 박사에 힘입은 바가 크다.

냉동되고 미리 요리된 음식의 사용은 1940년대 말에 시작되었다. 그러나 1950년에 와서 냉장고와 가정용 단독 냉동장치가 도입되자 급속도로 그 이용이 증가했다. 흔히 텔레비전을 보면서 준비할 수 있다는 뜻에서 TV음식으로 알려진, 거의 완전한 상태에 가까운 음식이 냉동식품과 즉석 빵과 더불어 1950년대 중반에 미국의 수퍼마켓에서 가장 인기 있는 것이었다.

2차 대전 당시에 증가된 식량의 필요성에 의해 도입된 많은 건조식품에 대한 연구가 대량 음식생산에서 크게 유용했고 이런 것들은 상업적으로 활용되었다. 30년 이상 연구를 거듭한 끝에 가루로 된 즉석 탈지우유가 1954년에 시장에 나왔다. 이런 상품들은 '응집작용 과정'을 이용했다. 높은 진공상태에서 과일쥬스를 탈수함으로써 생산되는 오렌지나 포도가루가 1958년쯤에는 대량으로 팔려 나갔다. 이때 보다 향상된 기술이 건조 계란의 품질도 향상시켰다. 건조된 '즉석' 으깬 감자가 1950년대 중반에 폭넓게 이용되었다. 냉동건조와 공기건조가 커피, 차, 육류, 생선, 과일, 야채 등의 건조식품을 생산하는데 이용되었다.

1950년대 말과 1960년대 초에는 햇볕에 건조하거나 기계적인 탈수에 의해 생산된 각종 건조과일이 대량으로 팔려 나갔다. 상대적으로 건조된 야채는 소규모였고 다양함에 있어서도 한계가 있었다. 그 중 감자는 가장 큰 단일 품목이었다.

음식 포장. 1930년대 말경에 폴리에틸렌과 폴리비닐 염화화합물의 발견 이후, 음식과 물자가 부족했던 2차 대전 동안에는 그것의 대용품이 만들어지고 이것은 이 시대의 음식 포장산업에 장족의 발전을 가져왔다. 가정주부들은 준비된 음식을 신선하게 유지하기 위해 음식을 덮고 또 냉장고로 가져오기 전에 남은 음식을 포장하는데 전통적인 밀랍종이나 알루미늄 금속종이와 함께 이제 사란이라는 합성수지를 많이 이용했다.

패스트 푸드. 패스트 푸드 산업은 1940년대에 시작되었다. 이때 최초의 패스트 푸드 체인점인 화이트 캐슬이 처음으로 문을 열었다. 지역적으로 드라이브-인 식당이 출현하였고 이곳에서는 전형적으로 루트 비어(Sarsaparilla와 Sassafras의 뿌리에 이스트를 넣어 발효한 음료), 비알코올성 음료, 햄버거, 핫도그, 그리고 프렌치 파이 등을 팔았다. 이런 음식점에는 에이 앤 더블유 루트 비어가 있고 또 리차드 딕 맥도날드(Richard Dick McDonald)가 경영되어 너무나 성공한 전설을 남긴 오늘날 맥도날드로 알려진 캘리포니아의 산 베르나디노에서 문을 연 드라이브-인-레스토랑이 있다. 1950년대 초에 창업자 맥도날드와 동생 모리스(Maurice, Mac으로 불린다)는 본점(Golden Arches)의 개념을 도입하여 독점적인 맥도날드 프랜차이즈를 판매했다. 그 후 곧바로 버거 킹과 켄터키 프라이드 치킨 등이 역시 패스트 푸드 레스토랑으로 문을 열었다.

음식의 안전성. 음식산업의 보다 안전함을 확보하고자 하는 목적으로 중요한 법들이 1940년에서 1960년 사이에 만들어졌다. 1957년에 통과된 <가금류검사법>은 주간통상이 이루어지는 모든 종류의 가금류와 이들의 산물에 대해 검사를 받도록 규제했다. 또한 1938년에 만들어진 연방 <식품의약화장품법>을 수정 보완한 <식품첨가물수정안>이 1958년에 만들어졌다. 여기에는 의도적이거나

우연한 첨가물이 모두 포함되었다. 이 수정법에는 그 유명한 '딜라니 조항'으로 알려진 '암조항'이 포함되었다. 딜라니 조항은 만약 사람이나 동물이 섭취했을 때 암을 유발하는 것으로 발견되면 그 어떤 첨가물도 안전하다고 볼 수 없으며, 또는 음식 첨가물의 안전성을 평가하는데 적절한 평가를 받은 후에라도 사람과 동물이 섭취했을 때 암을 유발하는 성분이 발견된다면 안전하다고 보는 첨가물은 없다고 발표했다. 식품첨가물수정안은 식품의약청(FDA)의 면밀한 검사를 거친 후 의도했던 수준을 통과해 사용해도 좋다는 안전성을 공식적으로 발표하기까지 그 어떤 첨가물에 대한 마케팅도 일체 금지한다는 최초의 법이다. 안전성을 확보하는 데이터에는 두 종 이상의 동물을 대상으로 독성실험을 반드시 해야 하는 것이 포함되었다. 해로운 결과 없이 수 년 동안 널리 사용되었기 때문에 당시에 이미 사용되고 있던 첨가물들은 '통상적으로 안전한 것으로 간주되어'(GRAS) 이러한 요구조항으로부터 제외되었다. 그러나 1977년에 미국 정부는 식품의약청에게 약 600품목이 되는 GRAS의 모든 물질을 재평가하도록 하였다. 이 엄청난 일은 지금도 진행 중이다.

학교점심법. 1946년의 <학교점심법>에 의해 <학교점심 프로그램>이 확장되고 강화되었다. 미국의 학교점심 프로그램은 학교를 다니는 어린이들에게, 특히 경제적으로 가난한 어린이들에게 전통적으로 뚜렷하고 명확한 효과를 가져왔다.

음식 가이드

1940년은 영양학의 발전에 있어 새로운 시대였다. 지금까지 진행 중인 것으로 기초적인 필수 영양물에 대한 생화학적 기능과 신진대사에 관한 연구가 있다. 연방 정부에서 지원을 하는 기관들은 각종 연구로부터 얻은 지식을 소비자들을 위한 실제적인 음식 가이드 라인으로 적용했다.

식사 가이드. 미농무부(USDA) 소속 가정경제학자와 영양학자들은 전쟁중인 1943년에 기본 '7-그룹안'을 개발했다. 이것은 <표 4. 1>에서 보는 바와 같이 식사 가이드에서 널리 이용되었다. 7-그룹안으로부터 단순화된 안이 1958년에 개발되었다. 기본 4가지 음식안(우유, 고기, 야채-과일, 시리얼)으로 알려진 이것은 수 년 동안 영양학자와 소비자들을 위한 음식선택에 대해 표준적인 가이드로 이용되었다. 이것은 균형 잡힌 식사를 개발하는데 필수적이었다. 즉, 가장 이상적인 음식은 4가지의 음식으로부터 각각의 것이 포함되어 있는 것이었다. 이 안은 소비자의 나이에 따라 결정되지만 최소한의 양으로 식사의 핵심으로 이용되었다. 만약 필요할 때는 추가적인 칼로리가 기존에 짜여진 음식안에 추가로 음식을 공급하거나 또 지방이나 설탕으로 공급될 수 있었다. 이 중 후자는 구운 식품이나 후식 등의 다양한 음식으로 소비되는 것이었다. 1989년에 6가지 음식안이 미농무부 산하 건강과 영양정보 서비스 단체(HNIS)에 의해 개발되었다. 이 안은 기본 4가지에다 지방, 당분, 술 등이 포함되었고 과일과 야채로 구분되어서 이전 기본 안에 새로운 음식군이 더해졌다.

<표 4. 1> 음식 가이드

음식 가이드	음식 그룹
기본 7가지	초록과 노란 색 야채 감귤류 과일, 토마토, 생 양배추 감자, 다른 야채와 과일 우유와 우유제품 육류, 가금류, 생선, 계란, 마른 콩과류 빵, 밀가루, 시리얼 버터, 강화 마가린
기본 4가지	우유 육류 야채와 과일 빵, 시리얼
6가지 음식안	빵, 시리얼, 다른 곡류제품 야채 과일 육류, 가금류와 생선을 교대로 우유, 치즈, 요구르트 지방, 당분, 알코올 음료

이 시기의 식사 유형

제 2차 세계대전 동안 미국의 대중들은 식량의 배급제에도 불구하고 일반적으로 적절한 식사를 했다. 가정에서 활용한 정원은 1940년대의 전쟁 동안 식량공급을 확대시키는데 중요한 역할을 했다. 대조적으로 1955년 농무부의 식량소비조사에서는 식량은 풍부했지만 농가의 자체 식량 생산은 이전 시대보다 적었음을 보여주었다. 2차 대전 후 새로운 과학기술의 발전과 더불어 진행된 경제 발전의 자극은 음식체계에 극적인 변화를 보여 주었다. 개선된 수송시설, 보존방법, 제조과정, 그리고 포장기술은 음식의 수와 형태에 있어서 너무나 유용한 발전을 가져왔다. 그리고 대중화된 사회에서 소비자들은 이 상품들을 살 수 있었다. 제로미는 이 시기에 대해 '이제 더 이상 외적인 환경이나 계절 혹은 단순한 기술적인 문제에 의해 음식의 다양화가 제한 받지 않는다.'고 말했다.

1988년에 미국 음식협회가 밝힌 바에 따르면, 1916년에 식품점들은 단지 600종류만을 판매했는데 오늘날의 수퍼마켓은 수천 가지를 판매하고 있다. 다양한 음식의 범주 내에서 음식물의 수와 형태에 있어 획기적인 증가에도 불구하고 음식의 실제적인 소비는 이전 시대와 같이 소규모로 소비되었다. 이 시기의 일반적인 음식 유형은 1920~1940년 동안에 개발된 것과 거의 같았다. 미국의 가정주부들은 식사 메뉴를 준비하는데 있어 동물성 육류가 중심이 되도록 하면서 한 끼 식사의 기본적인 부분으로 여겼다. 육류를 주요 요리로 하는 데는 다음과 같은 다양한 음식들이 동반되었다. 과일, 감자와 다른 야채, 곡류제품, 우유제품, 디저트와 케이크 등이다. 도시화의 확대와 가정용품과 자동차 및 다른 기구 사용의 증가로 앉아서 일하는 직업이 늘어남에 따라 에너지 소비는 줄어들었다. 이때 대중들의 암묵적인 태도는 만약 어떤 영양물(예를 들어 단백질)이 좋다고 알려지면 그것은 확실히 좋다고 보는 경향이 강했다. 이것은 부분적으로 미디어에 힘입은 바가 컸다.

4. 제 2차 농업혁명, 1960~1980

1960년 경 미국에는 산업화가 절정에 이르렀고, 토플러(Alvin Toffler)의 말처럼 산업화 이후의 시대가 도래하기 시작했다. 이런 상황에서 농업은 제 2차 농업혁명으로 일컬을 수 있을 정도로 대대적인 발전이 이루어졌다.

중요한 발달

농업의 변화. 농업은 새로운 시대를 맞이했다. 1935년 루즈벨트 대통령 때 설치된 농촌전력청은 농촌지역 전기시설의 발달을 촉진시켰다. 그 결과 1960년 경에는 미국 농촌의 약 97%가 전기를 사용할 수 있었다. 화학비료의 사용이 급격히 증가되었을 뿐만 아니라 살충제와 제초제의 사용도 기하급수적으로 늘어났다. 농가의 일반 시설과 가금류 사육시설의 개선, 가축에 대한 보다 좋은 영양섭취와 수의학의 발전 등 이러한 모든 것들이 복합적으로 농업생산성을 고도로 높여 주었다. 곡식을 재배하는데 있어서도 획기적인 발전이 일어났다. 1960년대 초에 미국 전역의 옥수수 재배토지의 95% 이상이 잡종 씨앗으로 심어졌다. 그 결과 농업생산량 전반에 걸쳐 뚜렷한 증대를 가져왔다. 이 시기에 농부 한 사람은 70명 이상의 식량을 생산했다. 이제 기껏해야 미국 인구의 3% 정도가 농업에 종사하고 있고 농사의 대부분은 개인 소유로 이루어졌다.

1960년대 초에 농업이 발달된 나라의 일부에서 가난한 나라의 농업을 개선하기 위한 진지한 노력이 이루어졌다. 1960년대에 과학자들은 이전의 품종들보다 더욱 많은 수확을 내는 다양한 품종의 밀과 벼를 개발하여 소개했다. 이 새로운 품종은 증가하는 인구로 인해 곡식 소비량이 크게 늘어난 가난한 나라에 매우 유익했다. 연방정부 산하의 다양한 기관들--국무부 산하 국제개발청, 농무부 산하 기관들, 세계은행, 유엔식량농업기구 등--은 제 3세계의 농업 발전과 개선에 너무나 중요한 기여를 했다. 이러한 총체적인 노력을 종종 녹색혁명이라 부르기도 한다.

영양과 빈곤. 1960년대는 케네디(John F. Kennedy, 1961~63)와 존슨(Lyndon B. Johnson, 1963~69), 두 명의 민주당 대통령의 재임기간으로 그들의 영향을 크게 받았다. 그때는 케네디의 '뉴 프론티어 프로그램'과 존슨의 '위대한 사회'로 특징지을 수 있다. 미국인들은 전후 10여 년을 지내면서 계속된 경제적 발전도 미국의 빈곤을 완전히 퇴치하지 못했다는 것을 차츰 인식하게 되었다. 고용, 인력, 빈곤에 관한 미상원 소위원회가 1967년 4월 빈곤문제에 대한 조사를 시작했다. 그들이 미시시피 지역과 다른 지정된 장소에 들러 조사한 내용이 1969년 4월에 '미국의 기아'라는 제목의 콜롬비아 방송사 텔레비전 프로그램으로 만들어져 드라마틱하게 방영되었다. 이와 더불어 많은 활동들이 가난과 빈곤 문제에 대한 대중들의 관심을 확대시키고 1970년대에도 이런 관심을 연장시키는 역할을 했다.

존슨 대통령의 프로그램의 일부인 빈곤과의 전쟁은 공식적으로 1964년 <경제기회법>의 통과와 더불어 시작되었다. 이 법은 가난한 사람들에게 안정된 생활을 위한 최소한의 기본적 수입과 의료봉사와 음식과 주거지를 제공하거나, 혹은 가난으로부터 벗어날 수 있도록 직업훈련이나 교육 프로그램을 실시하는 등 폭넓고 다양한 프로그램의 개발과 확대를 포함시키고 있다. 그 외의 다른 법으로 1964년의 <식품검인법>과 1965년의 <주력 프로그램> 등이 있다. 이때 급격히 증가한 많은 지역사회에서의 영양과 다른 사회 프로그램 덕분에 종종 이시기를 '영광의 60년대'라고 부르기도 한다.

1970년대는 1960년대에 개발되어 온 영양에 대한 일반 대중의 관심이 계속된 시기로 특징지을 수 있다. 1972년에 의회는 WIC라 불리는 <여성 유아 어린이를 위한 특별보충음식 프로그램>의 법제화를 통과시켰으며, 이것은 1975년에 <특별추가음식 프로그램>이 되었다. 이 프로그램은 각 주의 건강청과 다수의 아메리카 원주민, 그리고 각종 단체를 통하여 미 농무성이 자금과 운영을 담당하여 실행되었다. 1974년에 식품검인법은 미국 전역에서 운영되는 프로그램이 되었다. 성인을 위한 두 가지의 특별영양 프로그램이 계획되었는데, <단체음식 프로그램>과 <가정배달음식 프로그램>으로 1965년의 구법을 수정하여 1972년에 법으로 만들어졌다. 60세가 넘은 모든 사람들은 자신들의 수입 수준과 상관없이 이러한 프로그램의 하나로부터 음식을 제공받을 수가 있었다. 그러나 1970년대 말에 연방 자금의 축소는 이러한 영양과 관련된 프로그램의 축소 내지 중단을 강요했고 나아가 새로운 사업의 추진을 단절시켰다.

음식 관련산업의 발달

일반적 경향. 1960년대에 음식산업은 대체적으로 일반적인 경제 상황보다 좀 더 빨리 성장했다. 뿐만 아니라 이 시기는 미국에서 가정음식 배달제가 성공적으로 급속한 성장을 보인 때였다. 1950년대 말에 이런 분야의 업종 가운데 배달 피자가 급성장하였고 곧이어 중국음식이 다양한 품목으로 성장했다. 1970년대에는 차에 탄 채로 주문하고 식사를 받는 식당이 유행했다. 식이요법 식품은 1960년대에 유행하였고, 1970년대에는 특별히 지정된 상점을 통한 건강식품과 유기식품이 유행했다. 1970년대에는 건강식품이 음식산업의 핵심분야로 발전했다. 그리하여 1978년 미국 가정의 10% 이상이 초단파 오븐을 이용했다.

음식포장. 이 시기에 음식 포장산업에는 중요한 이정표를 나타내는 상당한 발전이 있었다. 1960년에 탈지우유로 만든 희고 연한

커티지 치즈를 담는 플라스틱 통, 1961년에 고농도 폴리에틸렌으로 만든 갤런 우유병, 1962년에 알루미늄으로 만든 맥주 캔과 폴리에틸렌을 입힌 우유 판지, 1964년에 쉽게 열 수 있는 알루미늄 맥주 캔 마개, 1965년에 쉽게 딸 수 있는 맥주병 뚜껑, 1965년에 얇은 플라스틱으로 만든 통, 1968년에 플라스틱으로 만든 거품형 계란 판지와 음식을 담는 투명한 PVC 병, 1970년에 청량음료를 담는 큰 병, 1976년에 와인을 담는 박스 속의 주머니, 그리고 1977년에 폴리에스터로 만든 청량음료 병 등이 개발되어 이용되었다. 또한 1980년대에는 방부 판지가 도입되었다. 외양간에서 생산되는 제품의 부패를 방지하는 과정에서 이용되는 종이 용기는 우유와 그것을 담고 있는 큰 용기를 별도로 살균함으로써 사용이 용이해졌다. 이러한 기술은 음식의 질과 영양물의 보존을 증대시켜 주었다.

음식의 안전성. 1966년에 의회는 건강교육복지부 소속의 FDA로 하여금 상품을 승인하여 라벨을 붙이고 포장을 하는데 있어 내용물에 대해 완전한 신용을 보장할 수 있도록 정보를 철저히 파악하도록 했다. 그 후 1975년 7월 1일부터는 <공정 포장 및 표시법>이 통과되어 적용되고 있다. 이 법은 라벨의 부착위치를 규정했다. 라벨의 부착은 영양이 더해지거나 영양적 가치가 있는 것으로 여겨지는 어떤 음식에서도 요구되었다.

이 시기의 식사 유형

음식맛의 변화. 이 시기의 음식은 양과 다양함에 있어서 풍부함 그 자체였다. 이러한 풍부함은 음식에 대한 탐닉을 자극하였다. 이러한 상황에 접근할 수 있는 사람들에 의해 '식사 개인주의'가 발달되었는데 이것은 부분적으로 자신에 대한 강한 개성의 발산에 의해 생겨나기도 했다.

 비록 대부분의 미국인 식사에서 육류는 계속 중심적 위치를 차지하고 있고 다른 음식들은 부수적인 역할을 하고 있었지만 그럼에도 이 시기가 되면 음식에 대한 선택의 방향이 넓어져 하나의 유형으로 자리를 잡아갔다. 여러 가지 이유로 인하여 많은 사람들은 그 동안 정통적인 미국식 음식에 대한 강조, 특히 육류 소비의 강조에 대해 의문을 제기하기 시작했다. 따라서 점차적으로 식물음식이 식사에서 중요한 위치를 차지하기 시작하였고 육류 특히 쇠고기에 대한 강조는 약화되어 갔다.

 식물음식에 대한 수요의 증가는 토착 미국인들뿐만 아니라 이민 온 사람들에게도 동시에 왔다. 이민들의 대부분은 최근에 동남아시아, 라틴 아메리카, 카리브해 부근 등으로부터 왔다. 이 지역은 대체적으로 육류보다 채소류가 훨씬 강조되는 식사를 하는 곳이다. 채소류에 대한 강조와 더불어 많은 미국인들은 그들과 같은, 아니면 또 다른 형태의 채식주의자가 되었고 거의 대부분이 이른바 자연식품이라고 불리는 음식에 선호를 하게 되었다고 공언했다.

 1960년대 이후 인종적 자존심의 성장은 이른바 1960년대에 '영혼의 음식'이라고 불리게 된 남아프리카계 미국인의 전통적 음식의 부활과 증가를 가져오게 했다. 많은 다른 인종집단들 역시 1960년대와 1970년대의 사회 정치적 조류에 편승하여 그들 본토의 음식에 대한 관심이 증가하였음을 보여주었다.

 따라서 이 시대의 음식체계는 원하는 음식을 더욱 유용하게 만들어 감으로써 음식의 선호도에 있어 변화를 가져오게 했다. 미국 음식문화에 있어 그 총체적 결과는, 보다 확대된 다양성의 증대를 가져오게 했다.

 이런 변화는 부분적으로 1960년대의 사회 정치적 분위기에 의해 형성되었다. 이 시대는 신분상태에 대한 대대적인 문제제기와 더불어 미국의 베트남전쟁 참전, 환경에 대한 깊은 관심, 공해, 식량의 안전적 확보와 보존 등에 대한 문제에 휘말려 있을 때였다. 많은 활동가들은 목적이 무엇이든 상관하지 않고 음식 첨가제의 사용에 대한 지식에 의문을 제기했다. 과학기술의 시대, 플라스틱 시대와 이에 대응되는 물질의 시대, 그리고 인공적이고 인간이 만든 제조물의 시대에 태어나 자란 많은 신세대들은 이른바 '근본으로 되돌아가는' 것을 몹시 갈망했다. 이러한 갈망은 종종 사람들로 하여금 시골에서 토지를 구입하게 만들어 스스로의 음식을 생산하도록 해주었다. 이와는 대조적으로 농촌지역에서 태어나 살아온 많은 구세대들은 식량 생산과 관련되어 직접 고된 일을 경험한 사람들이었다. 습기와 악취가 가득한 닭장을 청소하거나 끊임없이 논밭을 메야 했다. 그리고 이들은 현재의 기술시대가 제공하는 이점의 대부분을 인정하고 있었다.

식사와 건강. 1950년대에 음식과 영양에 관한 한 '많은 것이 좋다'는, 이데올로기는 아니었지만 맹목적으로 받아들여졌던 명백한 구체적 사실이, 이 시기에 이르러서는 미묘한 변화를 보이기 시작했다. 오랜 시간이 흐른 후 일반 대중들은 세기가 바뀔 무렵에 앳워터와 그의 동료들에 의해 나왔던 영양에 관한 격언을 다시 발견했던 것이다.

음식과 건강과 가난. 1960년대에 많은 미국인들은 영양과 관련하여 무엇인가 잘못된 것이 있다고 생각했다. 자연히 건강 전문가들, 특히 영양학자와 내과의사들은 식사와 관련된 만성적인 질병 상태의 유해성에 대해 점차 관심을 기울이게 되었다. 여기에 더하여 굶주림과 영양결핍에 대해 대중들의 관심도 고조되기 시작했다. 특히 미국내의 가난한 사람들의 경우가 심했다. 이러한 관심은 각종 미디어를 통하여 대대적으로 토론되고 공론화 되었다. 이러한 관심으로 인하여 생겨난 다양한 사회적 압력단체들은 1968년에 영양과 인간의 필요에 대한 상원 선정위원회가 세워지도록 했으며, 1969년에는 백악관 협의회가 만들어지도록 했다.

식사의 목표 상원 선정위원회에서 이루어진 청문회를 통하여 얻어진 결과는 무엇보다도 미국에서의 식사와 건강에 관한 관심을 고조시켰다는 점이다. 하나의 확실한 수확이라고 할 수 있는 것은 1977년 상원 선정위원회의 활동 결과 식사의 목표와 가이드라인을 만들어 냈다는 것이다. <표 4. 2>는 식사 가이드라인을 나타낸 것이다. 이러한 식사의 권고는 비만, 고혈압, 관상동맥혈전, 암, 당뇨병 등과 같은 질병의 예방과 밀접하게 관련되어 있었다. 식사에 대한 이러한 권고와 함께 '예방 영양의 시대'가 진지하게 시작되었다.

<표 4. 2> 미국인을 위한 식이요법 가이드라인

1. 다양한 음식 섭취.
2. 적절한 체중 유지.
3. 지방, 포화지방, 콜레스테롤이 낮은 음식 선택.
4. 야채, 과일, 곡물류가 많이 들어간 음식 선택.
5. 적당량의 설탕 사용.
6. 적당량의 소금과 나트륨 사용.
7. 술을 마신다면 적당량의 음주.

5. 생물공학적 혁명, 1980~현재

이 시기는 후기 산업주의 시기로 특징지을 수 있다. 앨빈 토플러는 1980년에 이 시기를 '고도의 과학기술 시대이며 동시에 반산업주의 시대'라고 규정했다. 현대 생물공학은 이 시기에 위대한 발전을 이룩했다. 이른바 '전체론'을 향한 노력과 다양성과 선택적 생활 패턴을 위한 노력으로 특징지을 수 있다. 전체적으로 볼 때 이러한 노력은 음식습관을 포함한 미국인의 생활 전반에 중요한 변화를 가져다 주었다.

음식 관련산업의 발달

생물공학과 새로운 음식 생산. 넓은 의미로 설명하면 생물공학이란 살아있는 유기체와 일련의 과정을 이용하여 생성물을 만들거나 개조하고, 동식물을 개량하고, 혹은 특별한 목적을 위하여 미생물을 개발시키는 과정 전체를 포함하고 있다. 생물공학은 농업과 음식분야에 있어서 새로운 것은 아니다. 살아있는 유기체의 거의 대부분은 수천 년 동안 음식의 생산을 위해 이용되었기 때문이다. 지금까지 가장 잘 알려진 예는 빵, 치즈, 소시지, 그리고 주류이다. 그러나 현대 과학기술의 시대는 1973년에 시작되었다고 할 수 있다. 이때 과학자들은 조직의 세포로부터 DNA의 작은 부분인 유전인자를 떼어내어 작은 박테리아 플레스미드인 염색체와는 따로 증식할 수 있는 유전인자에 연결시켰다. 유전인자를 보다 정확히 잘라내고 다시 연결시키는 능력은 현재 유전자간의 재조합을 이루는 DNA기술이라고 알려진 것으로의 발달을 이끌었다. '생물공학'과 '유전공학'이라는 용어는 서로 바꾸어 사용할 수 없다. 왜냐하면 유

전공학은 단지 접목하는 일 하나에 지나지 않지만 생물공학은 방대한 기술과 과정을 포함하고 있기 때문이다.

음식분야에서의 생물공학이 가져온 제 1의 충격은 농업 생산량의 증가이다. 특히 야채와 곡물류의 증대인데, 이러한 증대는 조직배양의 선택이나 유전공학 기술의 발전에 의해서, 질병에 저항력이 강하고 제초제를 이기고 또 해충이나 바이러스에 저항력이 있는 다양한 식물의 개발을 통하여 이루어졌다. 이와 같은 기술들은 소금기와 기후, 그리고 가뭄에 저항력이 강한 다양한 곡식을 개발하는데 이바지했다. 이러한 생물공학은 아마도 가까운 미래에 농업이나 식량체계에 있어 엄청난 잠재적 충격을 우리에게 줄 것이다.

풍부한 음식. 현재 증가하고 있는 다양한 미국사회의 요구와 결합되어 나오는 식량과 관련된 과학과 기술의 끊임없는 발전은, 미국 대중들이 음식을 선택하는데 있어 전대미문의 풍요를 주고 있다. 오늘날 운영되고 있는 수퍼마켓에서는 약 2만 4천 개의 품목을 판매하고 있다.

초단파 오븐. 오늘날 미국 가정의 4분의 3은 초단파 기구를 가지고 있다. 2000년에는 약 90% 이상이 이를 소유할 것으로 추정된다. 음식 가공업자들은 새로운 생산품을 개발하고 마이크로파로 만든 음식의 현재 및 예상되는 미래의 수요에 맞추기 위하여 새로운 제품을 만들고 있다.

지방 대용품. 지방 함유량이 낮은 음식에 대한 소비자들의 요구에 부응하기 위하여 음식산업은 칼로리가 낮거나 칼로리가 거의 없는 지방 대체물과 대용품을 개발하여 왔다. 지방의 부분적 또는 전체적인 대용물로 장려되고 있는 대부분의 성분들은 세 가지의 중요 카테고리 중 하나에 속한다. 즉, 단백질이 기본이 된 대용물, 종합 합성물, 탄수화물이 기본이 된 대용물 등이다. 어떤 음식의 대용물 이용은 음식 생산과 대용물의 수준, 그리고 초기의 지방 함유량에 의존한다.

　단백질이 기본이 된 지방 대용물은 계란, 우유, 그리고 다른 음식에 포함되어 있는 단백질로부터 얻어낸 저칼로리 성분들이다. 이 카테고리에 속하는 심플리즈라는 음식이 일리노이주의 뉴트라스위트사에 의해 1988년 1월에 처음 소개되었다. 이것에 의하여 만들어진 첫 번째 음식은 '단순한 기쁨'이라고 불리는 언 우유식품 디저트로 1990년 2월 뉴트라스위트사에 의해서 만들어졌다.

　지방 대용물로 이용되는 종합 합성물은 지방과 식용유의 부분적 혹은 완전한 대용물로서 소화효소에 의한 가수분해를 거부하는 지방과 같은 물질이다. 올레스트라는 신시내티의 프록터 갬블사에 의해 제안된 흡수되지 않는 종합 합성물 지방이다. 이는 최근에 FDA에 의해 검토되고 있다.

　수십 년 동안 탄수화물과 탄수화물에 기초를 둔 물질이 다양한 음식생산에 있어 부분적 혹은 전체적으로 지방과 식용유를 대체하는데 이용되어 왔다. 이런 산물에는 뉴욕의 화이자 화학부서에 의해 생산된 다포도당과 껌 등이 있다. 그 중 섬유소 젤라틴은 지방 대용물로 가장 널리 사용되고 있다.

　감미료　칼로리가 함유된 감미료와 함께 인공 감미료의 소비는 점차 증가했다. FDA에 의해 승인된 가장 최근에 만들어진 두 가지 저 칼로리 인공 감미료는 에스파테임과 에이슐페임-K이다. 뉴트라스위트사의 상품 이름으로 널리 알려진 에스파테임은 1980년대 초까지 광범위하게 이용되었다. 설탕보다 약 200배나 더 단 이것은 많은 종류의 음식에 사용이 허가되었다. 1990년에 소개된 에이슐페임-K는 역시 설탕보다 200배 이상 달다. 이것은 설탕과 같이 낟알 모양으로 만들어 이용되는데 빵을 굽는데 감미료로 특히 좋다.

영양 라벨법과 교육법. 최근까지 많은 음식 생산물에 부착된 영양과 관련된 상표는 1970년대 초에 개발되었다. 당시 대중들의 영양에 대한 주된 관심은 미량 영양소에 대한 것이었다. 그 후 식사와 질병과 관련하여 소비자들의 인식과 관심이 급속도로 증가하여 대중들의 영양에 관한 주요 관심은 다량 영양소로 바뀌었다. 1994년 3월에 효력이 발휘된 1990년의 영양라벨법과 교육법은 영양에 관한 대중들의 관심의 변화에 대한 반응으로부터 나온 것이다. 이 법의 주요 전제는 소비자로 하여금 건강한 식사 습관을 유지하도록 하는데 도움을 주자는 것이다. 새로운 라벨에 의해 제공되는 정보를 이용하여 소비자들은 완전한 지방이나 포화된 지방의 소비를 줄이고 대신 섬유질의 섭취를 늘일 수가 있었다. 또한 가능한 한 칼로리의 섭취를 줄일 수도 있었다.

식사와 건강. 1970년대 말에 시작된 '예방 영양'에 대한 초점은 1980년대에 번성했다. 1977년 상원 선정위원회에 의해 출간된 《식사의 목표》에 기초를 두고 농무성과 DHHS가 함께 1980년에 《식사 가이드라인》의 초판을 발간했다. 그 3판의 내용 일부는 <표 4. 2>에서 본 바와 같다. 1982년에 전국 암협회는 암의 위협을 줄이기 위한 안내서와 관련되어 있는 기초적 보고자료를 출간했다. 이 가이드라인은 지방, 섬유소, 알코올 등의 식사 섭취에 관한 《식사 가이드라인》의 내용을 다시 한번 강조했다. 이에 더하여 이것은 소금에 절이거나 연기에 훈제하거나 또 아질산염에 절여 보존한 음식의 사용을 줄이도록 소비자들에게 권고했다. 전국 암협회는 이러한 권고를 강조하는 내용을 계속해서 내놓았다. 이러한 가이드라인이 보편화되자 미국의 대중들은 이 내용에 귀를 기울이고 관심을 집중하게 되었다.

1980년 이래 미국사회는 영양 연구 부문뿐 아니라 미국인의 음식습관에 대한 적용에 있어서도 식사와 건강에 대해 크게 강조했다. 전반적인 건강촉진과 질병예방에 대한 식사의 중요성은 정부 차원의 강조와 식량산업과 수많은 전문가 단체와 소비자 단체뿐만 아니라 각종 대중매체에 의하여 대중들의 관심을 고조시켰다.

따라서 1980년대는 식사와 영양학이 급속한 발전을 보인 시기로 특징지어 진다. '영양학'이라는 용어가 이전의 그 어떤 세기보다 자주, 그리고 다양하게 헤드라인 뉴스에 등장했다. 이러한 경향은 1990년대에도 계속되고 있다.

이 시기의 식사 유형

현재의 경향: 1988년 미국 영양협회는 다양한 사회적 변화는 사람들이 어떻게 먹고, 어디에서 먹고, 언제 먹을 것인가에 영향을 주었다고 발표했다. 아마도 가장 중요한 변화는 맞벌이 부모거나 부모 중 한 사람만 있는 경우, 혹은 모든 어른들이 일을 나가는 가정의 수가 급격하게 증가했다는 사실일 것이다. 가족 구조와 생활 스타일의 이러한 변화의 결과로 전보다 레스토랑에서 음식을 먹는 경우가 크게 증가하였고, 또 다른 곳에서 준비해서 집에서 먹는 경우도 늘어났으며, 집에서의 음식준비도 더욱 편하고자 하는 욕구가 증대되었다.

이와 더불어 미국 영양협회의 발표에 따르면 전통적인 하루 세 번의 식사 개념이 바뀌는 경향이 뚜렷해졌다. 소비자들은 이른바 '따뜻하게 해서 먹는' 음식에 대한 요구를 너무나 다양한 종류에서 요구했다. 패스트 푸드의 일반화와 함께 음식을 사서 가져가거나 가정배달 음식도 급속도로 증가했다. 그래서 이제 미국은 가벼운 식사를 하거나 방목을 하는 사람들의 나라로 되었다는 설명이 자주 등장한다.

패스트 푸드 1950년대에 본격적으로 출발한 패스트 푸드는 소비자들에 의해 가정에서 지출되는 음식을 위한 소비의 40% 이상을 차지하는 수십조 달러의 사업으로 성장했다. 1987년에 패스트 푸드 체인점의 3대 주력 분야는 맥도날드, 버거 킹, 켄터키 프라이드 치킨이다. 이들은 연간 판매량이 각각 141억 달러, 56억 달러, 37억 달러에 달하고 있다.

이와 같은 패스트 푸드의 급속한 대중화는 여러 요인들로부터 비롯되었다. 즉, 음식의 준비시간을 줄여야 하는 사회현상, 많은 여성의 노동현장 진출, 많은 사람들이 혼자 생활하여 스스로 요리를 하고자 하는 욕구가 줄어든 상태, 사회 다변화에 따른 비정규적인 생활 스타일, 패스트 푸드 레스토랑의 편리성, 또 자유로이 지출할 수 있는 수입의 증대, 무엇보다도 리크레이션과 여행 기회의 증가 등으로부터 기인하였다. 여기에 더하여 대대적인 광고 덕택에 패스트 푸드에 대한 다양한 정보의 증대도 큰 역할을 했다. 뿐만 아니라 미국인들은 원래부터 패스트 푸드를 좋아하며 즐겨 먹었고, 가격 또한 상대적으로 저렴하였기 때문이다.

너무나 많은 사람들이 패스트 푸드를 즐겨 소비하고 있기 때문에 건강 전문가들과 소비자들은 둘 다 영양의 질에 관해서 깊은 관심을 가지고 있다. 패스트 푸드류의 음식은 대체로 탄수화물과 비타민 B 복합물을 제공했다. 그러나 패스트 푸드는 일반적으로 고칼로리, 나트륨, 지방, 그리고 콜레스테롤의 양이 많은 것으로 인식되고, 상대적으로 칼슘과 식이요법에 필요한 섬유소와 비타민 C가 낮은 음식으로 알려졌기 때문에 건강에 좋지 않은 것으로 비판받고 있다.

그러나 최근에 패스트 푸드 산업은 이러한 비판에 능동적으로 대응하고 있다. 오히려 최근의 패스트 푸드는 구운 치킨 샌드위치, 간단한 아침 식사, 구운 감자, 칠레산 고추로 만든 음식, 신선하고 포장된 샐러드 등, 보다 다양한 음식으로 확대 발전되어 가고 있다. 거기에다 1986년에 5대 중요 체인점이 포화 지방산의 사용을 줄였고 튀김용으로 사용하는 기름을 종래의 동물성과 식물성을 혼합하였던 것을 프렌치 프라이즈를 제외하고 모두 식물성으로 바꾸었다. 이러한 변화는 패스트 푸드를 만드는데 있어 일반적 경향이었던 포화지방의 사용을 크게 줄이는 쪽으로 방향을 바꾸게 하였다. 건강 전문가들은 패스트 푸드 산업이 전체적으로 지방의 사용을 줄이고 그 대신 지방 대용물이 유용해 지게 되기를 희망하고 있다.

스낵 음식. 이 시장은 일 년에 10% 이상 성장하고 있다. 사람들은 더 많은 청량음료와 칩과 크래커와 쿠키를 사먹고 있다.

민족 특유 음식. 민족 특유의 음식이 1980년대에 미국 음식의 주류 속으로 들어와 지금까지도 그러한 경향이 계속되고 있다.

누벨 퀴진. 1970년대 초에 프랑스에서 하나의 새로운 요리 경향이 등장했다. 많은 젊고 유망한 프랑스 요리사들과 함께 폴 보쿠즈(Paul Bocuse)라는 요리사가 전혀 새로운 요리기술로 최소한의 조형 수단으로 음식을 만드는 미니말리스트 스타일을 개발했다. 이것은 20세기 초 프랑스 상류사회의 구식 스타일 요리법과는 정반대의 것이었다. 세계의 요리 비평가들은 맛에 있어 세계적인 혁명을 초래했다고 이러한 요리사들의 노력을 극찬했다. 이 새롭게 만들어진 저칼로리의 프랑스 요리는 요리된 고기에 전통적으로 가루 성분이 많은 소스를 사용하는 것이 아니라 자연산 쥬스나 즙을 이용했다. 이 요리의 중요한 점은 사용하는 재료의 본래 타고난 고유의 맛을 그대로 유지하고 신선도도 유지한다는 점이다. 즉, 살짝 요리한 야채나 거의 익히지 않고 생으로 내놓은 생선이나 고기 등이 그러했다. 이 요리는 한때 유행했던 향토적이고 민족적인 요리에 대한 관심을 다시 불러 일으켰다. 시각적 효과에 대한 깊은 관심 속에서 이 요리법으로 만들어진 음식들은 잘게 썬 야채의 배치뿐 아니라, 원형이나 다른 기하학적인 모양으로 놓여져 큰 접시에 담겨져 나왔다. 1980년 경 프랑스의 누벨 퀴진 레스토랑이 미국의 대서양과 태평양 연안의 도시들에서 문을 열었다. 그 후 이 요리 스타일은 미국 전역을 통해 고급 레스토랑의 요리 속으로 스며들었다.

요리의 2중 접근. 다변화 사회의 도래 이후 너무나 바쁜 많은 가정주부들은 주중의 매일 저녁마다 밤 식도락가의 식사를 준비할 시간이 없다는 것을 알게 되었다. 그들은 이러한 문제에 대한 해결을 위해 평상시에는 패스트 푸드나 조금씩 준비해 둔 요리를 먹고, 시간이 많은 주말에는 시간이 많이 소요되는 음식을 먹는 경향이 뚜렷해 졌다.

술 소비. 1949년 이래로 비록 맥주와 포도주의 판매는 증가하였지만 오늘날 전체적으로 주류 소비는 상당히 줄어들었다.

V. 음식습관에 대한 이해

    역사를 통하여 보면 음식은 인간과 인간사회 전반에 대해 특별한 의미와 중요성을 가지고 있다. 일반적으로 잘 먹지 못한 사람은 일찍 죽었다. 따라서 인간들은 음식이란 생존을 위해서 누구에게나 가장 중요하다는 것을 알게 되었다. 음식은 삶을 위한 가장 기본적인 생리적 욕구를 충족시켜 주기 때문에, 곧 인간에게 있어 사회적, 생리적 중요성을 가지게 되었다. 모든 사람들은 일생 동안 음식을 접하면서 살아가므로 우리 모두는 음식에 친밀성을 가지고 있다. 이것이 아마 우리 인간들로 하여금 음식을 둘러싼 제반 문제들에 대해서 평가하고 토론할 자격이 있는 것으로 느끼게 하는 것이 아닌가 생각한다. 이러한 이유 때문에 아마도 음식에 대한 주제보다 더 감정적이고 더 강한 의견을 제시하는 주제는 없는 것 같다.

    태초부터 지금까지 모든 사회의 인간들은 음식에 대해 거의 같은 깊은 관심과 경외를 나누어 왔다. 역사적으로 인간들은 어떤 형태의 음식에 대하여 비슷하거나 예상할 수 있는 식욕을 소유하여 왔다. 이러한 식욕은 크게 생리학적인 것과 유전학적인 것에 그 기초를 두고 있다. 서로 다른 집단과 개인이 이러한 욕구를 만족시키기 위하여 주어진 환경으로부터 선택한 특정 음식은, 집단에 따라 심지어 집단 내의 개인에 따라 다를 수 있다. 서로 다른 집단은 하나의 주어진 음식에 대해서 완전히 다른 태도를 지니기도 한다. 예를 들어 메뚜기는 중동지역에서는 아주 귀하고 맛있는 음식으로 여기지만, 대부분의 미국인들은 그런 곤충을 먹는다는 것을 생각만 해도 움츠러든다. 미국인들은 신선하고 병아리로 자랄 수 없는 즉, 생식력이 없는 계란만을 먹는다. 그러나 일부 중국인에게는 병아리 태아상태를 포함하고 있는 계란이 맛있는 음식으로 여겨지고 있다.

시간이 지남에 따라 다양한 인간 집단들은 어떤 음식에 대하여 긍정적인 혹은 부정적인 태도를 가져왔다. 사람들은 시간을 두고 터득한 것으로 독이 없고 건강과 행동에 최적의 것으로 입증된 익숙한 음식을 인정하여 왔다. 따라서 사람들의 일련의 태도는 잠재적으로 집단의 환경 속에서 유용한 음식과 관련하여 발전했다.

한 집단, 특히 젊은이들 가운데 한 사람이 어떤 음식을 선택했을 때는 그 집단으로부터 인정을 받고 또 다른 음식을 선택했을 때는 인정받지 못한다. 이렇게 다양하고 미묘한 선택의 결과로 천천히 집단의 음식습관을 받아들이게 된다. 이와 같이 누구든지 받아들이는 표준적인 음식체계는 그 집단의 음식습관으로 자리잡게 된다. 집단의 구성원들에게 이상적인 음식을 선택하도록 도와줌으로 만들어진 공유된 음식습관은 궁극적으로 집단의 동질성과 정체성을 표현하고 또 그 집단의 경계선을 유지시켜 주는 메커니즘이 된다.

따라서 문화의 대부분의 영역과 마찬가지로 음식습관은 집단의 구성원들에게 가장 유리한 것으로 판명되는 먹는 행동의 집합체로서 발전된다. 시간이 지나감에 따라 이와 같이 받아들여지고 인정된 행동은 개인이나 집단이나 할 것 없이 생존을 위한 최상의 선택을 위한 하나의 청사진이 된다.

영양학자 나오 웬캠(Nao Wenkam)은 이렇게 말했다.

"먹는 것은 행동의 습득이다. 우리는 먹는 습관의 어떤 체계가 없이 태어난다. 그러나 성인이 되었을 때 우리는 어느 때 배가 고프게 되고 그럴 때마다 음식에 대하여 명확한 태도를 취하게 된다. 즉, 우리는 음식습관에 따라서 영양을 받아들이게 되는 행동의 유형에 적응하는 것이다."

1. 음식 선택에 영향을 주는 요소들

  식사의 유형을 면밀하게 조사해 보면, 이것들은 많은 요소들 속에 상호작용을 통해 영양을 주고 있다는 것을 발견할 수 있다. 이러한 요소들은 생물학적이고 환경적이고 문화적인 것으로 분류할 수 있는 것들이다. 이러한 범주 속에 수많은 하부요소가 있다. 이러한 요소들의 목록은 반드시 포괄적인 것은 아니지만 <표 5. 1>에 나타나 있다.

  식사는 무엇보다도 우선 사람들이 하나의 문화집단 속에서 생존할 수 있고 재생산할 수 있는 개인의 최소한의 영양적 필요를 충족해야만 한다. 그렇지 않으면 사회는 생존할 수 없다. 또한 음식은 충분한 에너지와 생리학적으로 유용한 형태의 필수적인 영양물을 포함하고 있어야 한다. 말하자면 몸은 섭취된 음식을 소화시켜 흡수하고 신진대사를 할 수 있어야 한다.

  생리학적으로 유용한 음식으로부터 충분한 에너지와 영양을 위한 근본적인 생물학적 요구를 넘어 이제는 환경적인 요인이 식사의 유형을 정하는데 가장 중요한 결정요인이 되었다. 왜냐하면 음식이란 단지 그것이 유용할 때만 이용될 수 있는 것이기 때문이다. 그리고 많은 요인들이 환경적인 유용성에 영향을 주고 있다.

  <표 5. 1>에서 보는 바와 같이 음식을 선택하는 데에는 생물학적이고 환경적인 유용성에 더하여 여러 문화적인 요인도 작용한다.

우선 서로 다른 집단들, 심지어 그 집단 내의 개인들도, 그들에게 주어진 환경에서 주어지는 음식의 종류가 비슷함에도 불구하고 각기 다른 태도로 음식을 받아들인다. 이에 더하여 주어진 음식에 관한 다양한 생각들도 있다. 다시 말하면 어떻게 음식을 구하고 어떻게 음식을 준비하며 어떻게 소화하는가에 관한 생각들이다.

<표 5. 1> 음식 선택에 영향을 주는 요인들

- 생물학적 요인
  - 영양적 필요
  - 유전
  - 특별한 생리학적 조건(예를 들어 임신)
  - 특별한 질병이나 비정상적 건강상태
  - 선호하는 맛(유전학적 결정 요인)
  - 개인적 갈망이나 혹은 특이 체질
- 환경적 요인
  - 지리, 기후
  - 계절
  - 경제상태
  - 운송상태
  - 기술
  - 연료의 유용성
- 문화적 요인
  - 교육
  - 영양에 대한 이해/건강에 대한 개념
  - 수입정도
  - 사회계급, 신분
  - 전통, 신앙, 가치관
  - 이데올로기(세계관, 종교)
  - 통신
  - 기업, 정부, 전문가의 영향
  - 정치

궁극적으로, 생리학적으로 이용될 수 있는 환경 속에 존재하는 다양한 요소들을 결정하는 문화적 요소들이 실제적인 소비를 선택하는 것이다.

이와 같은 폭넓은 세 가지 요인과 하부 요인에 더하여 음식의 습관은 각 범주 사이의, 혹은 하부 요인 사이의 복잡한 상호작용에 의하여 영향을 받고 있다. 예를 들어, 외적인 신분은 음식에 대한 문화적인 접근 여부에 영향을 주고 있다. 어떤 원시사회에서는 여자 혹은 어린아이는 고기에 접근을 제한 받았다. 대부분의 문화는 여성들이 임신중에 취하는 음식에 대하여 어떤 처방과 금기사항을 가지고 있다. 하와이에 있는 어떤 집단에서는 임신을 한 여성은 한꺼번에 많은 아이의 출산을 피하고 손가락이나 발가락이 붙어있는 것을 피하기 위하여 이중으로 혹은 다발로 된 바나나를 먹는 것은 철저하게 금기시하고 있다. 우리는 임신을 했을 때 딸기를 먹는 것은 태아에 모반을 만들어 낸다는 노파들의 이야기를 들어왔다. 많은 문화에서 임신한 여자들이 물고기를 먹는 것을 금지하고 있다. 왜냐하면 아기가 비늘이 있는 피부를 가지고 태어날지도 모른다는 생각에서였다.

생물학적 요인

생물학적으로 가장 중요한 것은 섭취된 음식을 효과적으로 소화 흡수하는 것과 신진대사에 필요한 적당한 영양의 공급이다. 따라서 현명한 음식의 선택은 생명 유지에 필수적인 것이다. 원시인들은 다양한 시도와 실수를 통해 어떤 음식이 먹을 수 있는가를 경험으로 터득했다. 영양이 좋은 음식을 선택하고, 영양에 해롭고 독이 있는 음식을 선택하지 않는 능력은 분명 생존을 위해서 유용한 것임에 틀림없다. 사실 오늘날 모든 인간들은 음식의 선택에 있어 유전학적으로 뛰어난 적응력을 소유하고 있다.

유전 역시 음식을 선택하는데 영향을 준다. 예를 들어 어떤 음식에 대한 거부반응은 종종 유전적인 기초에 기인한다. 우유를 먹지 못하는 것은 이질적인 단백질에 대한 거부반응에 의한 것으로, 유전적 영향의 하나이다. 또한 이는 유전적 요소인 유당분해효소인 락타아제의 결핍에 의해 기인된 것이기도 하다. 포도당을 정상적으로 이용하지 못하는 당뇨병은 유전적인 요인으로부터 강한 영향을 받은 일반적인 신진대사의 무질서 현상이다.

어떤 음식의 선택에 영향을 주거나 혹은 선택을 거부하게 하는 여러 특수질병이나 비정상적 상태가 있다. 영양적 필요는 음식 선택에 강한 영향을 주고 또 여러 요인들에 의해 영향을 받는다. 이러한 요인에는 성, 나이, 특별한 생리학적 상태 등이 포함되어 있다.

남자아이는 일반적으로 여자아이보다 덜 성숙된 신경조직과 소화체계를 가지고 태어난다. 따라서 남자아이들은 여자아이들보다 산통이 더 있을 수 있고 음식을 소화하는데 효과적이지 못하다. 그러나 성인 남성들은 여성들보다 보다 높은 기초 신진대사 비율을 가지고 있기 때문에, 상대적이기는 하지만, 대체로 신체적 조건, 나이, 외적인 활동에 있어서 여성들에 비해 높은 에너지를 요구하게 된다.

나이 역시 인생 전체를 통해 음식 선택에 영향을 준다. 유아기나 어린이 때에는 성장을 돕기 위해 영양의 필요성이 높다. 영양을 많이 필요로 하는 것을 고려할 때 아기들은 음식을 이용하는 능력에 있어 특히 불리하다. 아기들은 이빨이 없이 태어나고 삼키는 능력이 약하며 완전히 발달되지 않은 소화능력을 가지고 태어난다. 따라서 아기들의 최초의 음식은 액체로서 영양이 함축되어 있고 쉽게 소화되는 것이어야 한다. 다행히도 이러한 기준이 어머니의 젖이나 대부분의 유아 유동식에 의해 충족된다. 인간이 자라나고 성숙함에 따라 얻을 수 있는 음식 선택의 범위와 함께 음식을 이용하는 그들의 능력도 증가한다. 사람은 나이가 들어감에 따라 소화, 흡수, 그리고 신진대사의 능력도 줄어든다. 그와 함께 씹고 삼키는 능력도 줄어들게 되어 음식의 선택은 다시 점차적으로 위축된다.

임신 또한 여러 면에서 음식 선택에 영향을 준다. 임신을 한 초기 몇 달 동안 메스꺼움과 구토가 종종 일어나 음식 선택을 억제한다. 약 석 달이 지나면 기본적인 신진대사가 증가하고 소화력도 증가하게 된다. 또한 에너지와 대부분의 영양에 대한 필요성이 증가되게 된다. 이러한 모든 요소가 음식 섭취의 증가로 나타난다. 따라서 임신한 여성을 위한 영양교육은 대단히 중요하다. 왜냐하면 이러한 증가된 음식 섭취는 현명하게 음식을 선택해야 하기 때문이다. 이때야말로 적절한 식사를 통해 어머니와 자라고 있는 태아 모두에게 필수적인 영양을 공급하여야 한다. 따라서 임신한 여성의 식사는 단백질, 미네랄(특히 칼슘과 철), 비타민(특히 C, B) 등이 풍부한 음식으로 구성되어야 한다.

임신한 여성들은 종종 음식에 대해 개인 특유의 갈망을 가지고 있다. 이런 갈망에 대한 이유가 충분히 설명되지는 않지만 그것은 아마도 기본적인 신진대사의 증가와 영양의 필요성에 대한 증가 때문이 아닌가 생각된다. 이러한 현상은 임신 4개월 이후부터 더욱 심하다. 그러나 이런 특별한 음식에 대한 갈망은 임신한 여성들에게만 나타나는 것이 아니라 이식증(異食症)이 있는 사람에게도 나타난다.

환경적 요인

  음식의 실질적 이용 가능성 역시 음식을 선택하는데 너무나 중요한 결정요인이다. 누구도 이용 가능성이 없는 것은 먹을 수 없기 때문이다. 지리적 조건과 기후조건은 음식의 유용성과 밀접한 관련이 있다. 왜냐하면 이 조건들은 해당 지역에서 음식이 성장하는데 영향을 주기 때문이다. 대부분의 사람들은 그 지역에서 생산되는 음식을 많이 먹는 경향이 있다. 특히 계절에 따라 그런 경우가 많다. 일반적으로 음식은 계절 생산품이 이용 가능성이 보다 높고 값도 싸기 때문에 그 해 그 계절은 음식 선택에 직접적인 영향을 주고 있다. 좋은 수송과 상업적 기본 토대가 제대로 이루어지지 못한 제 3세계의 나라들에서는 대체로 음식은 그것이 키워진 곳으로부터 약 반 마일 거리 이내에서 소비된다. 그 결과 수확기에는 다른 때보다 쉽게 구할 수 있는 많은 과일과 야채가 이용 가능하게 된다. 따라서 상당히 많은 음식이 곧바로 소비된다. 그러나 도로와 상업적인 기본 토대가 잘 발달된 곳에서는 냉장, 냉동, 통조림, 건조 등 많은 음식의 보존 기술이 장기간의 저장을 가능하게 해주고, 음식이 생산된 지역에서 먼 거리에까지 잉여 생산물을 수송 판매하게 해준다. 또한 연료 에너지의 이용 가능성도 음식 선택에 중요한 영향을 미친다. 왜냐하면 어떤 종류의 음식은 요리가 되지 않으면 소비에 적합하지 않고, 어떤 음식은 요리를 해야만 저장하는데 용이하기 때문이다.
  음식의 적절한 분배 체계 역시 음식 선택에 많은 영향을 준다. 수송과 음식 가공기술의 유용성에 더하여 음식 분배는 다양한 경제적 조건과 정치적 요인들에 의해 영향을 받는다.

문화적 요인

<표 5. 1>에서 보는 바와 같이 문화적 요인은 거의 모든 것을 포함하는 다양하고 미묘한 방식으로 음식 선택에 영향을 준다. 생리학적, 환경적으로 유용한 하나의 음식이 소비되는 것은 사실, 이 음식에 대한 문화적인 태도에 기인한다. 음식에 대한 문화적 태도는 한 사회의 전통, 믿음, 가치 등으로부터 나오고, 이것은 개인의 음식 태도에 강한 영향을 준다.

개인들은 여러 집단에 속해 있다. 개인은 보다 큰 사회 조직에 속해 있음은 물론, 보다 작고 다양한 사회의 구성원이 되어 있다. 비록 친구와 이익집단이 특유의 영향을 주고 있지만 이러한 그룹들 중에서 단연 영향력 있는 조직은 가족이다.

부모가 자손들이 먹는 식사 유형에 가장 강한 영향을 준다는 것은 부정할 수 없다. 부모는 아기가 태어나면 처음부터 아기에게 어떤 음식을 줄 것인가에 대한 완전한 권한을 행사하고 있다. 부모의 음식 결정권은 아기들이 어린이로 자라나면서도 강하게 영향을 준다. 부모는 가정으로 가져오는 음식의 대부분을 결정하고 있기 때문이다.

아기는 모든 물건을 무조건 입으로 가져가는 본능을 가지고 있다. 이러한 행동은 충분한 영양이 얻어질 것이라는 확신을 갖게 하는 하나의 생존본능이다. 막 기기 시작하고 주위를 살펴볼 수 있게 된 아기는 최근에 터득한 두 손 기술을 이용하여 음식을 포함한 여러 가지 작은 물체들을 집는다. 죽은 파리, 성냥개비, 각종 부스러기 등과 같은 것을 가리지 않고 마구 입속으로 가져간다. 아기의 이러한 행동은 당연히 부모의 행동을 유발시킨다. 적절한 허락과 불허를 섞어가며 다양한 방법의 제지와 간섭을 통하여 부모는 궁극적으로 아장아장 걷는 아기에게 먹을 수 있는 음식과 먹지 못할 것을 구분하도록 가르쳐 준다. 어린이가 되면 그들은 자주 제공되는 음식을 서서히 좋아하게 된다. 이러한 음식은 반드시 그 지역에서 나는 주요 산물이 포함되어 있다. 이것을 어린아이에게 자주 보여줌으로써 이 음식이 너무나 중요하고 의미가 있는 것으로 받아들여지게 되는 것이다.

영양과 건강 개념에 대한 교육과 정보제공은 음식에 대한 행위에 영향을 주는 중요한 요인이다. 이것들은 개인으로 하여금 알려진 음식에 대한 선택을 할 수 있게 해주기 때문이다. 사회계층과 신분 역시 음식의 습관을 구성하는데 영향을 준다. 다양한 음식은 어떤 사회계층에 적절하거나 적절하지 못한 것으로 분류되기 때문이다. 뿐만 아니라 이데올로기나 세계관과 종교관 역시 음식 선택과 습관에 영향을 준다. 종교적 지침은 종종 어떤 음식에 대한 규칙이나 금지사항을 알려준다. 소득 역시 중요한 의미를 가지고 있다. 왜냐하면 소득은 구입할 수 있는 음식의 양과 종류를 결정해 주기 때문이다. 정치적 요인 역시 음식을 결정하는데 적지 않은 영향을 준다.

음식습관의 형성에 대한 통신기술의 충격은 아무리 강조해도 지나치지 않는다. 초기의 인간들은 서로에게 음식을 어디에서 구할 수 있는가 하는 것을 몸짓으로, 또 동굴에 먹을 수 있는 식물과 동물에 대한 음성기호나 그림기호를 남김으로써 동료들에게 음식에 관한 메시지를 보냈다. 초기부터 현대에 이르기까지 음식에 관한 가장 강한 통신 수단 중 하나가 관찰되어 왔다. 즉, 사람들이 무엇을 먹고 어떻게 음식을 준비하는가 하는 것이다. 문명이 발달해 감에 따라 직접 손으로 만든 요리책이 개발되고 배포되었다. 인쇄술의 발견 이후 신문과 잡지는 다양한 음식을 광고하고 음식에 관한 정보를 전달해 주고 있다. 1920년대 초부터 라디오는 음식과 관련된 통신 수단의 중요한 매체가 되었다. 1950년대 초 텔레비전의 보급과 활성화는 새로운 음식의 소개는 물론 음식습관의 형성에 지대한 충격을 주었다. 텔레비전을 통해 사람들은 실제로 사람들이 이국적이고 민족적인 음식을 준비하는 것을 볼 수 있고, 또한 민족적이고 '대중음식'을 파는 음식점과 다양한 종류의 음식을 즐기는 명사들을 볼 수 있다. 현재는 이전의 그 어느 때보다도 음식 정보를 담고 있는 자료들이 다양한 경로를 통해 전달되고 있다. 특히 많은 전문적 요리책이 출판되고 구입되어 읽히고 있다.

2. 먹느냐 못 먹느냐

식용에 대한 인식

초기의 사람들은 먹을 수 있는 음식을 시도와 실수를 통해 배워야 했다. 영양이 있는 음식을 선택하고 독이 있는 음식을 거부하는 능력을 가지게 됨으로써 인간들은 생존을 위한 이점을 가지게 되었다. 오늘날 모든 인간들은 유전학적으로 적응성이 있는 음식 선택을 할 수 있는 타고난 성질을 보유하고 있다.

아래의 분류는 1945년 전국조사위원회 산하 음식습관위원회에 의해 작성되고 1989년 키틀러(P. G. Kittler)와 수케르(K. Sucher)에 의해 다시 요약 정리된 것으로 한 개인이 자신이 먹는 음식이라고 규정할 수 있는 것이다.

1. 식용 불가 음식: 독이 있거나 강한 혐오 및 금기 때문에 먹지

못하는 음식.
2. 동물들은 먹지만 나는 먹지 않는 음식: 예를 들면, 미국에서는 곤충과 같은 음식, 프랑스에서 옥수수 등의 음식. 이들은 곤충과 옥수수를 사료로 간주한다.
3. 사람들은 먹지만 우리는 먹지 않는 음식: 어떤 사회에서는 용인되는 음식이지만, 다른 사회에서는 용인되지 않는 음식. 예를 들어 개고기는 아시아에서 용인되는 음식이고 말고기는 유럽에서 용인되는 음식이지만 미국에서는 용인되지 않는다.
4. 사람들은 먹지만 나는 먹지 않는 음식: 어떤 문화를 이루는 집단에서는 용인되지만, 개인적으로 혐오하고 값이 비싸고 건강의 문제로, 아니면 다른 이유로 특정인은 먹지 않는 음식.
5. 내가 먹는 음식: 우리 사회에서 일상의 음식물로 선택된 음식. 이것에는 개별적 음식도 있고 혼합된 음식도 있다.

위에서 본 바와 같이 먹을 수 있는 것에 대한 인식은 음식을 선택하는데 가장 큰 영향을 미친다는 것을 알 수 있다. 왜냐하면 한 개인은 먹을 수 있다고 생각하는 음식만 먹기 때문이다. 하나의 문화권에서 먹을 수 있는 음식이 다른 문화권에서도 반드시 먹을 수 있는 음식으로 여겨지지는 않는다. 대체로 음식이 부족한 사회에서는 먹을 수 있는 것에 대한 기준이 느슨하다. 그 결과 일반적으로 금지된 음식들 가령, 동물과 인간의 분뇨나 심지어 동족의 고기까지도 소비되는 경우가 있다.

금기

위에서 살펴보았듯이 먹을 수 있는 것에 대한 인식은 그 사람이 살고 있는 사회에 의해 결정되는 경우가 허다하다. 모든 문화권에서 먹을 수 있는 것에 대한 개념은 음식이 부족할 경우 확실히 느슨해지고, 그 결과로 보편적으로 금지된 음식도 먹는 경우가 종종 있다. 이런 의미에서 로웬버그(E. N. Lowenberg) 등은 '음식의 선택은 단지 사람들이 음식을 선택할 수 있을 정도로 풍부할 때만 이루어진다.'고 말했다.

식인. 우리 사회를 포함한 모든 사회의 역사를 통해 살펴보면 만약 그 사회가 굶어죽을 지경에 이르면 구성원들은 사람고기를 먹는 식인상태가 된다는 것을 알 수 있다. 미국 역사에서 가장 대표적인 예로 들 수 있는 것은 도너 패스의 비극이다. 이것은 동부 캘리포니아에 있는 시에라 네바다 산맥 전역에서 발생했다. 1846~1847년 사이의 겨울에 일리노이주와 인접 주로부터 온 일련의 정착자들이 폭설로 인하여 눈에 고립되는 신세가 되었다. 먹을 음식이 고갈되었고 많은 사람들이 굶주려 죽어 갔다. 죽지 않고 살아 있던 많은 사람들이 죽은 동료를 먹었던 것이다.

음식에 대한 혐오 1987년 로진(Paul Rozin)은 상당수의 음식에 대한 혐오는 여러 가지 물질을 소비함으로써 나쁜 건강이나 불행이 일어날 수 있다는 믿음으로부터 생겨난다고 주장했다. 그는 '금기'(禁忌, taboo)라는 용어는 신의 의지에 충성한다는 종교적 견해에 의해 유지되는 혐오를 나타나는 것이라고 말했다. 어떤 음식을 먹지 못하게 하는 신성한 금지를 계속해서 강조한다는 것은 음식에 관한 양면가치적이고 애매모호한 것으로부터 발생한다. 1979년에 해리스(Marvin Harris)는 '금기'는 어떤 음식의 체계적인 비용과 이점이 긍정에서 부정으로 바뀔 때 생겨난다고 강조했다.

좋아하는 맛

인간은 생물학적으로 달고 약간 짠 음식은 좋아하고 시큼하고 쓴 음식에 대해서는 싫어하는 면을 가지고 태어난다. 좋아하는 음식은 의심할 여지없이 생리학적인 필요에 기초를 두고 있는 반면, 타고난 혐오는 보호적인 메커니즘의 결과로 나타난다. 왜냐하면 독이 든 물질들이 대개 시고 쓴맛을 내기 때문이다. 이에 대해 리만(B. Lyman)은 인체는 어떤 종류의 강한 맛에 반작용하는 것 같다고 했다.

특별히 좋아하는 맛은 역시 생물학적이고 문화적으로 결합된 영향으로부터 나타난다고 할 수 있다. 달고, 짜고, 시고, 그리고 쓴맛을 구분하는 능력이 모든 사회에서 공유되고 있지만 어떤 맛을 특별히 좋아하는 것은 문화 집단에 따라 매우 다양하다. 예를 들어 멕시코인은 칠레고추나 후추와 같은 맵고 향긋한 음식을 좋아한다. 이는 대부분의 미국인들은 너무 강한 맛이라고 여긴다. 1987년 로진은 칠레고추를 좋아하는 것은 본래 좋아하지 않는 음식에 대해서 습득된 좋아함이라고 설명했다. 칠레고추는 침의 분비를 촉진시키기 때문에 마르고 거친 음식을 씹는데 의심할 여지없이 도움을 준다. 이것은 역시 맛이 없는 중앙 아메리카의 음식, 예를 들어 케이크 종류인 토르티야의 맛을 증진시킨다. 혐오스러운 음식을 좋아하는 음식으로 바꾸는 인간의 능력은 독특한 것이며 그러한 물질은 담배, 커피, 자극성이 강한 양념, 그리고 다양한 종류의 술을 포함하고 있다

특이한 음식 결합

 개인이 선택한 음식이 일반적으로는 받아들여지지 않는 음식의 결합일 수도 있다. 아마도 이것은 가벼운 식사인 스낵의 결합일 것이다. 또한 늦은 밤 냉장고에서 먹을 것을 찾아 마음대로 선택한 결과일 것이다. 이러한 결합이 예상 밖으로 맛있는 것임이 밝혀져 또 다시 그런 식으로 먹게 되는 경우가 있다. 이렇게 해서 좋아하는 결합의 음식은 종종 많은 사람들로부터 어떻게 그런 식으로 먹느냐는 비난을 받기도 한다. 이러한 비난을 피하기 위해 주의 깊게 취급되기도 한다. 대중화되지는 않았지만 특수한 결합의 예는 마요네즈와 땅콩 버터, 젤리와 피클, 초콜릿 케이크와 딜 피클, 피클과 땅콩 버터 등이다.
 전통적으로 받아들여지고 있는 음식의 결합은 구운 돼지고기와 사과 소스, 딸기와 크림, 사과 파이와 체다 치즈, 간과 베이컨, 생선과 감자 칩, 돼지고기와 콩, 그리고 햄버거와 프렌치 프라이즈 등의 결합이다.

이식증

 기이한 음식습관인 이식증(異食症)을 가지고 있는 사람들은 거의 대부분이 종종 진흙이나 세탁용 풀과 얼음을 갈망한다. 그리고 각종 물건들로 분필, 탄 성냥, 커피 찌꺼기, 심지어 타이어 튜브도 먹는다고 보도되었다.
 토식(土食), 특히 진흙을 먹는 것은 역사상 전 세계에 널리 알려져 왔으며, 적도 부근에서는 흔한 일이었다. 미국에서는 남부 아프리카계 미국인들 가운데 이러한 경우가 자주 나타난다. 이들은 진흙을 은밀하게 먹는다. 이들이 은밀하게 진흙을 먹는 것은 다른 사람으로부터 비난을 받을지도 모른다는 두려움보다, 최고의 진흙을 다른 사람에게 들킬까 염려하기 때문이라는 것이다.

그러면 무엇이 이식증을 만들어 내는가. 1985년 브라이언트(C. A. Bryant)는 다섯 가지의 가설을 제시하여 이에 대하여 설명했다.

1. 어떤 영양물에 대한 신체의 필요성.
2. 배고픔을 완화하기 위한 하나의 메커니즘.
3. 심리적이고 감정적인 기초.
4. 세대에서 세대로 걸쳐 내려오는 문화적 현상.
5. 생리학적 변화에 대한 반응.

이식을 하는 행동과 그 원인에 대해 평가하면서 매킨토시(Elaine McIntosh)는 1986년 가난하거나 부유한 것에 관계없이 또 성별에 관계없이 일반적으로 이식에 대한 공통적인 동기가 있다고 했다. 이에 근간을 이루는 요인은 하나 또는 그 이상의 부족상태이다. 예를 들어, 충분치 못한 음식, 부적절한 영양, 입 상태의 불만족, 지루함과 같은 외적 자극의 부족, 감정적 박탈 등이라고 설명했다.

매킨토시는 이러한 이식행위는 영양과 건강상태에 있어 너무나 많은 바람직하지 못한 결과를 초래할 수 있다고 했다. 다행히도 이식을 하는 대부분의 사람들이 이상한 물질(음식)에 대해 적당한 양을 소비한다. 그 결과 병의 발생은 거의 없다. 사실 이러한 이식의 상태에 대해 보다 세밀한 연구가 필요한 것은 당연하다. 임신한 여성들은 잠재적으로 위험한 이식행위로 이끄는 돌팔이 건강보호 제공자의 교묘하고 전략적인 말에 넘어갈 수 있는 가장 취약성이 있는 집단이다.

3. 음식의 이용과 의미

생존

역사상 음식의 근본적인 이용으로 우리는 배고픔을 완화하고 몸에 적절한 영양을 공급하여 왔다. 음식은 생존을 위해서 너무나 당연한 필수요소이기 때문에 배고픔을 해소하고 신체적으로 필요한 것을 충족시키는 것 이외에 특별한 중요성을 가지게 되었다.

음식의 발전적 이용

1979년 로웬버그(Miriam Lowenberg) 등은 매슬로우(Abraham Maslow)가 설명한 인간들의 음식의 필요성에 대한 단계를 이용하여 배고픔과 신체적으로 필요한 영양을 만족시키는 것으로부터 자기실현의 수단으로 음식을 이용하는 것에 이르기까지 음식의 발전적인 이용을 설명했다. 매슬로우는 인간의 음식에 대한 필요성을 생리적인 필요, 안전, 소속감과 사랑, 존경, 그리고 자기실현 등으로 분류했다. 이러한 기초적인 필요성은 부분적으로 음식에 의해서 충족될 수 있다.

생리적인(생존의) 필요. 배고픔을 만족시키고 영양을 제공하기 위한 음식의 필요성은 가장 기본적인 음식의 용도이다. 이 필요성은 음식이 더 많은 것을 만족시킨다는 것이 인식되기 전에 사람들에게 가장 큰 만족을 주었음에 틀림없다.

안전의 필요. 일단 단기간의 배고픔에 대한 필요가 충족되고 나면 사람들은 앞날을 위해 충분한 음식을 확보하기 위한 공급라인을 안전하게 구축하는데(혹은 경제적 안전을 확보하는데) 관심을

가지게 된다. 많은 양의 음식을 통조림으로 혹은 냉동해서 보관하는데 관심을 가진 사람들은 대부분 한때 음식이 충분하지 못했던 경험을 가진 사람들이다.

소속감과 사랑. 집단적으로 이용되어 문화적으로 친숙한 음식을 소비하는 것은 한 개인에게 그 집단에 대한 소속감을 부여해 준다. 함께 식사를 하는 것은 인종적 동질성과 집단의 경계를 표현하고 유지시키는 수단이다. 비록 음식습관이 크게 변모되어 왔지만, 그러나 이것은 미묘한 수단으로 일정 부분 유지되어 왔다. 사람들은 함께 음식을 먹는 경향이 있다. 함께 음식을 먹는다는 것은 음식이 소속감이라는 감정을 주는 또 다른 방식이기 때문이다. 웨딩 케이크의 첫 조각을 나누어 먹는 신랑 신부는 함께 있다는 것과 음식 사이에 연관성이 있음을 보여주는 하나의 좋은 예다. 종종 음식은 사랑과 우정을 표현하는데 사용되기도 한다. 모든 사회는 음식을 선물로 이용한다. 사랑을 표현하는데 음식을 사용하는 가장 실제적인 예는 어머니가 가족들을 위해 맛있는 음식을 준비하는 것인데 이는 가장 전형적인 예다. 음식이 사랑을 표현하는데 사용되기도 하지만 사랑의 대용물로도 이용된다. 여기에는 여러 종류의 초콜릿 케이크와 캔디, 과일, 과즙 등을 얹은 아이스크림인 선디가 있다.

존경 혹은 신분. 음식의 사용은 두 가지 방법으로 개인에게 존경을 더해 주고 신분을 부여해 준다. 첫째로, 어떤 사람과 함께 음식을 먹는다는 행동은 그 사람의 사회적 지위를 의미해 준다. 사람들은 대체적으로 사회적 신분이 높거나 낮은 사람으로 인식되는 사람보다는 대등한 사람과 함께 식사하고자 하는 경향이 있다. 대부분의 사회에서 하인들은 가족과 떨어져 부엌에서 음식을 먹는 경우가 허다하다. 대부분의 사회는 계층관계를 한정하여 그것을 유지하면서 음식을 먹는 일종의 규율을 가지고 있다. 둘째로, 음식 그 자체가 개인적 신분을 즐기는데 이용되는 경우가 있다. 보통 귀하고 값비싼 것, 철갑상어 알인 캐비아나 호주와 하와이에서 자라는 매카다미아 열매와 같은 계절에 관계없는 음식은 상대적으로 높은 신분에서 이용된다. 반면 지방질의 돼지고기나 돼지의 간 같은 음식은 대체적으로 낮은 신분에서 이용된다. 브랜드가 있는 음식과 음료수는 없는 것보다 일반적으로 높은 신분에서 이용된다.

자기실현. 이것이야말로 인간이 음식을 필요로 하는 궁극적인 목표이다. 음식을 통해 인간들은 독특하고 창조적인 요리법으로, 특별한 재료로 미식가가 즐기는 요리를 만든다. 그리고 세련된 린넨과 그릇과 식기 등으로 장식된 멋진 분위기에서 특별식사를 준비함으로써 이 필요를 충족시킬 수 있다.

분명 인간들은 음식을 통하여 동시에 이 필요성의 여러 요소를 모두 충족시킬 수 있다. 예를 들어 사람들은 풍성한 저녁식사를 준비함으로써 신분을 나타내는 수단으로, 동시에 창조적인 능력의 표현방법으로 이용할 수 있다.

모든 개인에게 이러한 필요성이 충족되는 것은 아니다. 음식에 대한 가장 기본적인 욕구를 충족시키지 못하는 사람들은 굶주려 죽게 된다. 세상의 많은 사람들은 생존을 위한 필요를 충족시키는 가장 기본적인 일을 위해서 일생 동안 노력한다. 지금도 많지 않은 사람들만이 현재가 아닌 미래를 위해 식량공급의 안전을 확보할 수 있다. 대부분의 사람들은 음식이 소속감과 사랑의 필요를 충족시켜 주면 만족한다. 상대적으로 음식을 이용하여 신분을 표현할 수 있는 위치에 있는 사람은 극히 소수다. 그리고 비록 드물기는 하지만 음식을 자기실현을 충족시키는 수단으로 이용하는 예도 역사를 통해 종종 볼 수 있다.

음식의 또 다른 이용과 의미

음식의 또 다른 역할은 순수한 미각의 기쁨을 제공해 준다는 점이다. 이 기쁨은 즐거운 맛뿐만 아니라 씹고 삼키는 것으로 인해 생기는 입속의 만족으로부터 오는 복잡한 느낌이다.

퀘이커 교도들의 사회에서 음식의 섭취는 생명을 유지하기 위한 필수적인 조건이기 때문에 먹는 것을 하나의 의무이자 덕성으로 여긴다. 그들은 음식에 있어 단조로움과 무변화를 가치가 있는 것으로 여긴다.

식사와 음식의 감정적 중요성. 특별한 식사와 다양한 음식에 대한 감정적 중요성은 음식습관을 변화시키는데 영향을 주는 상당히 중요한 고려대상이다. 실제로 거의 모든 사회에서 최소한의 감정적 중요성을 지닌 식사는 그날의 첫 번째 식사인 아침이다. 적어도 이 식사는 가족의 다른 구성원들과 같이 먹기 때문이다. 가장 감정적인 중요성이 강조되는 식사는 일반적으로 저녁식사(만찬)이다. 이것은 대체로 가족의 모든 구성원들이 함께 먹기 때문이다. 가족 구성원이 각자 자신의 일을 다 마친 하루가 끝나 가는 시간에 식사를 하기 때문에 만찬은 한 가족의 의식적인 행사의 초점이 되는 경우가 허다하다. 심지어 어떤 사회에서는 여러 코스로 구성되어 있는 식사, 방문을 하여 이야기하고 술을 마시는 식사가 몇 시간 동안 계속 되는 경우도 있다.

중요한 음식의 특별한 상태. 음식은 다양한 감정적인 중요성을 가지고 있다. 사람들이 가장 자주 먹는 음식을 중요음식 또는 핵심음식이라 부른다. 많은 사회에서 한 종류의 음식이 너무나 중요한 기본을 이루고 있어 그 사회의 구성원들은 만약 이것이 없으면 생존할 수 없다고 느낀다. 많은 아시아 문화권에서 중요음식은 쌀인데 쌀은 모든 음식에서 가장 기본이 되는 구성물로 여겨지고 있다. 히스페닉계 미국인에게 있어서는 멕시코 지방의 중요음식인 옥수수와 콩으로 만든 토르티야이다. 아일랜드에서와 마찬가지로 미국에서는 감자가 하나의 중요음식이다. 밀은 이 신성한 땅인 신대륙의 초기 농경 생활자들에게 있어 중요음식이었다. 밀이 신성시 된 데에는 밀과 빵에 대한 성경의 여러 차례의 언급에 반영되어 있고 '생명의 빵'이라는 말 그 자체의 상징적인 의미에도 반영되어 있다.

소금의 중요성. 초기 인간들이 농사를 짓는 농민이 되었을 때, 주로 많이 먹는 식물음식에는 상대적으로 나트륨이 적었다. 또한 그들이 모여 사는 곳의 따뜻한 기후 때문에 땀으로 인한 나트륨의 손실은 계속되었다. 따라서 초기 농민들은 규정 식사에 들어있는 양보다 더 많은 여분의 소금을 필요로 했다. 소금은 상당히 중요하고 상징적인 음식으로 자리를 잡았다. 소금은 생존을 위해서 필수적이었기 때문에 사람들은 소금을 구하기 쉬운 장소에 정착했다. 초기에는 바닷물이 증발함으로써 얻을 수 있는 곳에서, 그 후에는 자연적으로 저장된 곳으로부터 소금을 캐냄으로써 얻을 수 있었다. 인간들은 역사를 통하여 소금을 얻기 위하여 전쟁을 치르기도 했다. 소금의 중요성은 마태복음 5장 13절의 "너는 세상의 소금이다."라고 하는 내용에도 반영되어 있다.

감정적 긴장해소. 음식의 역할이 긴장을 완화시키는 하나의 수단이라는 점은 이미 잘 알려져 있다. 먹고 마신 결과로 보여지는 외형적 모습은 혈당량이 증가하고 행복감과 포만감을 증진시킨다는 것이다. 대부분의 사람들은 스트레스 상태에서 더 많은 음식을 먹지만, 소수의 사람들은 더 적게 음식을 먹는다.

음식의 상징적 의미. 편안한 감정과 사랑의 대체물로 종종 이용된다. 달콤한 음식의 소비는 종종 긴장을 하고 있을 때 증가한다.

우유는 여러 가지 이유로 깊은 사랑과 안정의 감정과 연계되어 있다. 무엇보다도 우유는 따뜻하고 포근한 가슴과 빨 수 있는 젖병의 안락함과 더불어 유아들이 소화하는 최초의 음식이라는 점이다. 또한 입안에 넣음으로써 입속의 만족이 있을 뿐만 아니라 요람 속에서의 감정적 편안함도 있다. 미국인 여행자들과 해외파견 군인들이 외국에 나가게 되면 그들이 다같이 가장 그리워하는 음식은 안전하게 살균된 우유이다.

4. 식사, 식사 유형, 식사 서비스

먹는 유형의 분석은 음식습관을 규정짓는 하나의 가치 있는 방법이다. 하나의 문화 속에서 식사 유형의 중요한 특색에는 식사의 구성 요소, 음식의 성분 요인, 이런 음식들이 서비스되는 질서, 또한 하루에 얼마나 많은 음식을 먹고, 언제 먹는가 하는 것들이 포함되어 있다. 다른 중요한 면으로는 음식이 주어지는 식사의 예를 들어 아침식사로 적당한가, 누가 음식을 준비했는가, 어떻게 준비하고 서비스하는가, 누가 이 식사를 하는가, 그리고 누구와 함께 하는가 하는 것들이 포함되어 있다. 이와 더불어 주기적인 단식과 잔치는 음식 순환에 의미 있는 구성 요소가 된다. 완전 또는 부분 단식은 일반적으로 종교적인 준수사항과 연관되어 있다. 잔치는 항상 중요한 사건을 축하하면서 열린다. 종교적이거나 세속적인 휴일, 생일, 결혼, 졸업, 사망 등 개인적인 의식 등이다. 단식과 잔치는 다음 장에서 좀 더 자세하게 다룰 것이다. 식사와 식사 유형에 대한 연구는 음식이 중요한 종교적 개인적 사건과 관련된 사회적 관련 사항, 그리고 하나의 문화의 다른 많은 면에 대한 강한 메시지를 어떻게 전달하는가를 보여준다.

식사

 모든 문화에서 식사는 주 음식과 부식으로 구성되어 있다. 미국에서 정식 식사는 수프나 샐러드 등과 같은 식욕을 돋우는 것으로부터 시작되어 그 다음에 주 음식과 부식이 나오고 이어 디저트나 커피가 나온다. 미국 가정의 식사도 일반적으로 같은 순서로 나온다. 그러나 반드시 이러한 과정이 모두 나오는 것은 아니다. 칼로리를 의식하기 때문에 미국인들은 종종 빵과 디저트를 생략한다. 미국인들의 주 음식 또는 앙트레는 육류, 닭고기, 생선, 감자와 파스타, 야채 등이다.

 가난한 나라에서 사는 사람들은 하루에 단지 한 끼의 식사를 하는 경우도 허다하다. 그러나 부유한 사회에서는 세 끼 또는 네 끼를 하는 것이 전통이다.

 모든 사회에서 평등한 사람들끼리 함께 먹는 식사는 일반적으로 친근함과 신뢰의 상징이다. 따라서 저녁은 대체로 가족과 친구들을 위해 예약되어 있다. 미국에서는 직장 동료나 친구들을 종종 거의 서서 먹는 칵테일 파티나 야외 정원파티에 초대한다. 미국에서는 보편적인 서서 먹는 것은 '서서는 음식을 먹지 않는다.'고 주장하는 외국인들을 당황하게 한다.

식사 유형

 미국에서는 세 끼의 식사가 전통적으로 이어지고 있는데 아침, 오후, 저녁식사이다. 초기에 미국이 거의 농촌이었을 때 식사를 하는 시간은 하루 작업량에 의해 결정되었다. 아침(breakfast)은 요리된 시리얼, 베이컨이나 스테이크, 계란, 토스트, 우유, 커피 등으로 구성된 영양 있는 식사다. 오찬(dinner)으로 불리는 점심식사는 오후의 활동에 필요한 에너지를 충족시키기 위하여 가장 풍부하게 식단이 마련되었다. 오찬보다 조금 가볍게 마련되는 하루의 마지막 식사는 만찬(supper)이라고 불리었는데 이는 들판에서의 일이 다 끝난 후 제공되었다. 그러나 산업화의 증가와 더불어 많은 사람들이 도시지역으로 이동하였고 이곳에서의 식사는 공장과 사업의 일람표에 따라 조정되었다. 따라서 아침은 보다 가벼운 식사로 마련되었고, 먹는 시간도 개인 도시 생활자의 작업시간에 따라 달라졌다. 한낮의 점심식사(이전 농촌지역의 오찬에 해당하는)는 거의 공장 내에서 짧은 틈을 내어 먹게 되었다. 종종 집에서부터 음식을 가져와 먹기도 하는데 이것은 이전의 농촌이었을 때의 오찬보다 훨씬 가벼운 것이고 따라서 용어도 점심(lunch)으로 바뀌었다. 공장 노동자에게 있어서 하루 중 가장 많은 음식이 제공되는 것은 저녁인데 이것은 농촌에서의 오찬(dinner)이라는 용어가 사용되었다. 적어도 2차 세계대전까지는 아침, 오찬, 만찬으로 부를 것인가, 아니면 아침, 점심, 저녁으로 부를 것인가는 그 사람의 출신지역에 따라 분명히 구분되었다. 그러나 최근에 쓰여지고 있는 한낮과 저녁의 점심(lunch)과 저녁(dinner)은 보다 높은 신분적인 것을 반영하기도 한다. 그리고 만찬(supper)이라는 용어는 새해 첫날 한밤중, 연극 관람 후, 일요일 밤 등에 먹는, 일반적으로 상류계층의 하루의 마지막 특별식사를 의미한다.

　미국에서 하루에 세 끼 음식은 아직까지도 전통적으로 지켜지고 있다. 그러나 1980년대 중반에 연구조사를 한 결과를 보면 5명의 미국인들 중 단지 2명만이 하루에 전통적인 '세 번의 식사'를 한다고 밝히고 있다. 약 25%의 미국인들은 하루 식사 중 아침이나 점심을 건너뛴다는 것을 인정했다. 영양학자들은 성인과 어린이들이 생략해도 좋은 식사는 아침이라는 것을 주장했다.

 다른 사회에서는 종종 하루에 세 끼 식사보다 더 많이 먹는 경우도 있다. 이러한 음식에는 음료수나 적은 스낵식사에 지나지 않는 경우도 있다. 스칸디나비아 지역의 나라에서는 하루에 다양한 형태와 양으로 꾸며진 여섯 번의 식사를 하기도 한다. 가장 먼저 제공되는 식사는 자기 방에서 먹는 커피와 가능한 경우 케이크 종류의 빵을 먹는 아주 가벼운 식사이다. 이는 그 후 아침에 식당에서 먹는 아침식사(breakfast)로 발전했다. 영국에서는 쿠키나 비스킷을 곁들인 오후 4시의 차는 하나의 전통이고 저녁 7시 경 저녁을 먹을 때도 차가 곁들여 지는 것이 보통이다. 적도지역 부근의 나라에서는 식당을 비롯한 상점들이 한낮에 여러 시간 동안 문을 닫는다. 그 동안에 사람들은 집으로 가서 먹고 하루 중 열기가 가장 뜨거운 시간대에 낮잠을 잔다. 그리고 나서 오후 늦게 일터로 되돌아와 저녁까지 일을 한다. 따라서 저녁을 먹는 시간은 저녁 9시나 그 이후일 경우가 많고 성인들에게는 더욱 그러하다.

식사 서비스

 서구사회에서는 식사를 할 때 테이블에서 서비스를 받으면서 음식을 먹는 것이 보편적이지만 세계의 대부분의 사람들은 역사적으로 그래왔듯이 마루바닥에서 음식을 먹는다. 세계를 통틀어 아직까지도 많은 사람들이 손가락으로 음식을 먹고 또 하나의 그릇에 먹고 있다. 이러한 것에 대한 오늘날의 실제 예는 하와이에서 하와이식 파티 루아우를 열 때 주로 먹는 하와이 토란요리 퍼이를 먹을 때이다. 한 사람이 끈적끈적한 토란요리가 가득 들어있는 그릇에 손가락 두 개를 집어넣어 일정량을 먹고 나서 다음 사람에게 넘겨준다. 방문객 중 많은 사람들은 이렇게 먹다가 잘못하면 병에 걸릴지도 모른다는 생각 때문에 이를 거절한다.

식탁용 식기는 거의 전적으로 최근에 만들어진 것들이다. 최초로 만들어진 먹는 도구는 의심할 여지없이 오늘날에도 사용되고 있는 나무로 만든 스푼과 젓가락 등이다. 중세기에 대부분의 사람들은 모든 목적에 이용되는 칼을 이용했다. 그들은 고기와 빵을 자르는 데 이 칼을 이용했다. 그리고 손가락은 역시 가장 일반적인 보조도구였다. 작은 포크가 10세기 경 동로마제국의 식탁에서 사용되었다. 동로마에서 시작된 이 작은 포크의 사용은 점차 그리스, 이태리, 그리고 1533년 경 프랑스 등으로 확산되었다. 그 후 이것은 영국으로 확산되어 이용되었다. 그러나 대부분의 유럽인들은 18세기까지 손가락으로 음식을 먹는데 조금도 이의가 없었다.

초기 식민지 시대의 미국에서 대부분의 정착자들은 스푼과 나무쟁반 같은 식탁용 식기들을 자신들이 나무로 만들어 사용했다. 그러나 점차 부유해진 식민자들은 영국으로부터 각종 식탁용 식기와 가정용 도구를 수입하여 사용했다. 그 후 식민지 기술자들이 은과 양은으로 만든 많은 종류의 식탁용 용구를 포함한 가정용품들을 만들어 사용했다. 식탁용 은그릇은 특히 독립전쟁 이후 동부 해안에 접해 있는 도시지역에서 일반적으로 사용되었다.

개인용 접시 역시 비교적 최근에 형성된 식사 형태의 하나이다. 역사적으로, 심지어 오늘날에도 세계 여러 나라의 많은 사람들은 개인용 접시는 반드시 필요한 것은 아니라는 식으로 음식을 준비한다. 다양한 문화권에서, 예를 들어 중동지역에서, 빵은 식사를 하는데 본질적 구성요소이다. 특히 넓적한 빵은 다른 음식을 받을 수 있는 접시나 그릇으로도 이용된다. 잘게 썬 고기와 치즈, 야채 등을 담을 수 있는 주머니 모양을 한 납작한 빵은 접시를 필요로 하지 않는 또 다른 예다. 중세기에는 고기와 소스가 들어있는 파이, 케이크, 튀김 등을 접시 하나에 담는 것이 일반적이었다. 중세기 사람들은 흡수성이 강한 접시로 활용되는 15cm에서 10㎝ 가량의 딱딱하고 상하지 않는 두껍게 자른 빵조각인 개인용 접시 트렌처를 가지고 다녔다. 15세기 경 이러한 빵 접시는 가운데 둥근 모양의 홈이 파여진 나무로 만든 사각형 접시로 대치되었는데 이는 유럽과 식민지에서도 사용되었다. 이때에도 부유한 사람들은 양은으로 만든 접시를 사용했다.

  기원전 6000년 경 초기의 문화들은 점토를 구워서 유용한 가정용 도구를 만들어 사용했다. 통상 도기라고 불리는 이러한 제품들은 토기, 석기, 그리고 이용된 점토의 혼합정도와 불에 구운 온도에 따라 결정되는 자기 등으로 분류된다. 오늘날 서구사회에서 이용되고 있는 대부분의 식탁용 식기는 이러한 세 가지 형태의 도기들로 구성되어 있다.

  도기는 이집트와 중동지역에서 남부 유럽으로 확대되었다. 최초의 도기는 의심할 여지없이 토기이다. 석기를 만드는 기술은 5세기 경 중국에서 처음 발달되어 유럽으로 전파되었다. 당나라(618~907) 때 중국인들에 의해 처음으로 만들어진 자기는 1100년 경 중계무역업자들에 의해 유럽으로 전파되었다. 1700년 경이 되면 유럽에서 만들어진 자기가 중국자기와 경쟁을 했다. 따라서 이러한 세 가지 형태의 주방 식기들을 만드는 기술은 아메리카 시민지가 시작될 때는 점차 일반화되고 있는 추세였다. 대부분의 초기 정착자들이 나무로 만든 접시를 사용했지만 부유한 식민자들은 영국으로부터 도기를 수입하여 사용했다. 이에 영향을 받은 많은 정착자들은 스스로 자신들의 석기와 도기를 만들어 사용했다. 그러나 유럽에서는 자기를 만드는 기술을 너무나 엄격히 신중하게 비밀로 지키고 있었기 때문에 자기는 계속해서 수입에 의존하지 않을 수 없었다. 그러나 오늘날 미국에서 만들어지는 우수한 브랜드의 자기는 아주 유용한 것이 되었다.

식사 유형의 안전성

사람들은 음식을 선택할 때 일반적으로 자신의 조상들이 먹던 것을 먹고, 또 익숙해져 있는 음식을 좋아하는 경향이 있다. 이러한 생각은 만고의 진리임에 틀림없다. 어린이들은 서서히 자주 제공되는 음식을 좋아하게 된다. 사실, 어린이들은 날마다 같은 음식을 좋아한다는 것이 알려졌다. 어떤 집단은 음식에 있어서 동일과 단조로움을 덕성으로 여기기도 한다.

미국으로 이민을 온 사람들은 의복이나 언어에 대한 것보다 음식에 대해 보다 집요하게 집착했다. 이런 행동을 하게 되는 이유 중의 하나는 음식은 동질성을 가져다주고 또 집에서 개별적으로 이루어질 수 있어 토착 미국인들로부터 있을지도 모를 비난을 피할 수 있었기 때문이다. 일반적으로 이민 온 여성들은 가장 늦게 새로운 방식에 적응했다. 특히 초기에 이민 온 여성들은 집에서만 생활하는 경우가 허다하여 전통적인 관습을 그대로 따라 생활한 나머지 현지 언어인 영어를 늦게 익히게 되고 새로운 음식도 접할 기회가 적었다.

집단의 입장에서 보면 노년층들이 음식습관의 변화를 거부했다. 이들은 또한 전통적 음식에 집착했고 변화를 위협으로 여겼다. 특히 건강이 좋지 않을 때나 병원에 입원했을 때에도 전통 음식습관을 고집했다.

그러나 전통적인 음식습관은 많은 영향으로부터 도전을 받고 있다. 청년이나 중년의 미국 성인들은 그들이 먹는 음식에서 다양성을 자랑한다. 이들은 거의 완전에 가깝게 발달된 음식 기술에 의해 생산이 가능해진 많은 새로운 음식들로 유혹하는 미디어와 사업 수단에 노출되어 그들로부터 영향을 받는다. 발달된 음식의 새로운 기술들은 음식의 다양한 맛과 감촉과 특성을 더하고 있다.

5. 음식습관의 이해에 대한 접근

음식습관에 대한 연구를 통해 보면 음식습관은 생리적이고 환경적이고 문화적인 요인에 영향을 받는다는 것이 분명하다. 이런 것 중 문화적 요인은 많은 면에서 규정하기가 가장 어렵다. 왜냐하면 문화적 요인이란 문화와 문화 사이에서 너무나 다양하게 변화하여 일반적으로 퍼져 있기 때문이다.

인류학자들은 음식습관을 이해하는데 있어 주로 두 가지의 이론적 접근방법을 사용한다. 보다 일반적 방법인 에틱(etic)적인 접근방법은 수집된 자료들과 그 문화의 바깥 사람들에 의해 관찰된 것을 포함하고 있다. 이미크(emic)적인 접근방법은 그 문화 안에 있는 사람들의 관점을 도출해 내는 것이다. 어느 방법이건 간에 사람들이 무엇을 먹고 또 무엇을 먹어야만 하는가에 대해, 또 어떤 음식을 선호하고 어떤 음식을 기피하는가에 대한 것을 확인하는 것이다.

우리들 대부분은 자신들의 문화적인 조건과 경험을 반영하는 음식습관에 관한 편견을 집요하게 고집하고 있다. 이러한 이유 때문에 전형적으로 다른 문화를 이해하기를 원하는 인류학자들은 하나의 문화 속으로 들어가 그 내부의 현상을 알기 위하여 오랫동안 친밀하게 같이 살고 있는 것이다.

외부 사람들이 대충 보기에는 비위에 거슬리고 천박하고 기본이 안된 것처럼 보이는 하나의 문화 속에 존재하는 어떤 음식습관도 사실은 오랜 시간 동안 복잡하고 강제적인 적응 과정을 거쳐 발전된 것이다. 종종 음식습관이 보다 우수하다고 여겨지는 외부 문화권으로부터 온 전문가들도 자신들의 음식습관을 그 문화 속에서 태어난 음식습관으로 바꾸는 경우가 허다하다. 그러나 이러한 자민족중심주의적 이해는 때때로 재앙을 불러 올 수도 있다.

음식습관을 평가하는데 있어서는 자민족중심주의를 가능한 한 피해야 한다. 그 대신 전문가들은 판단을 유보하는 것을 배워야 하고 사람들이 연구하는 것으로부터 무엇이 더 나올 것인가 이해하도록 노력해야 한다. 가장 이상적인 이해 방법은 새로운 환경에 접근해서 음식습관과 사람들, 그리고 개방된 마음을 이해하도록 노력해야 하는 것이다.

Ⅵ. 음식과 이데올로기

　사회는 여러 가지 기능을 가지고 있다. 재생산, 사회화, 재화와 서비스의 생산과 분배, 질서 유지 등에 더하여 사회가 가지고 있는 최고의 기능은 목적의식의 유지이다.
　역사적으로 사람들은 인간의 운명을 좌우하는 최고의 신념인 목적의식에 대한 기본적 욕구를 충족시키기 위하여 이데올로기를 추구하여 왔다. 이데올로기는 신화나 종교, 민속, 춤, 문학, 언어 등을 통하여 상징적으로 표현되는 경향이 강한 어느 사회의 믿음, 의미, 가치 등을 포함하고 있다. 또한 이데올로기는 세상에 관한 사회적 개념의 모든 것과 그 속에서 살고 있는 인간들의 위상 등을 포함하고 있다. 일반적으로 음식의 유형에 특별한 영향을 주고 있는 이데올로기와 관련된 세 가지 면은 신화와 종교, 그리고 건강에 대한 믿음이다. 이 장에서 강조하고자 하는 것은 신화와 종교적 믿음에 대한 영향과 세계의 중요 종교를 추종하는 사람들의 음식과 관련된 의식이다.

1. 종고, 신화, 의식

종교

종교는 의식과 그밖의 실천을 통해 표현되는 체계적인 믿음이다. 이것을 통해 인간들은 최고의 경지에 관련을 갖게 되고 이렇게 함으로써 인간 생활은 의미를 얻게 된다. 종교사가들은 어떤 형태의 종교는 약 150만 년 전부터 존재해 왔다고 주장한다. 초기에 인간들은 스스로 이해할 수 없는 많은 것들에 직면했다. 이에 곧바로 인간들은 정신이 살아있고 본질적으로 모든 것을 통제하는 믿음을 개발한 것으로 생각된다. 인간들은 이러한 믿음이 너무나 강했기 때문에 곧바로 숭배하기 시작했다. 많은 학자들은 종교란 바로 이러한 숭배로부터 기인되었다고 믿고 있다.

신화

초기의 사회는 많은 이야기를 개발하였는데 이것을 통해 인간들은 정신이나 신성한 권력이 어떻게 세상에 영향을 주었는가 설명하고자 했다. 이러한 이야기를 신화라고 부르는데 이것은 항상 신적 존재와 반신반인(半神半人)을 포함하고 있고 세상에서 일어나는 어떤 자연적 사건이 어떻게 하여 최고의 존재에 의해 영향을 받는가 하는 내용이 포함되어 있다. 역사적으로 보면 각각의 문화권에는 많은 신화들이 있어 이것들은 세상의 창조에 대해 설명을 해 주고 있고 또 어떻게 인류나 특별한 인간들이 시작되었는가를 설명해 주고 있다. 또 다른 신화들은 폭풍우나 계절의 변화와 같은 자연현상의 발생 원인들을 설명해 준다. 종교의 통합된 한 형태인 신화는 사람들로 하여금 설명할 수 없는 사건들에 대해 이해를 하게 해주고 나아가 알려지지 않은 신비로운 것에 대한 근심과 걱정을 완화시켜 준다. 신화의 종교적 중요성은 우선 즐거움을 제 1의 목표로 삼는 민간설화나 전설과는 구분이 된다.

종교 의식

신화는 각 사회의 종교적 생활에서 중요한 역할을 한다. 종교적 지도자는 종종 이러한 이야기를 종교적 의식으로 통합함으로써 믿음의 가르침을 극화하는데 이용하기도 한다. 하나의 종교적 의식은 본질적으로 하나의 신화의 법규와도 같다. 1988년 잭 캠벨(Jack Campbell)은 하나의 종교는 먼저 깨달은 한 지도자가 다양한 자신의 견해를 많은 사람들을 위한 의식적 수행으로 승화시킬 때 시작된다고 보았다.

종교는 그 종교를 믿는 신도들에게는 중요한 관습이나 어떤 의식으로 발전한다. 이러한 의식의 준수는 그것이 종교의 다양한 믿음을 표현하고 재확인시키기 때문에 거의 강제적이다. 신화와 의식은 수많은 사회의 종교적 생활에 있어 너무나 중요한 역할을 한다.

종교와 음식

선사시대의 사람들은 종교적 활동을 종족의 번성과 생존을 위한 충분한 식량을 얻는 것과 같은 그들 존재의 가장 중요한 요소에 초점을 맞추었다. 초기의 인간들은 종교적 의식을 이용하여 충분한 음식을 확보하고자 했다. 주로 사냥을 통하여 음식을 얻고 있던 문화권의 사람들은 좋은 결과를 얻는 사냥을 하고자 다양한 그림을 그렸다. 후에 농경을 주로 하는 사람들은 좋은 수확을 얻고자 곡식을 심는 시기에 맞추어 종교적 행사를 거행했다. 그들도 같은 이유로 산 제물을 이용했다. 초기 사람들은 무덤에다 음식과 장식품, 그리고 각종 도구를 매장했다. 그들은 이러한 것들이 죽은 사람들이 원하고 또 죽은 사람들에게 유용할 것이라고 믿었다.

따라서 많은 종교적 의식과 실행은 음식을 포함하고 있다. 음식에 관한 수많은 규정과 금지사항은 선택된 종교의 믿음체계의 일부인 신화에서도 그 기능을 가지고 있다. 세계의 다양한 종교는 인간들이 음식을 먹는 모습과 풍습에 지대한 영향을 미치고 있다. 사회가 발전하면서 종교는 인간이 어떤 음식을 먹을 수 있고 어떤 음식을 먹을 수 없는가, 또 한 해의 어느 날에 어떤 음식을 먹을 수 있는가 아니면 먹을 수 없는가, 나아가 어떤 음식이 자주 소비되며 이것은 어떻게 준비해야 하는가 등과 같은 것을 지킬 수 있도록 규정한다. 이러한 음식습관의 많은 부분이 종교 자체의 상징이 되었다. 사실 먹고 마시는 것에 대한 규제는 그 종교의 구성원들의 결속력을 다지는 촉매작용을 한다. 오랫동안 인류학자들은 종교에서 음식의 역할을 인정하여 왔다. 특히 잔치, 축제, 그리고 제물과 관련해서는 더욱 그러했다.

그러면 종교와 음식 사이에 왜 이러한 상호 관련성이 있는가. 음식은 초창기 인간들의 가장 본질적이고 귀한 소유물이었기 때문에 이것이 인간들의 종교적 의식이나 실행의 많은 부분과 연관을 맺어 온 것으로 이해할 수 있다. 예를 들어 모든 강력한 존재로부터 호의와 보호를 확보하기 위하여 음식을 바치고, 혹은 음식을 절제하는 것은 원시시대부터 가장 상식적인 것이었다. 신들을 위로하기 위해 초창기 인간들은 그들이 가지고 있던 가장 중요한 소유물인 음식을 바쳤던 것이다. 단식의 실행은 음식을 절제함으로써 신으로부터 인정을 받고자 하는 시도에서 발전된 것이다.

음식을 포함한 제물에 대한 생각 역시 신을 존경함으로써 신을 위로하고 신으로부터 인정을 받고자 하는 생각에서 발전된 것이다. 역사적으로 죄와 제물은 유대교와 기독교에서는 통합된 구성요소였다. 제물의 대표적인 예는 아브라함이 장남 이삭을 하나님에게 바친 경우이다. 기독교인에게 있어서 예수 그리스도의 십자가에서의 죽음은 인간의 죄에 대한 그리스도의 속죄로 궁극적 제물을 상징한다. 이것은 기독교 사상의 중심이다. 이러한 잘 알려진 예로부터 우리는 음식을 바치고 절제함으로써 최고의 존재로부터 인정받고, 그 존재를 위로하고, 나아가 죄 사함을 받고자 한다는 것을 알 수 있다.

2. 5대 종교와 그것이 음식에 미친 영향

기독교

유대교로부터 발전한 기독교는 예수 그리스도가 예루살렘에서 십자가에 희생된 기원후 30년에 시작되었다. 그의 제자들은 로마제국의 주요 도시들에, 또한 궁극적으로 전세계에 기독교를 전파시켰다. 오늘날 기독교는 약 17억의 신자를 보유한 세계 최대의 종교로 발전했다. 대부분의 기독교인들은 다음 세 종류의 기독교 형태 중 하나에 소속되어 있다. 로마 카톨릭(Roman Catholic, 56%), 프로테스탄트(Protestant, 20%), 동방 정교회(Eastern Orthodox Church, 9%)로, 기독교는 서구문명에 지대한 영향을 미치고 있다.

로마 카톨릭. 전통적으로 카톨릭은 일정한 금식일을 지킬 것과 예수 그리스도의 희생을 기리는 뜻에서 금요일에는 고기를 먹지 않을 것을 요구하고 있다. 그러나 미국카톨릭협의회는 1966년 이러한 조항을 폐지했다. 현재의 카톨릭은 단지 사순절 기간의 금요일에만 고기를 먹는 것을 금하고 있다.

프로테스탄트. 대부분의 프로테스탄트 종파는 빵과 포도주 혹은 쥬스 등이 그리스도의 피와 몸의 상징으로 이용되는 성찬식의 경우를 제외하고는 그들의 종교적 믿음과 의식의 일부로 음식을 거의 사용하지 않는다. 그러나 제 7일 재림론자들과 말일성도 예수 그리스도교회(이하 그리스도 교회)의 신도들과 동방 정교회의 신봉자들은 그들의 종교적 믿음과 관련하여 친숙하게 많은 음식을 다룬다.

제 7일 재림론자들은 약 7백만으로 구성되어 있다. 제 7일 재림론교회는 19세기 초에 시작되었는데 이때는 세계적으로 상호 종파 운동이 심화되던 때였다. 이 종파의 신도들은 예수 그리스도의 두 번째 재림이 가까워졌다고 확신했다. 미국에서 이 운동은 밀러(William Miller)에 의해 인도되었다. 제 7일 재림론자들 중의 일부로서 밀러의 신도들인 밀러주의자들은 이를 발전시켜 1863년에 공식적으로 조직을 이루었다. 밀러파 개종자 중의 한 사람으로 재림론자 목사인 제임스 화이트(James White)와 결혼한 화이트(Ellen Harmon White) 부인은 재림파 교회에 다이어트 음식과 건강에 관한 견해를 중심으로 아주 많은 영향을 끼쳤다. 그녀는 약 2천 가지 이상의 예언적 견해와 꿈을 경험했다고 말했다. 이것은 그녀가 10만 페이지 이상의 손으로 쓴 글에 포함되어 있다. 그녀가 쓴 많은 것들은 여러 권의 책으로 출간되었는데, 그 중 몇 권은 다이어트 음식과 건강에 관련된 것이었다. 제 7일 재림론자들은 몸은 성경의 고린도 전서 3장 16절에서 17절에서 가르치는 바와 같이 '신성한 영혼의 사원'이라고 믿는다. 또한 고린도 전서 10장 31절의 내용인 '네가 무엇을 먹고 마시던 간에, 네가 무엇을 하던 간에, 하는 모든 것은 하나님의 영광을 위한 것'이라고 하는 것을 믿는다.

 1863년에 화이트 부인은 그녀가 경험했던 환상에 관하여 글을 썼는데 이는 그 후 재림론자들의 음식습관에 너무나 지대한 영향을 미쳤다. 그 환상에서 그녀는 어떤 사람의 건강을 돌보고 다른 사람을 격려해 그렇게 하도록 하는 것은 신성한 의무라고 인식했다. 그녀의 환상은 재림론자들은 일하고, 먹고, 마시고, 약을 먹고 하는 등의 행동에 있어서 모든 종류의 무절제를 삼가야 한다고 스스로를 확신시켰다. 환상에서 그녀는 질병을 치료하고 건강을 지키며 청결과 만족을 위하여 순수하고 부드러운 물의 중요성을 깨달았다. 그녀가 경험한 환상에 관한 책이 출간된 후 건강문제에 헌신하는 전 세계적인 제도들 중 최초의 것이 재림론자들의 교회에 의해 세워져 운영되었다. 서구건강개혁협회로 불리어진 이 제도는 후에 전 세계적으로 널리 알려지고 인정된 미시간주 배틀크릭에 소재한 배틀크릭 요양소로 발전했다.

 제 7일 재림론자들은 좋은 건강이란 최고의 보물이며 건강의 규칙을 위반하는 것은 질병으로 이끌리게 된다고 믿었다. 누구든지 적당하게 음식을 먹고 충분한 휴식과 운동을 함으로써 건강을 유지하고 보존할 수 있다고 믿었다.

 재림론 교회는 구약성경에서 규정한 바와 같이 먹지 못하게 금지된 동물들의 고기를 금지하는 규칙을 가지고 있다. 그 대신 야채식이요법이 권장되었으나 모든 재림론자에게 반드시 요구된 것은 아니었다. 약 40%~50%만이 채식주의자였다. 채식주의자에 속하는 몇몇 사람들이 고기, 우유, 계란 등을 먹지 않지만 대부분의 재림론자들은 유제품과 계란은 먹는 채식주의자들이다. 재림론자 중

50%~60%는 고기를 먹는다. 그러나 일반 사람들보다 고기를 많이 먹지는 않았다. 술과 담배는 물론 차와 커피와 같은 흥분성 음료는 금지되었다. 물은 최고의 음료로 취급받는데 특히 순수한 물일 경우에 그러하다. 물은 통상온도 섭씨 20도의 실내에서 마셔야만 하고, 그것도 식전이나 식후에 먹어야지 음식을 먹는 도중에는 마시지 않는 것으로 되어 있다. 양념은 전혀 사용하지 않는다. 식사시간에 먹은 음식을 소화하고 흡수하는 충분한 시간을 소화기능에게 주도록 하기 위해 식사와 식사시간 사이에 먹는 간식은 고려되지 않았다. 이러한 이유로 화이트 부인은 식사와 식사 사이의 시간은 적어도 5~6시간은 되어야 한다고 권장했다.

말일성도 예수 그리스도교회는 세계적으로 약 800만 이상의 신도를 보유하고 있다. 이 교파는 뉴잉글랜드 지방 농부의 아들인 죠셉 스미스(Joseph Smith)와 그의 동료들에 의해 1830년에 세워졌다. 추종자들은 스미스를 현대의 선지자로 보았다. 그들은 모르몬교도라고도 불려지는데 이는 1830년에 스미스가 써서 출간한 《모르몬의 책》에 믿음의 기본을 두었기 때문이다.

1992년 오스카 파이크(Oscar Pike)는 "이 그리스도 교회에 속해 있는 신도들이 실천하고 있는 음식과 건강의 중심이 되는 것은 그들 지도자의 영감을 통해 하나님으로부터 끊임없는 보호를 받고 있다는 기본적인 믿음이다. 성경과 모르몬을 더하여 그리스도 교회의 신도들은 1830년 이 교회가 세워진 이래로 하나님의 신성한 성경의 교훈을 따르고 있다."고 밝혔다. '말일'의 교훈은 건강에 대한 단순한 규범을 포함하고 있는 《교리와 서약》이라 불리는 하나의 책에 모아져 있다. 이 책의 89절은 믿음이 강한 신도들의 식이요법과 건강에 관한 것을 기록하고 있다. 여기에는 담배, 술, 차나 커피와 같은 뜨거운 음료의 이용을 금지하고 있다. 또한 여기에는 고기를 적당하게 사용하고 그 대신 과일과 곡식의 사용을 강조했다.

파이크는 언제부터인가 커피와 차에 들어 있는 카페인 함유량과 그것에 대한 금지 사이에 하나의 상관관계가 형성되었다고 설명했다. 따라서 이것이 그리스도 교회의 교리에 의해 특별히 금지되지는 않았지만 많은 신도들은 카페인이 들어있는 모든 종류의 음료를 피했다. 모르몬 교도들은 몸이 영혼을 위한 하나의 '사원'으로서의 역할을 한다고 보기 때문에 정규적이고 규칙적인 운동을 해야 하고 남용하는 물질을 피해야만 한다고 강조하고 있다.

그리스도 교회는 때때로 단식을 장려한다. 신도들은 한 달에 한 번씩, 일반적으로 첫째 주일에 단식을 하도록 요구되고 또 가난한 사람들을 위해 '단식 봉납'으로 모아진 돈을 기부하도록 권장 받는다. 매달 시행되는 이 단식은 음식과 음료에 대한 철저한 절제를 의미한다.

우유, 아이스크림과 같은 냉동 디저트, 물 등의 소비는 비모르몬 교도들보다도 모르몬 교도들에게서 훨씬 높다. 따라서 카페인과 알코올 성분이 없는 음료가 모르몬 교도들에게서 수요가 높다. 인구의 70%가 모르몬 교도인 유타주에서 1인당 캔디의 소비가 다른 주에 비해 두 배나 높다는 사실은 매우 흥미롭다. 뿐만 아니라 여기에는 상당히 많은 양의 설탕이 집에서 만드는 사탕과자나 빵과 통조림에 이용되고 있다. 모르몬 교도들은 거의 대부분 집에서 식사를 한다.

모르몬 교도의 음식습관은 많은 면에서 재림론자들과 비슷하다. 두 종파 모두 차나 커피, 술, 담배 등을 절제하도록 가르친다. 두 종파 다 식물의 소비와 풍부한 물의 소비를 권장한다. 재림론자와 모르몬 교도들은 몸을 하나의 신성한 사원으로 보고 그것이 보잘것없는 음식과 불필요한 약을 남용함으로써 더럽혀지지 않도록 노력한다. 따라서 건강을 위해 정규적인 운동을 장려한다. 두 종파의 이러한 생활 스타일은 낮은 사망률과 장수의 결과로 나타나고 있다. 뿐만 아니라 두 종파에 속한 사람들에게서 암, 심장병, 알코올 중독, 간 경화, 그리고 다른 질병의 발생률이 현저히 줄고 있다는 분명한 사실에 주목할 필요가 있다.

동방 정교회. 이 교파는 세계적으로 1억 7천만의 신도를 보유하고 있다. 동방 크리스천 정교회는 기독교가 로마에서 널리 전파되기 전에 이미 성지에 세워졌다. 300년 경에 기독교 세계의 중심은 로마와 콘스탄티노플 두 곳이었다. 그리고 이때 이 두 지역은 모든 기독교인에 대한 절대적인 권한과 권위를 위해 서로 힘을 겨루고 있었다. 1054년에 로마와 콘스탄티노플의 이러한 갈등은 기독교 세계가 로마 카톨릭교회와 오늘날 이스탄불인 콘스탄티노플에 중심을 둔 동방 정교회로 분리를 초래했다.

그리스 정교회는 종교상의 수많은 단식과 축제일을 포함하여 음식과 관련된 다양한 문화를 보유하고 있다. 단식일에는 모든 종류의 고기와 우유, 버터, 치즈 등을 포함한 동물성 음식은 금지된다. 대합조개, 새우, 굴과 같은 어패류를 제외한 생선들도 역시 금기시되고 있다. 또한 모든 금식일에는 성관계의 절제도 당연시되고 있다. 그리스를 비롯한 몇몇 지역에서 금식일은 마른 콩과 렌즈콩으로 만든 수프가 가장 일반적으로 소비된다.

부활절은 동방 정교회의 가장 중요한 축제일이다. 부활절은 3월 21일 직후, 혹은 바로 다음에 오는 만월 후 첫 번째 주일로 지켜지고 있는데 반드시 유대인의 유월절을 앞서지 않는다. 40일의 사순절 기간은 사순절 전 3주가 준비와 회개를 위한 기간으로 준비된다. 사순절 전 제 3의 주일인 고기음식 일요일에는 집에서 거의 모든 종류의 고기가 소비된다. 사순절 바로 직전 일요일인 '치즈음식

일요일'에는 집에서 모든 종류의 치즈, 계란, 버터 등이 소비된다. 그 다음 날인 '깨끗한 월요일'에는 모든 가족들이 대사순절을 기리기 위해 철저한 준비를 하면서 돌아오는 부활절 주일까지 모든 종류의 육류 음식을 삼간다. 생선은 종려 일요일과 3월 25일인 성모 수태 고지일에만 허락된다. 렌즈콩 수프는 부활절 전의 성 금요일에 성모 마리아의 눈물을 상징하는 의미로 먹는다. 이 렌즈콩 수프는 십자가에서 요구한 물 대신에 식초를 받은 예수 그리스도를 기억하는 의미에서 식초와 함께 제공된다.

 동방 정교회의 부활절 단식은 전통적으로 부활절 주일에 위장, 간, 췌장, 허파, 염통 등과 같은 양의 내장으로 만든 수프가 제공되는 한밤중 부활봉사를 마침과 동시에 끝이 난다. 양고기는 부활절에 먹는 전통적인 음식이다. 그리스의 부활절의 또 다른 전통적인 음식 풍습은 화려하고 단단하게 삶은 계란으로 장식한 두껍고 둥글고 발효된 부활절 빵이다. 부활절 계란은 항상 세상을 속죄하는 예수 그리스도의 피를 상징하는 의미로 밝은 붉은 색으로 색칠된다. 부활절 아침에 이 계란을 깨는 것은 예수 그리스도가 무덤을 열고 나오는 것을 의미한다. 이것이 바로 예수 그리스도의 부활에 대한 믿음의 상징이다. 부활절 아침에 누구든지 자기의 계란을 다른 사람의 계란에 부딪치면서 "그리스도는 부활하셨다."고 외치면 다른 사람은 "그래, 진실로 그는 부활하셨다."고 대답한다.

유대교

 이 종교는 세계적으로 약 1천 8백만의 신도를 가지고 있으며, 세계에서 가장 오래된 주요 종교 중 하나다. 히브리인의 조상들은 기원전 2000년 경에 이집트, 시리아, 메소포타미아 등지를 돌아다니면서 생활한 반 유목민들이었다. 이 종교는 유일신 하나님에 대한 믿음을 처음으로 가르친 종교이다. 다른 주요 종교와 달리 유대교는 단지 한 민족 유대인만을 위한 종교이다. 기독교와 이슬람교는 유대교로부터 발전했다. 이 종교들은 유일신과 히브리 성경(후에 기독교인들이 이것을 구약으로 불렀다)에 나오는 도덕적인 가르침에 대한 유대교의 교리를 수용했다. 유대교는 모든 사람들이 하나님의 모습으로 창조되어 권위와 존경으로 대접을 받아야 한다는 것을 가르친다. 따라서 유대교에 있어서 도덕적이고 윤리적인 가르침은 직접 하나님에 관한 것을 가르치는 것보다 더욱 중요한 역할을 차지하고 있다.

식사법. 유대인들의 음식과 음식의 준비를 규정하고 있는 법인 <캐시럿>은 히브리 성경의 처음 다섯 권인 《토라서》에 기초를 두고 있다. 그리고 이 캐시럿은 후에 신성하게 쓰여진 《탈무드》에 포함되어 있다. 비록 이러한 음식에 관한 법이 종교적 믿음의 일부로써 많은 유대인들에 의해 아직까지 지켜지고 있지만 오늘날 모든 유대인들이 이러한 전통적인 음식의 습관을 지키지는 않는다.

일반적으로 유대인의 음식에 관한 법은 세 가지 규정으로 구성되어 있다. 첫째, 모든 동물과 식물음식은 인정된 종류로 한정되어 있다. 이는 토라서 중 레위기 2장과 신명기 14장, 그리고 캐시럿에 밝혀져 있다. 인정된 동물 종류는 새김질을 하면서 발굽이 갈라진 동물이다. 또한 썩은 고기를 먹지 않는 새와 비늘이 있는 물고기도 포함되어 있다. 우유와 계란은 물론, 이에 포함되지 않는 다른 종류의 동물은 금지되어 있다. 여기에는 발굽은 갈라졌지만 새김질을 하지 않는 동물인 돼지가 있고, 새김질을 하지만 발굽이 갈라지지 않은 토끼와 낙타가 포함된다. 또한 육식동물, 설치류, 조개류, 육식조류, 썩은 고기를 먹는 동물, 파충류 등이 포함된다. 대부분의 식물 종류는 인정되었다.

　유대인들의 음식에 관한 규정 중 두 번째 것은 인정된 동물의 고기는 철저하게 준비되어야 할 것을 요구한다. 뜨거운 피가 흐르는 동물은 의식에 따라 도살되어야만 한다. 한 사람의 랍비(율법학자, 선생)가 모든 도살과정에 참석해야만 하고 도살은 쇼크헷이라고 하는 훈련받은 사람에 의해 진행된다. 그는 도살되는 동물을 최소한의 고통으로 도살해야 한다. 쇼크헷의 칼은 대단히 날카로우며, 동물의 목에 단 한 번의 빠르고 깊은 칼질로 거의 고통이 없이 그 동물이 즉시 무의식 상태에서 죽도록 하고, 가능한 한 완전히 피를 빼준다. 피는 신성한 것으로 여겨지고 있고 따라서 피의 소비는 엄격히 금지되어 있다. 그러므로 남아있는 그 어떤 피도 의식적인 흡수과정을 통해 도살된 동물로부터 제거되어야만 한다. 동물의 내지방 역시 금기시되고 있다. 따라서 동물성 지방을 포함하고 있지 않은 세제나 가루비누가 접시를 씻는데 이용된다. 합성세제 역시 허락된다.

　이렇게 도살된 동물로부터 얻은 고기는 면밀히 검사되어 고기의 청결함을 나타내는 표시로 쇼크헷이 도장을 찍어 표시를 한다. 이렇게 하여 인정된 고기는 코셔라고 표시된다.

　세 번째 규정은 우유와 모든 종류의 유제품은 고기와 혼합되어서는 안된다는 점이다. 고기와 유제품 음식을 혼합되지 않도록 규정한 것은 구약의 출애굽기와 신명기에 근거를 두고 있다. 여기에는 신도들에게 어머니의 젖을 먹고 있는 어린이들을 괴롭혀 화나지 않도록 경고하고 있다. 비록 이 금지의 기본적 원인이 분명하지는 않지만 아마도 그것은 고기를 우유와 혼합했을 때 부패될 가능성이 크기 때문인 것 같다. 왜냐하면 우유는 박테리아 성장의 뛰어난 매체이기 때문이다. 특히 중동과 같은 따뜻한 기후에서는 더욱 그러하다.

　따라서 코셔라 불리는 유대인의 음식 규정은 어떤 종류의 식물과 동물을 먹을 수 있고, 어떻게 그것이 준비되어야 하고, 또 어떤 종류의 음식 목록이 함께 소비될 수 있는지 규정하고 있다. 유대인들은 안식일과 더불어 많은 종교적 축제일을 가지고 있다. 유대인들 역시 어떤 음식과 물도 먹지 않는 완전한 단식일인 '속죄의 날'을 비롯한 여러 단식일을 지키고 있다.

　미국에 있는 유대인 회중교회는 일반적으로 정통, 보수, 개혁 등으로 분류된다. 비록 모든 종파들이 대부분의 기본적인 신학이론 문제에 동의하고 있지만, 그들은 고대에 지켜졌던 의식에 관한 해석과 그것의 실행에 있어서는 서로 의견을 달리하고 있다. 정통파 유대인들은 고대에 지켜졌던 음식문화는 하나님으로부터 직접 받은 것으로 엄격히 지켜야 한다고 보고 있다. 개혁파 유대인들은 규정 중 최소의 것만을 따른다. 반면 보수파 유대인들은 정통파와 개혁파의 중간을 추구한다.

　미국에서 비록 이 음식에 관한 캐시럿 규정을 실천하는 것이 유대인들을 이방인으로 분류하고 주류에서 따돌림을 당하게 하는 것임에도 불구하고, 그것은 유대인들에게 강한 동질성과 결속력을 제공해 준다. 비록 개혁파 유대인들이 종교적 원리를 반영하고 있는 풍습은 시대의 변화와 함께 변화되어야 한다는 필요성을 인정하고 있지만 그들 중 많은 사람들은 전통적인 의식과 풍습의 단절로부터 오는 공허감을 느끼고 있다. 그래서 개혁파 유대인들은 그 어떤 새로운 풍습도 만들어 시행하지 않는다.

이슬람교

　세계의 중요 종교 중 가장 역사가 짧고 두 번째로 큰 종교는 이슬람교로 약 9억 7천 1백만의 신도를 보유한 종교이자 생활이다. 이슬람교는 622년 사우디 아라비아에서 선지자 모하메드에 의해 이루어졌다. 모하메드는 청년기에 유대교와 기독교를 접해 왔다. 그는 아라비아인들이 많은 신을 신봉하는 것과 대조적으로 유일신에 대한 그들의 믿음에 강한 인상을 받았다.

　모하메드는 유일신 하나님인 '알라'만이 존재하고 모든 사람은 그의 의지에 철저히 따라야만 한다고 가르쳤다. 이슬람이라는 용어는 복종을 의미하고 무슬림이라는 용어는 복종하는 사람을 뜻한다. 무슬림들은 유대교의 하나님과 기독교의 하나님과 그리고 이슬람교의 하나님은 근본적으로 같다고 인식한다. 왜냐하면 이 세 종교의 기원을 창세기 16장에 나오는 것으로 고대 히브리인에게 두고 있기 때문이다. 그러나 무슬림들은 알라신에 대한 용어가 구약과 신약에서는 불완전하게 표현되었다고 보고 이슬람의 가장 신성한 교리인 《코란》에서 완전하게 그 실체가 드러난다고 믿는다.

　이슬람 신도들의 종교적 예배는 이슬람의 '5대 원칙'으로 알려져 있다. 그것은 믿음, 기도, 자선, 금식, 하지로 알려진 모든 헌신적 무슬림의 최종 목표인 성지순례이다.

　음식습관. 이슬람교에는 유일신을 위하여 강제적인 라마단 단식(회교 달력의 9월로 해가 떠서 질 때까지 금식하는 것)과 더불어 단식이 매우 강조되고 있다. 이슬람교에도 역시 여러 축제일이 지켜지고 있다.

　청년 시기의 모하메드가 유대교와 기독교를 접촉하는 과정에서 이슬람교는 전통적인 유대-기독교적 원리를 반영하고 나아가 유대교도의 음식 규정과 기독교도의 음식 규정을 공유하고 있다는 것을 알 수 있다. 유대인들의 토라나 탈무드와 같이 코란은 신도들에게 어떤 음식이 정결하고 적당하며 또 그것을 어떻게 먹어야 하는가를 가르쳐 주고 있다. 질병으로 죽었거나 교살로 죽었거나 맞아 죽은 동물은 이미 죽은 고기로 분류되어 금지된다. 특히 돼지고기는 어떠한 형태이건 금지되고 피 역시 금지되고 있다. 코란의 4구절에서 돼지고기를 금하고 있다. 유대인의 쇼크헷과 비슷한 일정한 인정된 의식에 따라 도살되지 않는 한, 물고기와 메뚜기를 제외한 그 어떤 동물의 고기도 금지된다. 동물을 죽이는 사람은 도살 순간에 '하나님의 이름으로, 하나님은 위대하다.'고 외쳐야만 한다. 무슬림들은 포도주와 다른 취하게 하는 음료를 마시는 것을 삼가야 한다. 담배, 차, 커피 등도 금지가 요구되는 식품들이다. 그럼에도 현대의 많은 무슬림들은 이것들을 탐닉하는 경우가 허다하다.

힌두교

가장 오래 지속되는 종교인 힌두교는 지금으로부터 약 4000년 전에 인도에서 시작되었다. 세계적으로 힌두교도들은 현재 약 7억 3천 3백만 명에 이른다. 힌두교도의 대다수는 인도대륙에 살고 있다.

1992년 킬라라와 이야는 힌두교는 비록 하나의 이름을 가지고 있지만 그것의 표현은 다양하다고 설명했다. 1974년 조셉(C. C. Joseph)은 힌두교는 다양하고 경쟁적인 믿음의 종합이라고 지적했다. 그것은 일원론, 일신교, 다신교, 범신교, 정령숭배, 토테미즘, 불가지론, 그리고 심지어 무신론까지 포함하고 있다. 그러므로 힌두교는 규정하기 어려운 관대한 하나의 철학을 구체화했다. 그럼에도 힌두교에는 어떤 종합화가 이루어져 있다.

　힌두교도가 아닌 사람들에게 힌두교도들은 수많은 신을 숭배하는 것으로 보여질 수 있다. 그러나 여기에는 '브라만'(Brahman)으로 알려진 유일한 최고의 신이 있는데 힌두교도들에 의해 숭배되는 다양한 신들은 단순히 그의 화신에 불과한 것으로 본다.

　힌두교에 대한 최고의 권위와 교리는 《베다》로 알려진 4권--리그, 야주르, 사마, 아타르바--으로 된 불후의 책에 포함되어 있다. 계층제도인 카스트 제도 혹은 바라나 제도는 베다에 기록되어 있다. 그러므로 이 제도는 종교로 제도화되어 있는 것이다. 그것은 힌두교도들의 생활과 종교 전반에 영향을 주고 있다.

　식사습관. 힌두교도들에게는 각 계층에 따라 명확한 규칙과 규제조항이 존재하고 있다. 음식의 규제나 음식에 대한 태도는 신분에 따라 다양하며 음식은 신분을 구분하는 수단으로 이용된다. 킬라라와 이야는 신분의 구분은 먹는 규정과 풍습에 따라 쉽게 구분된다고 지적했다. 만약에 신분에 따라 규정되어 있는 음식습관을 어긴다면 이는 심각한 일로 취급된다. 왜냐하면 그것은 사회질서에 대한 위협으로 간주되기 때문이다.

　1949년에 간디(Mohandas Gandhi)의 노력으로 인도 정부는 신분에 따른 사회적 장벽을 반대한다고 천명했다. 그러나 철저하게 신분을 구분하는 본질에 대한 사회적 변화는 서서히 받아들여지고 있고, 따라서 카스트 제도는 아직까지도 그 영향력이 강력하다. 특히 작은 마을에서는 더욱 그러하다.

　힌두교도들은 일단 한번 존재한 것은 완전히 파괴되지 않는다고 믿는다. 그들은 단지 형태를 바꾸어 윤회한다고 믿는다. 특히 정통파 힌두교도들은 살아있는 모든 것은 최고의 신 브라만의 신적 정령의 일부를 구성하고 있으므로 모든 생명은 신성한 것이라고 믿

는다. 그러므로 살아있는 생명을 빼앗는 것은 브라만을 해치는 것
과 같다고 본다. 이러한 화신(化身)에 대한 힌두교도들의 믿음은
무엇이든 살아있는 것을 죽이는 행위를 금지하는 힌두교도들의 법
을 더욱 강화시켰다. 왜냐하면 누가 무엇을 죽이면 그 죽인 것에
동물로 다시 태어난 조상의 영혼이 포함되어 있지 않다고 확신할
수 없기 때문이다.

　힌두교도들의 신성불가침한 글인 <마누법>은 힌두교도들의 식
사에 관한 많은 법을 규정하고 있다. 브라만 계급에 속하는 대부분
의 사람들은 마누법이 규정하는 비폭력적 태도와 엄격한 규칙을
따르는 철저한 채식주의자들이다. 브라만 계급이 아닌 다른 신분의
사람들은 쇠고기가 아닌 다른 고기를 먹는다. 그러나 신분이 높으
면 높을수록 고기를 먹는 것에 대한 편견은 더욱 크다. 쇠고기는
특히 금기시 되는데 왜냐하면 소는 신성한 동물로 인식되기 때문
이다. 많은 인류학자들은 소에게 주어진 특별한 지위는, 소는 짐을
나르고 우유와 치즈 등을 식량으로 끊임없이 제공해 주고 소의 분
뇨는 연료로 제공됨으로써 도살해서 단순히 고기로 소비해 버리는
것보다 인간생활에 보다 큰 가치를 주는 존재라는 관점으로부터
기인된 것이라고 믿어왔다. 고기, 특히 쇠고기는 물론이고 마누법
은 집에서 기른 가금류와 양파, 마늘, 순무, 버섯, 그리고 소금에 절
인 돼지고기 등을 금지한다. 피는 특별히 금지된다.

불교

　불교는 힌두교로부터 파생되어 발전된 종교로 세계적으로 약 3
억 1천 5백만의 신도를 가지고 있다. 기원전 250년에 불교는 인도
의 지방종교로 탄생되었다. 그러나 오늘날 인도에서는 1%도 안될

정도의 인구만이 불교 신도이다. 오늘날 불교도의 대부분은 스리랑카와 동남아시아와 일본 등에 살고 있다. 기원전 6세기에 시작된 불교는 부처(깨달은 자)가 된 고다마 싯다르타에 의해 이루어졌다.

　고다마 싯다르타는 히말라야 산맥의 부유한 족장의 아들로 태어나 힌두교 신자로 성장했다. 29세가 되자 인간의 고통과 불행에 대해 깊은 번뇌에 빠진 그는 세상의 부와 명예를 포기하고 거지가 되었다. 그는 인간들이 겪는 고통의 딜레마에 대한 답을 찾아 명상을 하면서 북동인도 지역을 방황했다. 6년이 지나서야 그는 깨달음을 얻었다. 마침내 그는 인간들의 불행에 대한 이유를 발견했고 사람들이 어떻게 그것을 피할 수 있는가를 확신했다. 그 후 인생의 마지막까지 그는 인도 전역을 여행하면서 여덟 겹의 인생행로를 가르쳤다. 여덟 겹의 인생행로는 다음과 같다. 고통의 근원인 이기적 욕망을 거두어야 하고, 삶의 바른 수단으로 올바른 믿음을 가져야 하고, 올바른 생각을 해야 하고, 올바른 말을 해야 하고, 올바른 행동을 실천해야 하며, 올바른 생계수단을 가져야 하고, 올바른 회상을 해야 하며, 그리고 올바른 명상을 해야 하는 것이었다.

　식사습관. 여덟 겹의 인생 행로 중 일부가 음식습관과 연관되어 있다. 특히 올바른 행동과 올바른 생계수단과 관련해서 그렇다. 올바른 행동이란 생명을 빼앗는 것을 삼가는 것으로 해석된다. 그러므로 생명체를 죽이고 먹는 것은 금기시 되고 있다. 올바른 행동은 올바른 음식이라고 여겨지는 것을 먹는 것을 의미한다. 그것은 본질적으로 야채로 구성된 음식이다. 쌀과 다른 곡식을 기르는 것은 생명을 빼앗는 것이 아니기 때문에 올바른 호구지책으로 여겨진다. 고기 소비를 위해 가축을 기르는 것도 역시 금지되어 있다.

　불교 신도들의 음식문화는 종파와 주거지역에 따라 너무나 다양하다. 생명을 죽이는 것을 금지하고 있기 때문에 불교 신도들은 거의 모두가 유란 채식주의자들이다. 그러나 어떤 불교 신도들은 단지 쇠고기만을 금하고 있다. 또 어떤 신도들은 생선을 먹는다. 어떤 승려들은 초승달과 보름달 한 달에 두 번씩 금식한다. 불교의 축제는 지역에 따라 다양하다. 그러나 대부분의 불교 신도들은 우기의 끝인 프라바라나를 축하한다.

3. 식사습관의 기원과 미래

앞에서 살펴 본 바와 같이 5대 중요 종교 모두 완전히 혹은 어떤 시기에 어떤 음식을 금지하고 있다. 모든 경우에 이런 금지된 음식은 동물에 기원을 두고 있다. 전통적으로 힌두교도들의 사회와 불교도들의 사회의 일부 집단은 어떤 종류의 고기도 먹지 않는다. 모든 신분의 힌두교도들에게 있어서 쇠고기는 특히 금지되고 있다. 돼지고기와 피를 먹는 것은 정통파 유대교도들과 이슬람교도들에게서 금지되어 있다. 힌두교도들 역시 피와 계란을 먹는 것이 금지되어 있다. 카톨릭 교도들은 사순절 기간의 금요일에는 생선을 먹는 것이 금지되어 있다. 만약 동방 정교회의 신도들이 강한 믿음으로 규정되어 있는 모든 금식일마다 육류, 생선, 그리고 유제품을 먹지 않고 삼갈 때 그들은 일년 중 186일간을 이런 음식을 먹지 못한다. 그러면 왜 동물음식을 이렇게 금지하고 있는가.

의심할 여지없이 가장 중요한 이유는 여러 종교에 의해 고기를 먹는 것이 인정되지 않는다는 것이다. 왜냐하면 고기를 먹는다는 것은 하나의 생명을 빼앗는 행위의 일부이기 때문이다. 많은 학자들은 사람들에게 익숙한 현재의 음식습관은 올바른 습관으로 인식되고 있고, 그래서 그것은 종교적 지도자에 의해 그렇게 하도록 지시된다고 믿는다. 예를 들어 만약 동물 고기가 드물면 식물음식이 통상적인 음식이 되고, 이는 나중에 '승인된' 음식으로 자리잡게 되는 것이다. 역시 고기가 드문 시대에 교회 지도자에 의해 고기를 먹는 것이 금지되는 것은 부족한 음식 재료를 보유하려고 하는 실용적인 목적에서 기인된 것으로 볼 수 있다. 반대로 익숙하지 않은 음식이나 혹은 적들이 먹는 음식은 재앙이 올 것으로 간주되어 승인하지 않게 된다.

돼지의 광범위한 금지는 자주 문제로 제기된다. 프레드릭 시문스(Frederick Simoons)는 1961년에 돼지고기를 거부하는 본질적인 편견은 아시아의 건조한 지역에 살고 있는 유목민족들에 의해서 생겨났다고 했다. 돼지는 일반적으로 유목민들에 의해 먹게 된 것이 아니라 이 지역에서 정주생활을 하는 농민들에 의해 길러져 소비되었다. 이 지역의 두 집단 사이에는 끊임없는 경쟁이 있었고 어쩌다 생긴 병의 원인을 상대방 집단의 음식에서 유래되었다고 보고 그 음식을 경멸했다. 일단 편견이 확립되자 그것은 신성불가침한 글로 기록되고 후대의 사람들은 그대로 믿고 따르게 되었다. 돼지고기가 유대인과 무슬림에게 뿐만 아니라 힌두교도와 불교도들에게도 금지되어 있다는 것은 매우 의미있는 사실이다.

종교에서 음식의 미래의 역할

태고 이래로 인류는 음식을 최고의 존재와 관련된 수단으로 이용하여 왔다. 음식은 육체적 생존을 위해서 너무나 필수적이기 때문에 이것이 종교적 영향을 많이 받게 되었다는 것은 너무나 당연한 일이다. 종교적 역할과 더불어 음식습관은 한 종교적 집단이 다른 종교적 집단으로부터 구분되는 수단으로 여겨져 왔다. 이러한 상황은 보다 큰 문화의 집단으로 흡수될 위험성이 있는 소수파 집단에게는 대단히 중요한 문제였다. 예를 들면 유목생활을 유지하는 유대인들의 경우이다. 이런 상황에서 특별한 음식습관을 보유한다는 것은 보다 작은 집단의 정체성을 지키고 그 구성원들에게 하나의 결속력을 제공하고 나아가 자신들의 종교적 믿음을 강화시켜 주는 역할을 한다.

그러나 세월이 흐름에 따라, 특히 현대사회가 급속히 변화를 거듭함에 따라 종교적 음식습관은 종종 느슨해지거나 단절되는 경우도 많다. 그 결과 많은 사람들은 상실감을 느낀다.

그러면 미래는 어떠한가. 만약 종교에서 음식의 역할이 계속해서 약화되어 줄어든다면 사람들이 어떤 종교적인 음식관행을 지킴으로써 얻어 왔던 영적인 만족감을 다른 근원으로부터 얻을 필요가 있지 않겠는가. 만약 그렇다면 그것은 새로운 음식습관이자 의식이 아니겠는가. 지난 15년에서 20년 동안 많은 미국인들, 특히 젊은 층들은 동양의 종교와 관련되어 있는 음식관행을 포함하여 새롭고 이질적인 음식관행을 경험해 왔다. 새로운 음식에 관심을 가지고 집착하는 사람들은 음식의 혁신을 의미나 안정을 찾고 또 음식의 상징적인 이용을 통해 현재의 공허감을 채우는 시도로 인식한다. 그러나 기존의 음식과 의식적인 관행을 고집하는 사람들은 그 음식을 통해 그들 나름대로의 안정을 희구하고 인생의 의미를 증대시키는 수단으로 생각한다.

캠벨은 1988년 이제 유대-기독교적 신화는 시대에 뒤쳐진 것이라고 보았다. 그는 새로운 신화가 반드시 필요하고 특히 20세기의 변화는 너무나 빨라서 그 변화가 발달해서 하나의 성숙단계로 가지 못했다고 보았다. 대부분의 신화는 상징적인 사회에서 아주 천천히 진행되었던 것이다.

Ⅶ. 미국 음식의 특성

　미국의 음식은 정식 가정요리인 주류 음식, 각 지방의 현상을 대변하는 향토음식, 그리고 패스트 푸드를 포함한 대중음식 등으로 구성되어 있다. 이러한 형태의 미국 요리의 특성을 살펴보기에 앞서 오늘날 무엇이 음식을 그렇게 만들었는가 하는 문화적 혹은 다른 부분의 영향을 조사해보기로 한다.

1. 초기의 영향들

토착 미국인

　미국의 음식 역사는 토착 아메리칸 인디언과 함께 시작되었다. 그들은 백인이 오기 전 수천 년 동안 이 서반구에서 살아 왔다. 인디언들과 만나게 된 초기의 유럽 탐험가들은 아메리카 대륙에 살고 있는 인디언들은 농민인 동시에 사냥을 주로 하는 채집-사냥인 이라는 것을 알았다. 그들은 곡식을 재배하고 사냥감을 획득하는데 정통해 있었던 것이다.
　초기에 동부 해안의 많은 정착민들은 생존을 위해서 크게 의존하지 않을 수 없었던 익숙하지 못한 음식을 구하고 준비하는데 있어 인디언들로부터 많은 것을 배웠다. 정착민들이 남부와 서부지역으로 점차 이동해 갔으나 인디언들은 거기에서도 개척자들의 음식에 큰 기여를 했다. 간단히 말해 미국의 음식문화 형성에 있어 인디언들은 오늘날 일반적으로 알려진 것보다 훨씬 더 큰 영향을 주었다고 할 수 있다.

인디언들은 단지 주요 곡식인 옥수수에서 한해서만 그러했다고 주장할 수도 있다. 그러나 인디언들은 이 주요 산물을 다양한 요리에 이용하는데 너무나 뛰어났다. 바로 그것을 식민자들이 채택하고 수정하고 발전시켰던 것이다. 이런 것에는 주로 옥수수로 만든 빵의 다양한 종류에서 볼 수 있다. 우유와 계란을 넣지 않고 만든 옥수수 빵인 콘 폰, 괭이 모양의 케이크인 호 케이크, 굵게 간 옥수수로 쑨 죽인 하미니, 또 다른 옥수수 빵인 콘 스틱, 쟈니 케이크, 녹비색의 옥수수 빵인 벅스킨 브레드, 옥수수 가루에 우유와 계란 등을 넣은 만든 연한 빵인 스푼 브레드, 옥수수 가루로 만든 튀김 빵인 허시 퍼피 등이 있다. 옥수수는 수프와 스튜 요리로도 만들어졌다. 식민자들은 인디언들의 또 다른 주요 산물인 콩이 옥수수와 결합해서 이루어진 서컷타시와 샘프 등을 만드는 방법도 배웠다.

호박(squash)은 또 다른 중요한 야채이다. 이는 유럽인들이 유럽대륙에서 이용하고 있는 또 다른 호박(pumpkin)과 유사한 것이었다. 스쿼시와 펌킨은 특히 북동부 지역 인디언들에게 인기가 있었다. 그들은 이것을 구워서 동물성 지방과 단풍 당밀, 혹은 꿀과 함께 먹었다. 17세기에 유행한 하나의 요리 비법인 오네이다 요리법에 따르면 호박을 수프로 만들 때 그것이 스튜 같이 될 때까지 고기와 같이 끓여야 했다.

인디언들에 의해 소개되고 초기 정착민들에 의해 세련되고 발전된 또 다른 음식은 줄풀인 야생 벼, 삶은 콩, 인디언 푸딩, 단풍나무 당밀, 핀토콩, 칠레고추 등이다. 소금에 절인 돼지고기와 옥수수의 절묘한 결합으로 만들어진 허그 앤 하미니는 개척자들이 서부로 이주하는 어떤 단계에서도 생존을 위한 가장 신뢰할 수 있던 음식이었다. 비록 인디언들이 야채를 많이 사용하고 있지만 인디언들의 음식의 보다 많은 부분은 사냥을 통해 제공된 것이었다. 인디언들은 정착민들에게 사냥을 어떻게 하고 어디에서 해야 잘 잡히는가, 또 어느 곳에서 낚시를 하면 좋고, 나아가 음식 저장을 어떻게 해야 하는가 등을 가르쳐 주었다. 건조는 가장 중요한 두 가지 음식인 콩과 옥수수뿐만 아니라, 고기에 대해서도 가장 인기 있는 보관 방법이었다. 개척자들은 인디언으로부터 쇠고기 육포인 저키와 쇠고기 가루에 지방과 건포도 등을 섞어 굳힌 식품인 페미칸 등을 만드는 방법을 배웠다. 이러한 음식은 개척자들이 머나 먼 서부를 개척할 때 너무나 중요한 음식들이었다.

인디언들의 가장 중요한 음료는 물이었다. 그들은 물을 특히 사사프라스, 야생 박하, 슈맥 열매 등으로 만든 많은 양의 차로 마셨다. 개척자들은 인디언들에게 술을 가르쳐 주지 않았다. 그러나 세상의 다른 사람들과 같이 인디언들은 이미 당분이 포함되어 있는 음식, 특히 과일즙에서 자연적으로 발생하는 발효과정에 익숙해져 있었다. 따라서 이미 신대륙에는 야생 포도로 만든 포도주가 많이 있었다. 이 포도주는 1621년 플리머스에서 이주민들이 인디언의 도움으로 정착에 성공한 것을 기리기 위해 열린 최초의 추수감사절에 여러 음식들과 함께 제공되었다. 그러나 북동부 지역의 인디언들은 아직까지 발효된 알코올 음료를 도수가 높은 술로 만들기 위한 증류과정은 알지 못했다.

주요 곡식에 대한 핵심적 기여와 함께 인디언들은 대부분의 정착자들에게 채택되어 이용된 요리에도 수많은 기여를 했다. 인디언들의 요리방법 가운데 특이한 것 하나는 주로 촉토족에 의해 사용된 것으로, 마르고 조각난 사사프라스 잎으로 만든 가루를 요리에 이용한 것이었다. 이 회녹색 가루는 수프와 스튜를 걸쭉하게 하고 후에 아프리카 흑인들이 미국 남부로 가져온 오크라 수프를 준비하는데 이용되었다. 세미놀족 인디언에 의해 주로 이용된 것은 약간의 마취성분이 있는 나무뿌리와 잎을 오그라들게 하는 성분을 가진 감 등인데 이것 둘 다 특별한 처리 기술을 필요로 했다. 인디언들은 과일을 이용하는 방법을 자신들의 전통적인 요리는 물론, 유럽으로부터 도입된 요리에도 다양하게 적용했다. 덩굴월귤 소스, 칵테일의 일종인 코블러, 옥수수 가루 반죽에 검은 딸기나 딸기를 첨가해 빵을 굽는 것 등도 인디언으로부터 전수된 것들이었다.

　남동부 지역에 살고 있던 인디언들은 두 가지 고기와 야채를 넣은 스튜인 브룬즈비크 스튜를 개발하여 이용했다. 여기에는 고정된 재료가 있는 것이 아니라 생선을 제외한 모든 재료가 이용되었다. 그러나 주로 강낭콩과 옥수수를 끓인 콩 요리인 서컷타시와 다람쥐, 토끼, 칠면조와 같은 사냥감이 주로 이용되었다. 오늘날 이것에는 닭과 야채가 주로 이용되고 있다.

　인디언들은 토마토, 양파, 고추 등을 섞은 크레올(미국 남부, 특히 루이지애나 중심의 프랑스, 스페인 등의 이주민과 흑인 사이에서 태어난 혼혈아) 요리와 카쥰(앨라바마주, 미시시피주 등 남부의 백인과 인디언의 혼혈아) 요리에도 기여했다. 인디언의 요리 특히 옥수수로 만든 요리는 미국의 모든 지역의 음식 발달에 지대한 영향을 주었다.

스페인인

　1493년 콜럼부스가 두 번째 항해에서 서인도 제도의 히스파니올라섬에 1,500명의 정착민을 데리고 온 것을 기점으로 스페인인들은 아메리카 대륙에서 최초의 식민자가 되었다. 콜럼부스는 이 항해에서 오렌지 씨앗과 사탕수수 줄기를 서반구로 가져왔다. 그 후 이 지역은 이 작물을 중심으로 스페인이 다른 지역으로 영역을 확장을 해 가는데 전초적 기지가 되었다.

　1500년대에 스페인은 중앙 아메리카의 마야문명권과 멕시코의 아즈텍문명권, 그리고 페루의 잉카문명권을 정복했다. 1600년 경에 이르면 스페인은 멕시코 남부로부터 남반구의 대부분을, 포르투갈은 오늘날의 브라질 지역을 지배했다. 1500년대에 스페인은 오늘날 미국 남동부와 서부 지역으로 진출해 플로리다 유역의 만과 미시시피강 서부 내륙 지역으로 영역을 확대해 나갔다. 1565년에 스페인은 북아메리카 본토 플로리다주 세인트 어거스틴에 유럽인 최초의 영구 정착지를 세움으로 누구도 부정할 수 없는 그들의 존재를 확인하였다. 그 후 남서부 지역으로 점차 선교사들과 다른 개척민들이 정착했다. 루이지애나 지역은 1803년 나폴레옹에 의해 미국에 넘어갈 때까지 프랑스 지배 40년을 제외하고 스페인이 지배했다.

　이처럼 아메리카 대륙에서 스페인은 스페인이라는 존재의 인식과 더불어, 미국의 요리에 또 다른 중요한 영향을 준 나라이다. 스페인 식민자들은 아즈텍에서 초콜릿을 발견해 이를 북아메리카와 유럽에 소개했다. 식민자 중 한사람인 에르난도 데 소토(Hernando de Soto)는 1539년에 플로리다에 오렌지를 심은 것으로 알려졌다. 이때 심은 오렌지는 쓴맛이 나는 오렌지로 오늘날 플로리다에서 야생으로 자라고 있다. 오늘날 주로 먹는 달콤한 오렌지는 그 후에 유입되었고 이는 플로리다와 같은 뜻이 되었다.

　스페인인들은 북아메리카에 처음에는 서인도 지역으로, 후에는 아메리카 본토로 여러 중요한 동물들을 유입시킨 최초의 유럽인들이었다. 몇 종류의 동물은 1493년 콜럼부스의 제 2차 항해 때 산 도밍고에 도착했다. 이때 그들이 가지고 온 동물 중 가장 중요한 것은 닭이었다. 가축으로 북아메리카에 오게 된 최초의 돼지는 1542년 탬파 가까이에 있는 전초기지에 식량으로 공급하기 위하여 에르난도 데 소토가 플로리다로 가져온 13마리의 돼지일 것이다. 소는 1550년 경에 스페인인에 의해 플로리다 해안으로 유입되었다. 얼마 후 텍사스는 스페인 정복자로부터 도망쳐 나온 그 동물을 키우게 되었다. 스페인만이 유일하게 동물과 식물의 신대륙으로의 유입에 기여한 것은 아니다. 영국 역시 스페인보다는 약간 늦지만 주로 북부지역에 있는 영국 식민지에 닭, 소, 돼지 등을 가지고 왔다.

　스페인은 1516년 경부터 카리브 해안 지역에서 설탕을 생산하기 시작했다. 사탕수수가 1751년 예수회 선교단에 의해 루이지애나 지역에 도입되었고, 그 후 1791년 북아메리카 본토에 최초의 설탕 공장이 뉴올리언즈 지방에 세워져 운영되었다.

　스페인인들은 카리브 해안 지역에서 발견한, 그들에게는 전혀 새로운 양념을 무척 반겼다. 콜럼부스와 그의 부하들은 이곳에서 종 모양의 고추로부터 매운 칠레고추에 이르기까지 200종류 이상의 고추를 찾았다(그러나 콜럼부스가 원래 찾고자 했던 후추는 동양 특히 인도, 인도네시아, 말레이반도, 일본 등지에서 나는 전통적인 동양산 후추였다). 남아메리카와 중앙아메리카로부터 서인도 제도를 거쳐 플로리다로 수많은 종류의 음식과 양념들이 유입되었다. 그러한 과정에서 라틴 아메리카의 음식과 양념들에도 변화가 일어나 남서부 해안지역의 멕시코로부터 더 남부까지 펼쳐있는 스페인의 정착지로 확대되었다. 스페인은 곧바로 이런 음식과 양념들을 '강조 부분'으로 통합해서 요리에 포함시켰는데 이것은 나중에 미국 요리의 일부가 되었다. 이것들은 완전히 적용된 것은 아니지만, 오늘날 미국에서 유행하고 있는 스페인 요리의 개성적인 '풍미'의 일부가 되었다. 이런 것에는 칠레고추, 올리브열매, 서양풍조목 초절임 조미료인 케이퍼, 미나리과에 속하는 커민, 향신료 오레가노, 그리고 구대륙의 값비싼 샤프란 대신으로 이용된 말린 잇꽃 등이 있다. 또한 신대륙에서 처음 등장한 것으로 남서부 인디언들로부터 빌어서 스페인식의 음식으로 더해진 것이 있는데 바로 오늘날 샌프란시스코만 언덕 위에 야생으로 자라고 있는 4년생 상록초인 예르바 부에나와 작은 담수어의 일종인 펌킨 시드이다. 남서부 아메리카 지역에 유포되어 있던 독특한 칠레고추 맛은 스페인 스타일의 요리로 도입되어 그 후 미국으로 유입되었다.

플로리다에 자라고 있는 외래산 과일을 스페인인들은 대단히 즐겼다. 한참이 지난 후 아보카도나무, 파인애플, 코코넛 등이 들어왔다.

남서부 지역에서 음식에 대한 유럽의 영향은 아즈텍과 다른 인디언들의 영향과 더불어 스페인으로부터 들어온 것이다. 남동지역, 특히 플로리다 지역에서 음식에 대한 대륙 스페인의 영향은 적도 부근의 섬들에서 생산되는 산물들에 의해 많은 변화를 가져왔다. 스페인 요리는 멕시코만 주변을 따라 형성되어 있는 크레올 요리로 알려져 발전했다.

다른 유럽인들과 달리 스페인인들은 씨앗을 가져와 심었고, 특히 콩팥 모양을 한 붉은콩에 집착을 가졌다. 붉은콩과 쌀은 남부 루이지애나에서 가장 기본이 되는 음식이었다. 이는 캐롤라이나에서 검은눈 완두콩과 쌀과 같은 것이었다. 콩은 스페인인들이 크게 영향을 준 것이기 때문에, 스페인의 영향을 받은 미국의 음식에 타고난 구성요소였다. 인디언들에게 이용된 콩은 물론이고 정복자들 역시 카리브해 연안의 섬으로부터 검은콩을 플로리다로 들여왔으며 유럽대륙에서 이집트콩도 들여왔다. 검은콩과 쌀은 탬파의 외곽 지역으로 담배를 만드는 이보시에서 파티를 위한 음식으로 이용되었다.

  럼주는 폰스 데 레온에 의해 최초의 유럽 정착민이 오기 약 100년 전에 푸에르토리코로부터 플로리다로 유입되었다. 하나의 음료로 이용되는 것과 더불어 럼주는 검은콩의 오레가노 향료와 마늘의 맛을 강조하기 위하여 스페인인들에 의해 이용되었다.

  앞에서 살펴본 중앙아메리카와 남아메리카가 원산지인 아보카도나무를 플로리다와 캘리포니아로 도입시킨 사람들 역시 스페인인이었다. 이것은 그 후 캘리포니아에 온 스페인 선교단에 의해 재배되었다. 1924년이 되면 영국계 농민들이 이 나무와 관련된 하나의 단체를 결성하는데 그것은 아보카도 재배자 교환소이다. 오늘날 캘리포니아와 플로리다는 이 아보카도 열매를 세계 여러 곳의 시장으로 수출하고 있다.

  아즈텍의 영향을 받은 것으로 오늘날 캘리포니아 지방에서 너무나 인기 있는 스페인식 음식은 '터키 몰'이라는 칠면조 요리이다. 이것은 갈아 가루로 만든 칠면조 고기와 많은 종류의 양념을 섞어 만든 것으로 초콜릿을 첨가한 것이다. 인디언과 스페인이 기원인 또 다른 인기요리는 스페인 말로 내장이라는 의미를 가진 '메누도'이다. 이것은 종종 신세계적 구세계의 요리로 분류되는데 왜냐하면 인디언으로부터 유래된 굵게 간 옥수수로 쑨 죽과 스페인으로부터 유래된 내장으로 만들어졌기 때문이다. 그 후 오랫동안 스페인계 미국인들 사이에서 전통적인 크리스마스 아침 식사 메뉴로 등장하고 있다.

미국의 요리에 대한 스페인 정복자들의 가장 큰 기여는 고추, 마늘, 오렌지, 석류, 그리고 캘리포니아 스페인 선교단의 노력에 의한 포도 재배 결과로 얻은 포도주, 크레올 요리의 일종인 잼벌라야 등의 이용이다. 비록 스페인인들이 바비큐 요리를 고안하지는 않았지만 그들은 이 명칭의 최초의 사용자였다고 해도 과언이 아니다. 스페인 말 바바코아는 초기 스페인 탐험가들이 하이티섬 인디언들이 고기를 문밖에서 구워먹는 것을 보고 사용했던 말이다. 남서부 식민자들은 하이티섬 인디언들의 이러한 요리 방법을 세련되게 다듬어 사용하게 되었고 그 후 그 스페인 말이 영어화되었다. 오늘날 바비큐 요리방법은 남서부에서뿐만 아니라 전국적으로 고기를 요리하는데 매우 인기 있는 방법이 되었다.

스페인은 일반적으로 알려진 것보다 훨씬 강하게 미국의 요리 전반에 혁명적인 영향을 주었다. 이반 존스(Evan Jones)는 미국의 음식에 있어서 다른 어떤 유럽인의 영향보다도 스페인의 영향이 컸다고 주장했다.

아프리카 노예

오늘날 음식에 관한 글을 쓰는 학자들 중 일부는 미국 음식문화 전반에 걸쳐 아프리카의 영향을 무시하고 있지만 사실, 아프리카의 음식 전형은 미국의 음식습관에 지대한 영향과 충격을 주었다. 1619년 최초로 아프리카 흑인들이 아메리카 식민지로 유입이 되었을 때 이 노동자들은 버지니아로 유입되었다. 이를 시작으로 아프리카 흑인들의 신대륙으로의 이동은 250년 이상 계속되었다. 흑인 노예들은 신대륙으로 각종 씨앗을 가지고 왔기 때문에 먹을 수 있는 음식이 다양하게 마련되었다. 오늘날 남부지역에서 너무나 인기 있는 검은눈 완두콩은 1674년에 아프리카 흑인들에 의해 유입된 것이다. 오크라와 수박 등도 이들에 의해 신대륙으로 들어 왔다.

검보나 오크라 등은 미국의 요리, 특히 루이지애나 등의 해안지역 만 부근의 요리에서 아프리카의 영향을 받은 것으로 가장 잘 알려진 것들이다. 검보는 오크라라는 의미를 가진 것으로 아프리카 반투족의 노동 가운데 하나인 킹곰보나 킹움보로부터 유래되었다. 이것이 아메리카 대륙으로 유입된 후 오크라의 사용은 루이지애나 만 해안 유역을 따라 남서부 지역으로 급속도로 확산되었다. 인디언들과 마찬가지로 아프리카 흑인들은 크레올과 카준 요리에 적지 않은 기여를 했다.

대서양 중앙항로. 역사가인 치트우드(O. P. Chitwood)는 영국의 노예무역에 대한 양상을 다음과 같이 기록하고 있다.

"1697년 영국에서 노예무역업을 할 수 있는 권리는 모든 영국 시민들에게 허락되었다. 18세기에 접어들자 미국의 수많은 배들이 뉴잉글랜드 지방으로부터 왔는데 이들의 대부분은 노예무역업에 뛰어들었다. 뉴잉글랜드 지방의 많은 상인들은 엄청난 이익을 남기는 기업합병의 형태로 이 노예무역업을 럼주의 제조와 판매업과 연결시켰다. 럼주는 뉴잉글랜드 지방의 항구에서 배에 선적되어 아프리카 서부해안으로 수송되어 그곳에서 흑인 노예와 물물교환 되었다. 이들은 다시 서인도 제도로 이송되어 럼주의 재료가 되는 당밀과 다른 생활 필수품으로 교환되었다. 뉴잉글랜드 항구로 들어오게 된 당밀은 럼주로 제조되고 이것은 다시 위에서 설명한 세 가지 유형으로 상품화되었다. 이것을 '삼각무역'이라고 부른다. 아프리카로부터 서인도 제도를 연결하는 길은 삼각무역의 중추적인 길로 대서양 중앙항로라 부른다."

중앙항로의 음식. 노예무역업자들은 가능한 한 풍부하고 수익성이 좋은 물건을 가지고 대서양 중앙항로의 무역을 안전하게 확보하는 것을 주 목표로 하였다. 그들은 얌과 각종 토착 아프리카 산물들을 노예와 함께 아메리카 대륙으로 가지고 왔다. 적어도 1700년대 초까지 노예들은 영국 음식 중 어떤 것을 먹기는 했지만 대부분은 아직까지 그들이 이전에 익숙하게 먹었던 음식을 접할 때가 생활하기에 더 편했다. 얌, 쌀, 옥수수, 멜레거타 후추, 야자 기름, 그리고 땅콩 등이 이 항로에서 아주 유효해짐으로써 일반화되었다. 로버트 홀(Robert Hall)은 대서양 노예무역과 얌, 기장, 사탕수수, 쌀, 바나나, 감귤, 옥수수, 카사바, 그리고 멜러거타 후추 등의 북아메리카로의 확산 사이의 관계를 상세하게 설명했다.

오늘날의 많은 학자들은 아프리카인들에 의한 아프리카 식물의 북아메리카로의 유입의 중요성을 인정하고 있지만 당시의 유럽인 노예무역업자들은 이를 다른 관점에서 평가했다. 당시 무역업자들은 노예들이 곡식 재배에 익숙해져 있고 따라서 미국의 플랜테이션 농업에 필수적인 농업 기술을 이미 가지고 있는 노동력을 얻는 잠재적 가치에 더 큰 비중을 두었던 것이다.

대부분의 플랜테이션 소유주들이 노예들로 하여금 채소를 기를 수 있는 작은 땅을 허락했다는 것은 너무나 다행스러운 일이었다. 이러한 방식으로 그들의 음식 공급이 증대되었고 그들이 섭취하는 영양이 흔히 플랜테이션 소유주들을 능가하기도 했다. 또한 노예들은 각종 씨앗을 가져와 심어서 구세계의 요리 방법을 확산시키고 영구화시켰다.

특히 가정에 속해 있는 노예들은 주인의 부엌에서 음식을 준비하는 동안에 버려진 야채와 고기의 일부를 이용하여 그들의 음식을 풍부하게 할 수 있었다. 노예들은 버려진 야채의 잎이나 줄기 부분을 그 나름대로 이용하는데 정통했다. 또한 돼지 무릎관절, 무류, 돼지족발, 주둥이, 아래턱, 눈까풀, 창자 등 동물의 버려지는 부분을 이용하는데도 능숙했다. 이런 고기를 요리하는데 있어 그들은 이미 익숙해 있는 양념을 많이 사용했다. 흑인 노예들의 이러한 음식 관행에서부터 발달된 집합적 요리법이 지난 20년 동안 새롭게 되살아났는데 이는 미국에서 전반적인 인종적 부활의 일부로 이 중 일부가 '영혼의 음식'으로 알려지고 있다.

아프리카 흑인들은 남부 지역에 많이 있었으므로 특히 미국 남부의 요리에 강한 영향을 미쳤다. 흑인 노예 요리사들은 그들 음식의 일부와 가장 좋아했던 음식을 백인 농장주들에게 소개했던 것은 분명하다. 이러한 과정을 거쳐 점차적으로 그들의 요리는 인정된 남부 요리로 자리를 잡게 되었다.

"종교, 구전, 음악, 춤, 그리고 다양한 물질문화와 함께 요리법과 요리 관행은 아프리카 흑인 노예의 속박상태와 그들의 강제노역 속에서 또 대서양 중앙항로를 통하여 살아 남았고 이것은 미국인들의 음식과 문화를 풍부하게 해주었다. 오늘날 세계적으로 정평이 나 있는 프라이드 치킨은 남부 요리에 스며든 아프리카 요리로, 이것은 아프리카 요리의 영향 중 대표적인 것이다. 전반적으로 미국사회에서 북부의 조리법보다 남부의 조리법에 아프리카의 영향이 강하게 미친 것은 당연하다. 오늘날 많은 미국인들이 오크라 수프, 땅콩을 넣은 양념 치킨, 검은눈 완두콩, 연한 완두콩, 쌀, 콜라, 바나나 푸딩 디저트나 혹은 사탕수수 당밀을 넣어 달게 한 얌 파이 등을 식탁에서 먹을 때 그들은 아프리카 맛의 일부를 즐기고 있는 것이다. 오늘날 미국에서 이러한 요리 전통의 다양성은 아프리카 문화가 결코 단순한 것이 아니라 풍부한 것이라는 사실을 증명해 주는 시금석이기도 하다."

오늘날 전형적인 미국인의 식사에서 위의 설명을 이해할 수 있다. 미국의 많은 음식이 아프리카 음식과 유사하다는 것은 아프리카의 음식습관이 동화되어 미국의 요리로 발전했다는 점을 입증해 주는 것이다. 바로 이것은 상호간의 문화 변용을 대표하는 것으로 아프리카와 미국의 요리법의 교류는 콜럼부스 교환을 상징하는 대표적인 문화혼용 과정이다.

2. 후기의 영향들

프랑스

1541년 데 소토는 황금을 찾아 일단의 탐험대를 이끌고 미시시피강 하류지역을 탐험했지만 성공을 거두지 못했다. 1542년에 데 소토가 죽은 후 스페인인들은 더 이상 이 지역을 탐험하지 않았다.

1682년에 프랑스 탐험가인 카벨리에(Rene Robert Cavelier)는 미시시피강 하류를 따라 여행을 했다. 마침내 강어귀에 도달하자 그는 강역 전체를 프랑스 땅이라고 주장하고 이 지역을 당시 프랑스의 통치자인 루이 14세의 이름을 따서 루이지애나라고 명명했다. 그 후 1699년 루이지애나 지역은 프랑스 왕립 식민지가 되었고 이어 프랑스 정착민들이 이주해 왔다. 1718년에 루이지애나 주지사인 르 모이네(Jean Baptiste le Moyne)는 미시시피 강어귀 동쪽에 뉴올리언즈를 건설했다. 그 후 1762년에 1800년까지 이 지역을 통치하고 있던 스페인에게 양여했다.

영국이 캐나다를 통치하게 되자 많은 프랑스계 캐나다인들이 미국으로 이주하거나 캐나다로부터 추방당했다. 그들 중 많은 사람들이 북부 뉴잉글랜드 지방, 특히 프랑스계 미국인 후손들이 많이 살고 있는 메인주에 정착했다. 오늘날의 노바 스코티아인 캐나다 남동부의 아카디아 지방으로부터 온 약 4천 명의 프랑스계 캐나다인들은 1760년대와 1790년에 중남부 루이지애나 지방으로 도주 또는 이주해 왔다. 이들의 자손들을 오늘날 카준이라 부른다.

 미국의 요리에 미친 이러한 프랑스 정착민들의 영향은 이 장 마지막 부분에서 언급한다.

다른 이민들

 북동부에 있는 대부분의 식민자들은 영국인들이다. 그리고 영국인들보다 수가 적은 이민들은 네덜란드인, 독일인, 스코틀랜드계 아일랜드인, 스코틀랜드인, 스웨덴인의 차례이다. 공화국 초기에는 땅에 굶주린 많은 이주민들이 미국으로 물밀 듯이 몰려왔다. 1830년대, 1840년대, 1850년대에 제 1차 이민 물결과 함께 주로 독일계, 영국계, 아일랜드계로 이루어진 수많은 이민들이 미국으로 들어왔다. 1860년대와 1890년대에 도착한 제 2차 이민 물결은 주로 독일, 영국, 아일랜드, 그리고 스칸디나비아 반도의 여러 나라들로부터 밀려왔다. 1890년에서 1930년 사이에 들어 온 제 3차 이민 물결은 약 2천 2백만이 들어왔는데 주로 그리스, 오스트리아-헝가리제국, 이태리, 폴란드, 포르투갈, 러시아, 스페인 등으로부터 들어왔다. 이 때 가장 많은 수의 이민이 들어온 나라는 오스트리아-헝가리 제국, 이태리, 러시아 등이었다. 초기 이민들의 대부분이 유럽으로부터 온 반면에 지난 반세기 동안 미국으로 이민 온 대다수의 사람들은 동남아시아, 라틴 아메리카, 그리고 카리브해 연안 나라 사람들이었다. 이러한 이민 집단들은 다양한 차원에서 각각의 민족적 음식으로서 미국의 요리에 음으로 양으로 영향을 주었다.

3. 요리의 주류

미국 요리의 주류를 이루는 것은 아메리카 대륙 최초의 진정한 식민자인 영국인들의 요리이고, 그 다음은 네덜란드와 독일의 요리이다. 역사적으로 미국인들은 이 세 나라 이외의 다른 민족의 요리가 미국의 요리 주류에 들어오는 것에 대해 아주 보수적이었다.

영국 요리

영국 요리는 원재료를 가지고 요리는 하는데 있어 즉석 요리와 단순화로 설명된다. 이는 프랑스 요리에서는 결코 있을 수 없는 속성이다. 초기 영국 식민자들에게 익숙했던 요리 방법은 아주 초보적이고 개방적인 방법이었다. 가령 고기를 요리하기 위해 한두 개의 꼬챙이를 이용하는 식이었다. 그러므로 그들은 신대륙에서 작업하는 과정에서 결코 많지 않은 도구를 가지고도 상대적으로 쉽게 적응했다. 식민자들은 가능한 한 벽난로를 가진 통나무집을 짓고 살았다. 그리고 많은 요리들이 집밖에서 이루어졌다. 이미 구대륙의 영국인들에게는 익숙해진 방법으로 식민자들의 인디언 친구들에게 전해진 바비큐 식으로 음식이 만들어졌다. 그들이 적절히 사용한 도구들은 영국에서 건너올 때 배로 가져온 것들이었다. 손잡이가 긴 스튜용 냄비, 프라이팬, 스튜용 작은 팬, 그리고 푸딩을 끓일 수 있는 깡통 같은 냄비 등이었다. 그 후 이런 음식은 무겁고 가장자리가 깊은 쇠뚜껑을 가진 무쇠로 만든 솥에서 요리되었다. 이것은 활활 타는 벽난로 가운데에 세 개의 짧은 다리 위에 놓여 있었다.

이러한 초창기 뉴잉글랜드 요리사들은 신대륙이라는 지역적 특수성에 적절하고, 또 버터나 밀가루와 같은 간단한 재료로 음식을 준비할 수 있고, 몇 가지 양념과 달콤한 허브향으로 양념을 한 훌륭하고 쉬운 요리를 개발했다. 대부분의 미국인들은 최소한의 적절한 양의 양념을 필요로 한다는 것을 느꼈다. 이들이 즐겨 사용한 양념은 후추, 정향나무, 육두구, 육계피, 생강 등이었다. 심지어 순례자인 필그림들도 이러한 양념을 자주 사용했다.

오늘날의 학자들은 영국식 음식이 상상력이 없는 것이었다고 자주 비판했다. 이것이 사실이든 아니든 식민자들은 당시 가정에서 영국인의 음식을 될 수 있는 한 많이 소비했다. 영국인의 복사판 같았던 신대륙으로 이주 온 뉴잉글랜드 사람들은 육류에 동반된 반찬으로 다른 어떤 품목보다 야채를 즐겨 이용했다. 당시에는 푸르고 잎이 무성한 야채는 경시되는 경향이 있었다. 반대로 인디언들은 열광적으로 야채를 소비하는 사람들이었는데 이들의 야채 소비는 점차적으로 이민 온 영국인들로 하여금 야채 소비를 증가시키는 역할을 했다.

1824년에 매리 랜돌프(Mary Randolph)가 쓴 요리책 《버지니아 가정주부》를 참고해 보면 초창기 영국 이민자들의 후손에게서 과거 영국식 음식의 많은 부분이 없어지거나 없어져 가는 것을 알 수 있다. 그녀의 이 요리책에는 식품으로서의 거의 모든 야채가 망라되었고 특히 당시 영국에서는 일반화되어 있지 않은 채소들, 가령 고구마, 펌킨 호박, 스쿼시 호박, 토마토 등이 소개되었다. 여기에서 그녀는 신선하고 어린 순무잎을 요리하는 다양한 방법도 설명했다. 이것은 그 후 남부 지역의 전통적인 요리로 자리를 잡게 되었다.

네덜란드 요리

  루트(Wavery Root)와 로흐먼트(Richard de Rochemont)는 네덜란드 요리는 근본적으로 영국 요리와 너무나 흡사하기 때문에 살펴볼 필요도 없이 영국 요리에 흡수되어 있다고 설명했다. 그러나 네덜란드인들은 풍부하고 영양 있는 음식을 보다 강조했다. 이런 면에서 오늘날 미국인들의 요리는 네덜란드인들의 영향을 많이 받았다고 할 수 있다. 흔히 먹는 쿠키는 네덜란드의 맛있는 음식인 코에키에서 유래되었다. 네덜란드 이주민들은 오일 케이크인 꽈배기, 도넛, 와플, 고기만두 식의 과일 푸딩인 덤플링, 양배추 샐러드라는 의미를 가지고 있고 원래 이름은 쿨 슬라인 콜 슬로 등도 소개했다.

독일 요리

  네덜란드인의 요리와 같이 독일인의 요리 역시 신대륙에서 형성된 새로운 미국의 음식과 양립될 수 있다. 독일인의 요리가 한 나라를 상징하는 요리로서 신대륙 미국 내에서 상실되었다기보다는 독일식 요리 자체의 정체성을 상실하지 않고 통합의 형태로 유지되었다고 보는 것이 타당하다. 사실상 거의 변화하지 않은 독일인의 요리는 본래의 독일식 이름을 가지고 이미 존재하는 미국식 음식 레퍼토리에 더해졌을 뿐이다. 미국의 소비자들은 독일 이주민들의 이러한 음식에 너무나 잘 적응을 한 나머지 음식의 이름이 실제로 독일어인지 아닌지조차 인식하지 못하는 경우가 허다하다. 예를 들면, 발효시킨 독일식 김치로 소금에 절인 양배추인 자우어크라우트, 짭짤한 맥주 안주 프렛젤, 조제한 호밀 빵 품퍼니켈, 송아지 고기로 만든 커틀릿인 비엔나 슈니첼 등이다.

미국의 음식에 기여한 또 다른 인기 있는 독일 음식에는 다양한 치즈, 소시지와 더불어 사과를 밀가루 반죽으로 얇게 싸서 화덕에 구운 과자 아펠 쉬트루델, 뜨거운 감자 샐러드 등이 있다. 이민 온 독일인들은 미국인들에게 비엔나 혹은 핫도그라고 불리는 가장 인기 있는 소시지인 프랑크푸르트 소시지를 전해 주었다. 본래 이것은 순수한 쇠고기로 만든 소시지였다. 그러나 미국에 온 독일인과 미국인들은 다양한 수정 과정을 통하여 닭고기, 돼지고기, 양고기, 염소 고기 등을 포함한 다양한 내용물과 희석제를 사용하여 발전시켰다.

스칸디나비아 사람들의 영향

위에서 설명한 민족적 요리 중 어떤 것보다 스칸디나비아인들의 요리는 미국의 요리와 비슷한 점이 가장 많다고 할 수 있다. 그럼에도 스칸디나비아인의 음식은 미국에서 스칸디나비아 민족 거주지에 주로 한정되어 발전되고 있다. 스칸디나비아 사람들이 어떤 특정한 지역에서 많이 살고 있으면, 그들의 음식 몇 가지는 그 지역에서 너무나 잘 수용되고 받아들여지고 바로 그 지역 특유의 음식이 된다. 스칸디나비아 인들이 만든 쿠키와 빵은 오늘날 미국에서 가장 널리 이용되고 있다. 예를 들면 덴마크 식의 파이 비슷한 과자 대니쉬 페이스트리, 크리스마스 케이크인 줄리케이지와 같은 다양한 커피 빵, 빛의 축제날인 스웨덴의 성 루시아 날을 기리면서 먹는 루시아 롤빵 등이 있다. 또한 이민 온 스칸디나비아 인들은 오늘날 미국은 물론 전 세계에서 일반화되어 있는 약 15분 가량의 휴식 시간인 커피 브레이크와 이때 같이 먹는 과자류의 기원 등 많은 부분에 기여를 했다.

　미네소타, 다코타, 위스콘신 등 몇몇 지역에서는 원래 스칸디나비아 인들이 만들었던 음식인 레프세가 이주한 스칸디나비아 인들의 거주지는 물론 많은 미국인들에게 전해졌다. 그러나 가장 널리 거부된 스칸디나비아 음식은 말 그대로 잿물-고기 혹은 잿물 용액에 담근 대구인 루트피스크이다. 초기에 고기를 보존하는 방법으로 잿물 용액을 많이 사용하였지만 이것에 담근 대구의 맛은 형편 없었다. 스칸디나비아 인들은 주로 버터와 함께 이를 먹는다.

　서서 먹는 스칸디나비아 요리의 일종인 바이킹 요리 스모르가스보르드는 의심할 여지없이 미국의 음식문화에 가장 큰 영향을 준 스칸디나비아 음식이다. 원형의 바이킹 요리는 덴마크, 스웨덴, 노르웨이 사람들에게 다같이 최고로 인기가 있었다. 이것은 다양한 뜨거운 음식과 찬 음식으로 구성되어 있는 본래 뷔페 스타일의 음식이었다. 이 음식은 남녀 주인이 원하는 만큼의 분량으로 구성되며 대체적으로 이 음식을 만들고 대접하는 효과는 좋다. 진짜 바이킹 요리에 속하는 전형적인 음식은 주요 앙트레 요리로 생선, 육류, 치즈 등이고 디저트와 음료수 등이다. 청어와 사탕무 샐러드인 실드 살라트와 스웨덴식 고기완자인 미트볼은 이러한 음식들 중에서 가장 전통적인 품목이다. 이 스타일의 음식은 미국의 중서부, 북부 지역에서 오랫동안 인기를 누려왔는데 이 지역은 이주한 스칸디나비아인들의 자손들이 많이 살고 있다. 이들은 가정에서뿐만 아니라 레스토랑, 심지어 사회의 각종 모임에서도 이것들을 즐겨 먹는다. 이것은 점차 미국 전역에 걸쳐 일반화되었고 나아가 유럽인들에게도 일반화되었는데 이를 우리는 뷔페라고 부르고 있다. 그 형태는 단순히 식욕을 돋우는 음식이나 수프 전에 나오는 가벼운 요리인 오르되브르로부터 칵테일 파티나 공들인 뷔페 만찬에 이르기까지 다양하다.

그밖의 민족 요리

 위에서 설명한 이외의 다른 민족의 음식들이 총괄적으로 미국 음식의 주류 속으로 들어오지는 못하였지만 다양한 민족 집단으로부터 유래된 많은 음식들이 미국 전역을 통해 폭넓게 받아들여졌다. 그 대표적인 실제의 예로는, 러시아의 영향을 받은 스트로가노프(쇠고기나 닭고기 등으로 만든 묽은 수프에 버섯 등을 넣어 유산으로 산화시킨 크림으로 주로 빵과 과자 등을 적셔 먹는데 이용한다), 헝가리의 영향을 받은 굴라시(고추 등으로 맵게 한 쇠고기와 야채 스튜), 러시아와 폴란드의 영향을 받은 보르쉬트(당근즙을 넣은 수프), 그리고 너무나 다양한 중국 음식, 멕시코의 영향을 받은 엔칠라다(옥수수가루에 고추로 양념한 멕시칸 파이)와 토르티야(멕시코 지방의 둥글넓적한 옥수수 빵) 등이 있다. 어떤 민족의 음식들은 변화에 변화를 거듭해 세련되어 미국 내에서 대중음식의 대열에 들어간 것도 있다. 가장 잘 알려진 대중음식은 프렌치 프라이즈(잘게 썰어서 튀긴 프랑스식 감자 튀김)이다. 이것은 1860년대에 미국에서 처음 등장했는데 이는 프랑스의 유명한 감자 요리인 폼므 프리테로부터 유래된 것으로 보여진다.

4. 향토음식

 향토음식은 어느 지방의 특성을 강하게 나타내는 그 지방에만 유일하게 있는 음식이다. 엄격히 말해 하나의 독특한 향토음식은 그 지역 내에서만 발전된 음식이라 할 수 있다. 이러한 음식은 무엇보다도 음식 재료의 이용 가능성과 그 지역에 살고 있는 민족적 배경을 가진 거주자들로부터 영향을 받는다. 따라서 향토음식은 그 지역의 각종 환경적 요인 예를 들면 생선, 조개, 특유의 과일 및 야채 등에 크게 영향을 받는다. 대체로 향토음식은 고립되어서 강조되고 발전된다. 또한 외부 세계와 접촉이 거의 없이 작은 지역에서 큰 변화를 겪지 않고 개발되고 유지되는 경향이 강하다. 그 대표적인 예는 코니시 파이인데 이것은 오늘날까지도 영국의 코넬 지방에서 이민 온 사람들이 많이 살고 있던 북부 미네소타와 미시간 상부 지역에서 여전히 인기가 높다. 이 지역은 코넬 지방의 광부들이 이제는 다른 지역으로 가고 없는데도 그러하다.

토착음식과 향토음식의 비교

향토음식과 토착음식은 같은 것이 아니다. 음식으로 만들어지는 그 지역의 동물과 식물들은 진정한 의미의 토착적인 것이 아닐 수도 있다. 왜냐하면 이런 것은 다른 지역으로부터 도입될 수 있기 때문이다. 인디언들이 아득한 옛날 베링 해협을 가로질러 신대륙으로 건너 왔을 때 그들은 최소한의 음식 습득 준비 기술을 가진 여전히 본질적으로 약탈자들이었다. 이때 인디언들이 가지고 온 아시아의 어떤 문화는 그들이 최초의 유럽인들을 만나기 전에 이미 소멸되었다고 보는 것이 타당할 것이다. 스페인 정복자들이 침략할 당시에 그들이 보유하고 있던 음식을 구하고 생산하고 준비하는 기술은 아시아로부터 신대륙에 도착한 이래로 수천 년 동안 개발시켜 온 것임에 틀림없다. 따라서 엄격히 말해 북아메리카 대륙에서 유일한 진정한 토착음식은 콜럼부스 이전에 북아메리카 인디언들이 개발하고 사용했던 음식 기술이라 할 수 있다.

향토음식의 발전

　최초의 유럽 탐험가들과 정착자들은 그들이 평소 사용했던 음식 습관과 좋아했던 음식습성을 가지고 신대륙에 왔다. 사실 그들 고유의 유럽 식료품과 음식을 계속해서 공급받고자 콜럼부스와 그 뒤를 이은 탐험가들은 올 때마다 유럽의 씨앗, 식물, 동물을 가지고 들어왔다. 이와 더불어 그들이 일반적으로 사용했던 문화도 가져왔음은 두말할 나위 없다. 따라서 익숙해져 있는 음식들이 어느 정도 거의 변함 없이 신대륙에서 준비될 수 있었다. 그러나 많은 음식들이 재료상, 혹은 시간이 지남에 따라 풍습의 변화에 따라 필연적으로 수정을 거듭하여 결국은 미국화 되었다. 이러한 유럽적인 것으로부터 미국적인 것으로 음식이 변해 가는 과정에서 인디언들은 가장 큰 영향을 주었다. 왜냐하면 인디언들은 정착자들에게 미지의 땅에서 음식을 얻는 새로운 기술과 음식을 전해 주었기 때문이다. 그 후 이런 음식들은 이민 오는 다른 민족 집단들의 영향을 받게 되고 그들은 각 지역 특유의 요리에 영향을 주게 되었다. 이러한 현상의 예는 미국의 향토음식 발달 역사에서 너무나 다양하게 나타나 있다. 이민 온 정착자들이 고립되면 될수록 새로운 음식 재료에 대한 접근이나 음식 준비 방법의 문제로 인하여 그들의 음식은 변화를 적게 겪었다.

　미국 요리의 형성에 가장 크게 기여한 것은 의심할 여지없이 토착 인디언들의 음식이다. 최초의 유럽 탐험가이자 이민 세력인 스페인인들은 인디언 다음으로 영향을 미쳤다. 그러나 스페인인들은 약탈을 주목적으로 했기 때문에 진정한 의미의 식민자들은 아니었다. 따라서 그들의 초창기 영향은 미국 남부 지역에 한정되었다. 북유럽 식민자들은 미국의 음식문화 형성에 제 3의 영향을 주었지만 보다 강하고 지속적인 영향을 주었다. 1619년 버지니아주 제임스타운에 아프리카 흑인 노동자들이 유입된 것은 또 다른 차원의 유입을 가져왔다. 사실 아프리카의 요리와 요리법은 많은 면에 있어서 특히 남부 미국에 있어서 식사습관의 특성에 큰 영향을 주었다.

동부 해안지역을 따라 13개 영국 식민지에서 지역별 음식이 개발되었는데 이것은 영국과 독일 음식의 특성을 강하게 나타내고 있었다. 왜냐하면 이 지역의 이민들이 초창기 미국인들의 조상이었기 때문이다. 초기 식민자들의 음식은 인디언들과 상호작용을 하며 변화에 변화를 거듭하면서 발전했다. 그 후 이 지역의 음식은, 특히 남부지역을 중심으로 한 음식은 아프리카 흑인 노예들에 의해서 적지 않은 영향을 받게 받았다. 이런 과정을 통하여 남부 식민지에서는 플랜테이션에서 자라는 재료를 가지고 만든 시골풍의 음식이 개발되었다.

플로리다에서는 멕시코만 주위를 따라 이 지역 특유의 음식들이 인디언, 스페인인, 프랑스인, 그리고 아프리카인들의 영향을 받고 발달되었다. 루이지애나의 독특한 카준 요리는 프랑스인, 인디언, 아프리카 흑인의 영향을 받아 발전한 것인 반면에, 크레올 요리는 여기에다 스페인인의 영향도 함께 받아 발달된 음식이다.

서부 텍사스에서 태평양 연안에 이르는 남서부 지역에서는 또 다른 형태의 요리가 발전되었다. 이 요리는 스페인인과 인디언의 영향에 기원을 두고 있지만 그 지역 특유의 조건과 함께 발전했다. 인디언과 스페인 요리의 혼합체라고 할 수 있는 멕시코 요리 역시 이들로부터 영향을 받은 분명한 증거라 할 수 있다.

중서부와 서부 지역 특유의 향토음식은 사실상 흔치 않다. 왜냐하면 이 지역에 이민 온 사람들은 자신들의 음식을 가져와 정착한 다른 지역보다 훨씬 늦게 정착하였기 때문이다. 그러나 많은 외국 태생 이민들이 이 지역에도 역시 이주해 왔다. 특히 중서부 지역에서는 이러한 경향이 뚜렷한데 이주자들이 충분히 늘어났을 때 그들 음식의 일부가 그 지역 특유의 음식으로 발전되어 갔음은 분명한 사실이다.

민족음식과 향토음식

민족적 집단의 음식이 향토음식으로 발전하는 경우가 많다는 사실은 분명히 기억해야 할 일이다. 민족 집단의 음식이 대체로 '지역적인 현상'으로 남는 경우가 허다하기 때문이다. 지역적 현상으로 남아있는 음식은 대부분 민족 집단의 가정 내에서만, 혹은 민족적으로 후원하는 행사에서만 소비되는 음식이다. 이러한 것은 그 동안에 있어 온 그 지역의 일반적 음식의 일부가 되지 못한 상태로 있는 경우가 대부분이다. 한 지역에서 지역적 상태로, 혹은 또 다른 지역에서 지역적 음식으로 자리를 차지하고 있는 민족 집단 음식의 한 예는 벨지안 트리페(군살이 없는 돼지고기를 굽고 육두구와 다른 양념을 고루 넣은 잘게 썬 양배추로 요리한 소시지의 일종)이다. 위스콘신주의 나무어는 프랑스어를 쓰는 벨기에게 미국인들이 많이 모여 사는 중심지이다. 이 집단 거주지는 그린 베이를 따라 폭이 20마일이고 길이가 50마일이나 되는 광대한 지역이다. 벨지안 트리페는 두말할 나위 없이 이 지역의 향토음식이다. 그러나 나무어로부터 20마일 떨어진 그린 베이시에서는 벨지안 트리페는 특별 정육점에서만 구할 수 있다. 그리고 널리 소비되지도 않는다. 이곳에서는 단지 향토음식의 현상인 민족적 음식의 하나로 여겨지고 있을 뿐이다. 이와는 대조적으로 또 다른 민족적 음식인 폴란드 소시지는 북동부 위스콘신 지역에서 너무나 널리 이용되어 이 지역에서 향토음식의 위상을 지니고 있다.

다음은 미국 전체에서 지역적 특성을 가지고 있는 모든 향토음식과 이 음식들이 형성되고 유지되는 다양한 영향을 살펴보고자 한다. 미국 전역을 7개 지역--북동부, 남부, 중서부, 로키산맥 지역, 남서부와 캘리포니아, 하와이, 그리고 북태평양 지역--으로 구분하여 살펴본다.

<표 7. 1> 미국의 지역 구분

지역	주
북동부	코네티컷, 메인, 매사추세츠, 뉴햄프셔, 뉴저지, 뉴욕, 펜실베이니아, 로드아일랜드, 버몬트
남부	앨라바마, 아칸사스, 델라웨어, 플로리다, 조오지아, 켄터키, 루이지애나, 메릴랜드, 미시시피, 북 캐롤라이나, 남캐롤라이나, 테네시, 버지니아, 서버지니아
중서부	일리노이, 인디애나, 아이오와, 캔자스, 미시간, 미네소타, 미주리, 네브라스카, 노스 다코타, 오하이오, 사우스 다코타, 위스콘신
록키산맥 지역	콜로라도, 아이다호, 몬태나, 네바다, 유타, 와이오밍
남서부	애리조나, 뉴멕시코, 오클라호마, 텍사스, 캘리포니아
하와이	하와이
북태평양 지역	알래스카, 오리건, 워싱턴

북동부

이 지역의 음식은 초기 식민자들이 가정에서 음식을 준비하는 것에서부터 발전했다. 주로 영국인과 독일인 중심으로 그들의 본토 유럽으로부터 이민을 오면서 가져 온 요리가 지역적으로 구하기 쉬운 재료와 우호적인 인디언들의 영향으로 필요에 의해 미국화 되었다.

영국인들은 인디언들부터 옥수수를 신선하게 먹는 방법은 물론이고 옥수수로 빵과 다른 음식들을 요리하는 방법을 배웠다. 점차 익숙해진 옥수수 요리의 대부분은 영국인들에게 적합한 맛으로 바꾸면서 형성되어 갔다. 뉴잉글랜드 지방과 남부에서 이민 세력이 만들어 널리 이용한 음식들은 옥수수 한 가지만으로 된 것, 고기를 동반한 것, 때로는 디저트로 이용하기도 하는 옥수수 푸딩이라는 음식 등이다. 인디언과 식민자들은 그 후 미국 역사를 통해 주로 한가지 음식에 의존했다. 이는 드물고 귀한 요리 기구에 맞을 뿐 아니라 오늘날의 요리의 관점에서 볼 때 많은 시간을 벌 수 있는 것이기도 했다.

북동부 지역에서 널리 알려진 음식 중 하나는 포리지와 같은 농도로 마른 콩과 마른 옥수수를 함께 요리한 음식으로 샘프(거칠게 간 옥수수)라는 것이다. 이것은 종종 소금에 절인 돼지고기나 돼지의 관절부분을 넣어 함께 요리한 본질적으로 진한 수프 혹은 스튜이다.

강낭콩과 옥수수를 넣어 끓인 콩 요리 서컷타시는 마른 콩과 옥수수로 만든 이 지역의 또 다른 유명한 향토음식이다. 이 음식은 대체로 캐서롤 상태(요리한 채 식탁에 놓는 냄비)로 굽거나 요리된다. 이것은 나라간셋 인디언족에 의해 식민자들에게 소개된 것으로 원래 이름은 므식구아토시로 서컷타시는 이 음식의 변형이다. 서컷타시를 만드는 방법에는 여러 가지가 있다. 어떤 경우에는 콩과 옥수수의 기본 재료에 닭고기와 소금에 절인 돼지고기와 토마토와 순무 등이 포함되기도 한다.

　우유를 저으며 밀가루를 조금씩 넣어 만드는 속성 푸딩은 밀가루, 버터, 양념, 우유, 그리고 가끔 계란 등을 함께 혼합하여 포리지로 만드는 것으로 양키들이 응용했던 음식이다. 식민자들은 밀가루 대신 옥수수 가루를 이용하였고 그 후 종종 이를 인디언 푸딩이라고 불렀다. 속성 푸딩은 오늘날까지 양키들이 가장 좋아하는 음식 중의 하나이다. 속성 푸딩 혹은 인디언 푸딩 역시 많은 변형을 거듭했다. 미국의 많은 지역에서 달콤하게 하여 오븐에서 요리를 해서 먹는데 흔히 단풍나무 시럽과 당밀 또는 순수한 오렌지로 맛을 강조하기도 한다.

　이 지역의 다른 중요한 음식은 보스턴의 구운 콩, 뉴잉글랜드의 구운 콩 수프, 뉴잉글랜드의 구운 콩, 보스턴의 갈색 빵, 그리고 호밀 흑빵 등이다. 호밀 흑빵은 호밀가루와 옥수수 가루로 만들어진다. 구운 콩, 빵, 인디언 푸딩, 고기 파이, 그리고 당밀이 든 사과파이인 팬다우디로 알려진 거친 디저트 등은 벽돌로 만든 오븐에서 요리된다. 붉은 플란넬 천에 싼 다진 고기 요리인 하시는 사탕무, 베이컨, 감자, 양파 등으로 만들어진 동부 하부 지역에서 가장 인기 있는 음식이다. 슈플라이 파이는 네덜란드 식 특별 요리이다. 이것은 파이 껍질로 구워졌지만 사실은 당밀 케이크의 일종이다. 파이, 푸딩, 과자, 아이스크림 등의 디저트는 추측컨대 이 슈플라이 파이로부터 유래된 것이 아닌가 생각된다.

　펜실베이니아의 네덜란드식 스크래플(저민 고기, 야채, 옥수수 가루 등을 혼합하여 기름에 튀긴 요리)은 인디언 옥수수 가루와 샐

비어 잎인 세이지와 향미용 매저램으로 양념을 하고 자를 수 있는 덩어리 빵 모양을 한 돼지고기 소시지의 향긋한 혼합으로 이루어진 음식이다. 이것은 식민지 시대에 적절한 아침식사로 여겨졌다. 이 음식은 농촌이나 펜실베이니아 네덜란드계 마을인 리딩 같은 곳에서 많이 이용되고 있다. 요즈음에도 이 음식은 필라델피아 스크래플이라 부르고 있다. 뉴잉글랜드 지방과 남부 지역 두 곳에서의 당밀의 전반적인 사용은 식민지 시대에 서부 인디언들과 거래를 하면서 설탕 제조의 부산물인 당밀을 구하기 쉬웠다는 점에서 기인한다.

남부

남부 요리. 남부는 자체의 요리 스타일로 유명하다. 전통적으로 플랜테이션에서 음식 재료가 풍부하게 생산되기 때문이었다.

남부의 전형적인 음식은 옥수수 요리, 밥, 햄, 바비큐 갈비, 마, 고구마, 육즙, 각종 야채, 굵게 간 옥수수로 쑨 죽, 돼지고기를 넣은 굵게 간 옥수수로 쑨 죽인 허그 앤 하미니 등이다. 허그 앤 하미니는 개척자들이 서부로 이주하는 과정에서 생활을 가능하게 해 준 소금에 절인 돼지고기와 옥수수의 절묘한 결합으로 만들어진다. 굵게 간 옥수수로 쑨 죽을 만드는데 있어 물푸레나무와 물은 옥수수 껍질을 까고 말려주는 역할을 한다. 이 음식은 남부에서 '맹목적인 애호'의 대상이다. 거칠게 갈았을 때 하미니는 모래알이라고 알려져 있으며, 남부의 음식 중 가장 남부적인 특성을 나타내 주는 음식 중의 하나로 인디언으로부터 받은 또 다른 선물이다. 이것은 단풍나무 시럽과 함께 오트밀 죽으로 만들어 먹을 수 있다. 햄즙으로 만든 육즙인 레드 아이 그레이비에는 작은 햄조각이 들어 있는데 이는 아마도 고기가 귀한 가난한 집안으로부터 만들어진 음식일 것이다. 이것도 오늘날 전형적인 남부의 메뉴로 자리를 잡았는데 특히 여행자들을 위한 레스토랑의 요리로 유명하다.

또 다른 유명한 남부 음식은 버지니아의 땅콩 수프와 메기 요리이다. 여기에는 오렌지로 만든 다양한 디저트가 뒤따른다. 오렌지와 코코넛 등으로 만든 맛과 냄새가 매우 좋은 남부의 디저트 엠브로지아와 버지니아와 다른 남부 지역에서 인기 있는 오렌지 파이 등도 있다. 오늘날 남부에서 바비큐 소스로 요리한 닭 날개는 술집과 레스토랑에서 가장 인기 있는 음식이다. 그리고 옥수수와 호밀로 만드는 버번 위스키는 요리를 하는데 널리 사용된다. 버번 파이와 스테이크는 버번과 다른 양념으로 매리네이드 처리를 하여 절인 것이다. 원래 이름이 바바코아인 바비큐 요리는 인디언과 스페인의 영향을 둘 다 반영하고 있다. 스페인인들은 우선 인디언으로부터 기술을 배우고 그 후에 양념을 첨가하여 사용했다. 남부인들이 가장 애호하는 양념은 스페인인과 아프리카계 미국인의 영향을 동시에 반영하고 있다.

빵은 옥수수 가루에 우유와 계란 등을 넣은 연한 빵인 스푼 브레드, 우유와 계란을 넣지 않고 만든 옥수수 빵인 콘 폰, 또 다른 옥수수 빵인 콘 스틱, 쟈니 케이크, 옥수수 가루로 만든 둥근 튀김 빵인 허시 파피 등이 남부의 특징이 있는 것들인데 모두 인디언으로부터 기인된 것들이다. 스푼 빵과 우유와 계란, 옥수수 가루로 반죽하여 만든 배터빵은 식민지 시대 이래로 남부에서 가장 인기 있는 빵이다. 그러나 20세기에 들어와서 남부에서 가장 인기 있는 자리는 짓이겨 만든 감자 요리인 매쉬드 포테이토가 차지하고 있다.

대중화된 아프리카계 미국인의 음식인 영혼의 음식은 각종 채소와 검은눈 완두콩, 콘 폰, 하미니, 돼지갈비와 등뼈, 돼지의 관절부분과 곱창 등이 포함되어 있다.

크레올 요리. 크레올 요리는 멕시코만을 따라가며 그 기원이 있고, 오늘날까지도 서부 플로리다로부터 텍사스의 브라운스빌까지 지역적 특성을 가진 것으로 여겨지고 있다. 그러나 뉴올리언즈와 루이지애나의 강유역 플랜테이션이 크레올 요리라고 할 수 있는 아주 독특한 요리의 본고장으로 여겨진다. 크레올이란 말은 그 지방의 토박이라는 의미의 스페인어인 크리올라로부터 유래되었다. 그러나 이 말은 일반적으로 남부 지역에 살고 있는 스페인계 미국인을 지칭하는 말로 사용되고 있다. 크레올 음식은 진정한 의미의 혼합음식으로 볼 수 있다. 왜냐하면 처음에 독특한 맛의 스페인 음식으로부터 시작되어 인디언들에 의해 변화를 거듭하고, 그 후 1700년 경에 뉴올리언즈로 이송되어 온 아프리카 흑인 노예들에 의해서 또 변화를 거듭하여 만들어졌기 때문이다. 루이지애나가 프랑스 식민지가 된 이후에는 프랑스 음식의 섬세한 맛이 이 맛에 섞여져 아주 독특한 요리로 발전했다. 이것은 오늘날 '무아지경의 앵글로-색슨 요리'라고 불려진다. 크레올이란 말은 종종 피망, 양파, 마늘 등 양념의 절묘한 혼합이라는 말과 동일한 뜻으로 사용되기도 한다.

뉴올리언즈 요리는 세계적인 영향을 반영하고 있다. 이곳은 남부와 중앙 아메리카로부터 나온 많은 음식들이 서부 인디언을 경유하여 전달되는 음식무역의 중심지이다. 여기에 더하여 이국풍의 양념과 음식이 멕시코로부터 되돌아오는 여행자들에 의해 뉴올리언즈 지방에 전달되었다.

크레올 요리를 대표하는 음식은 쌀, 붉은 강낭콩을 비롯한 콩, 루이지애나의 프랑스인 후손들에 의해 쇼우리스라고 불려진 스페인식 소시지인 초리조, 안도일레 소시지, 잼벌라야 소시지 등이다.

잼벌라야 소시지는 아마도 가장 독특한 크레올 음식일 것이다. 이는 원래 뒤범벅이라는 의미를 가진 햄인 잼번으로 만들어진데서 그 이름이 유래된 것이다. 밥이 이 음식의 기본을 이루고 여기에 해물이 첨가되며 햄이나 때때로 다른 고기와 토마토가 더해진다. 고전적인 뉴올리언즈 요리의 하나는 조개를 양념한 스페인식 소시지인 초리조와 시골에서 만든 햄, 많은 양념을 한 돼지고기 소시지, 토마토, 그리고 고춧가루로 절묘하게 요리한 것이다.

카준 요리. 이 요리는 1755년 이후 뉴올리언즈 서남부의 후미진 만 지역을 중심으로 정착한, 캐나다로부터 추방된 프랑스계 캐나다인 아카디아인들과 깊은 관련이 있는 음식이다. 원래 이 음식은 고대 프랑스의 모습을 회상케 하는 농촌풍의 음식인데 루이지애나에 살고 있는 인디언과 흑인 노예들에 의해 변형되고 발전되었다. 본래 정통적인 카준 요리는 스페인의 영향을 받지 않은 것이었다. 뿐만 아니라 본래의 카준은 뉴올리언즈는 물론 프랑스 파리의 영향도 거의 적은 편이었다. 그러나 세월이 상당히 흐른 뒤 카준과 크레올 요리 사이에는 경계선이 점차 없어지게 되었다.

전형적인 카준 요리는 오크라 수프인 검보, 가재 요리, 그리고 보던 소시지 등이 포함된다. 검보는 생선과 조개에 향료를 넣어 찐 요리인 전형적인 부야베이스이거나 혹은 물고기 스튜이다. 부야베이스 자체는 독특한 것이 아니다. 왜냐하면 모든 나라에서 부야베이스와 비슷한 물고기 스튜를 만들 수 있는 물고기를 잡아 요리를 하며, 아니면 진한 물고기 잡탕 요리인 초우더(생선 혹은 조개에 절인 돼지고기와 양파들을 혼합하여 끓인 것)를 만들기 때문이다.

루이지애나는 단지 검보 요리를 발견했을 뿐이고 이를 발전시킨 것은 뉴올리언즈산 검보 요리로 이것은 아주 독특한 것이다. 이 요리는 오크라와 사사프라스 향료 가루가 이용된 창조적이고 독특한 잡탕 요리이다.

　카준 요리인 보딘 소시지는 두 가지 형태가 있는데 하나는 흰 색이고 다른 하나는 붉은 색이다. 붉은 소시지는 양념을 넣은 블러드 소시지(푸딩)로 돼지의 살과 피 등으로 만든 거무스름한 소시지인데 이것은 더 이상 상업적으로 판매되지 않을 운명이 될지도 모른다. 왜냐하면 도살을 통해 피를 모으는 것이 어렵고 위생상 적절하지 못한 것으로 다소의 규제가 따르기 때문이다. 흰 소시지는 돼지고기와 밥으로 속을 채워 만든 것인데 간과 신장에 강한 맛으로 작용하는, 얼얼하고 색이 희미한 푸석푸석한 소시지이다. 이 소시지를 먹을 때는 김을 적당히 쐬어 따뜻하게 한 다음 한 손으로 소시지의 외피를 들고서 내부의 것을 빨아먹어야 한다. 비록 붉은 보딘 소시지는 미래의 운명에 위협을 받을지 모르지만 흰 보딘 소시지의 미래는 밝다. 왜냐하면 루이지애나의 브라우사드에서 해마다 열리는 루이지애나 보딘 축제가 이 소시지의 운명을 연장시켜주고 있기 때문이다. 이 축제에서 젊은 남녀들은 '길게 이어진 외피 안에 많은 양의 돼지고기와 밥을 채워 넣은 소시지를 괴성을 지르면서 먹는' 보딘 소시지 먹기 경연대회에 참가할 수 있고 구경할 수도 있다.

　카준 스튜와 카준 육즙의 기본은 밀가루를 버터 혹은 지방으로 볶은 루으이다. 이 요리는 밀가루와 버터 혹은 지방을 야채 기름에 아주 천천히 온도를 높여 혼합된 상태가 갈색이 되고 견과 맛이 날 때까지 볶는다는 의미에서 아주 독특한 요리이다.

　카준 요리의 또 다른 중요한 구성 요소는 1700년 초 이래로 루이지애나 지방에서 재배된 쌀과 붉은 콩, 토마토, 조롱박과에 속하는 호박으로 즙을 낸 과즙 음료, 매운 소스, 돼지고기의 다양한 부산물 등이다. 가장 잘 알려진 매운 소스 중 하나는 멕시코의 지명을 딴

타바스코 소스이다. 이것은 루이지애나의 후미진 습지에서 칠레고추, 식초, 그밖의 양념을 발효시켜 만들어진다. 기름을 듬뿍 넣은 쌀 튀김 요리인 칼라스는 루이지애나식 도넛이다. 쌀의 다른 요리는 붉은 콩밥과 탁한 밥이다. 탁한 밥이라고 부르게 된 까닭은 이 요리의 두 가지 재료인 닭의 내장과 간이 밥을 갈색 모양으로 만들기 때문이다.

루이지애나 사람들은 종종 이 지방 특유의 치커리(국화과에 속하는 식물로 잎은 샐러드용으로 쓰고 뿌리의 분말은 커피 대용품으로 쓴다) 뿌리로 그들만의 커피를 즐긴다. 미국 중남부에서 자라는 호도의 일종인 피칸으로 만든 사탕과자인 피칸 프랄린은 뉴올리언즈 지방에서는 아주 유명한 캔디이다. 피칸은 루이지애나 지방이 원산지이다. 프랄린은 갈색 설탕과 물 혹은 크림과 버터를 넣어 만든 둥글납작한 캔디이다. 커피와 곁들여 먹는 또 다른 사탕과자는 설탕가루를 흩뿌린 둥글거나 사각형의 부풀린 프랑스식 도넛인 비그넷이다. 프랑스식 토스트 혹은 페인 퍼듀는 뉴올리언즈 지방에 전해진 프랑스의 또 다른 특별 요리로 오늘날 대부분의 미국인들에게 익숙한 음식이다. 가장 유명한 루이지애나 지방의 디저트는 오렌지 쥬스, 설탕, 계란, 우유, 레몬즙 등으로 만든 거품 같은 오렌지 크림이다.

크레올 요리와 카준 요리의 관계는 프랑스 상류사회의 요리와 프랑스의 지방 혹은 시골 요리와의 관계와 같다. 크레올과 카준 요리의 구성물을 보면 루이지애나 지방에 물고기와 조개가 풍부하다는 것을 반영하고 있다. 메기 요리는 크레올 요리로부터 흑인들의 영혼 음식과 대중음식에 이르기까지 대단히 인기 있는 음식이다.

플로리다 요리. 미국 남동부 특히 플로리다에서 스페인의 영향을 받고, 적도 부근에서 생산되는 산물들에 의해 변화를 거듭한 음식이 멕시코만 연안을 따라 또 다른 크레올 요리로 알려진 독특한 요리로 발전했다.

　스페인 정복자들은 검은콩과 오렌지와 같은 보다 이국적인 산물을 카리브해에 있는 섬으로부터 플로리다에 유입시켰다. 탬파 지역에서 쌀은 검은콩을 섞어서 신년 이브 파티에 한밤중 만찬을 위한 소박한 음식으로 만들어졌다. 16세기 초에 폰스 데 레온(Ponce de Leon)은 카리브해의 섬에서 본토 플로리다로 럼주를 들여왔다. 이곳 카리브해에서는 구운 검은콩의 향신료인 오레가노와 마늘 맛을 강조하기 위하여 럼주를 사용했다.

　카리브해의 여러 섬들의 영향은 플로리다의 많은 음식에 반영되어 나타나고 있다. 예를 들면 푸에르토리코 스타일로 완두콩과 쌀을 넣어 만든 비둘기 요리 에라조 콘 폴로, 닭고기나 쇠고기에 쌀을 넣어 만든 에라조 콘 카르네 등이다. 이집트콩인 병아리콩은 스페인 정복자들에 의해 플로리다의 발전된 요리에 유입되었다.

　플로리다와 키 지방의 전형적인 음식에는 볼리키가 있다. 이것은 쿠바식 소시지를 가득 채운 쇠고기 요리로, 올리브를 가득 채운 스페인산 고추인 피망, 파란 고추, 양파와 다른 야채, 그리고 라임 쥬스와 커민 씨앗으로 강조를 한 것이다. 이 중 라임 쥬스와 커민은 스페인의 영향이다. 또 다른 음식은 알코포라도인데 이는 매운 맛을 적게 하기 위하여 건포도를 넣은 쇠고기 스튜 요리이다. 또한 저민 쇠고기에 건포도, 올리브, 쌀 등을 섞은 피카딜로도 있다. 플로리다는 미국에서 주도적으로 상업적 어업을 하는 지역으로 이곳의 풍부한 생선 자원은 요리 구석구석에 반영되어 있다. 새우, 바다가재, 가리비, 게, 전갱이, 물퉁돔 혹은 금눈 돔인 빨갱이 등은 이 지역에서 쉽게 구할 수 있는 음식 재료들이다. 존스는 스페인산 소스를 넣은 일상적인 플로리다 스타일의 음식에 등장하는 생선 돔 토막과 후추와 육두구를 넣어 양념하고 소량의 쥬스와 오렌지 껍질을 넣어 구운 돔 토막에 대해 자세히 설명했다.

플로리다는 악어배로 알려진 아보카도나무의 주산지이다. 또한 이곳은 많은 다른 이국풍의 과일을 생산해 내고 있다. 오렌지 디저트는 매우 인기 있는 디저트이고 건포도와 럼주로 강조하고 아먼드를 흩뿌린 머랭과자(설탕과 계란의 흰자위 등을 섞어 구워서 파이 등에 입힌 과자)로 장식한 과즙 음료 역시 훌륭한 디저트이다.

남서부와 캘리포니아

오클라호마. 백인들이 도착하기 전에 오클라호마의 완만한 평원은 버팔로 떼로 뒤덮여 있었고 이곳에서 인디언들은 생활의 원천인 식량, 옷, 오두막을 얻기 위해 버팔로를 사냥했다.

그 후 이 땅은 농업에 적합한 땅으로 판명되었다. 쇠고기, 유제품, 닭, 돼지 등은 이곳에 사는 사람들의 주요 수입원이었다. 가장 중심을 이루는 곡식은 밀, 사탕수수이고 과일은 버찌, 딸기, 감, 복숭아 등 많은 종류가 있다. 이곳은 또한 호두, 북미산 호두인 피칸, 중남미산 호두인 히커리 등의 주산지이다. 뿐만 아니라 많은 종류의 사냥감과 물고기도 풍부하다. 오클라호마가 텍사스와 공유하고 있는 특히 색다른 것은 식량산업으로 발전한 유전자 전환으로 이루어진 변환된 콩이다.

텍사스. 이 주에는 다양한 토양과 기후뿐만 아니라 산, 삼림지대, 농지, 목장, 목초지, 그리고 아열대성 기후를 가진 산물이 풍부한 넓은 연근해 지역이 포함되어 있다.

식민자들은 주로 북동부로부터 텍사스로 들어와서 남서부로 확장해 나갔다. 이 지역에는 야생마, 소, 그리고 초기 스페인 정복자들에 의해 길러진 동물들이 많이 있었다. 초기 식민지 시대부터 지금까지 북쪽 지방의 평원은 버팔로가 살고 있다. 미국 남서부 텍사스 지방의 긴뿔소는 이 야생 소의 후손이다. 살찌고 맛있는 품종으로 오랜 기간 개량된 것이다.

초기 식민자들은 개척을 하는데 너무나 필요한 곡식인 옥수수를 심고자 했다. 이것은 텍사스 지방 개척자들에게 매우 중요한 문제였다. 왜냐하면 이것을 통해 신선한 옥수수, 포리지, 옥수수 빵, 옥수수 가루, 그리고 당분을 얻기 위한 옥수수 당밀 등을 얻을 수 있었기 때문이다. 19세기 초반까지 텍사스의 음식에는 역시 풍부한 사냥감으로 인하여 고기는 부족하지 않았다.

텍사스의 넓은 환경 때문에 이곳에서는 다양한 향토음식이 일찍부터 발달되었다. 예를 들어 만 지역에서는 굴과 다른 해산물이 풍부했다. 면화와 더불어 연근해 해안선을 따라서는 옥수수와 고구마 등 많은 야채가 재배되었다. 특히 남부 변경도시에서는 일찍부터 멕시코 음식이 유행했다. 쇠고기는 물론 각종 사냥감도 전통적으로 풍부했다.

텍사스 요리의 우량증명은 무엇보다도 바비큐이다. 텍사스 사람들은 독하게 매운 맛을 잘 참고 이런 맛을 즐기는 것에 대해 자부심을 가지고 있다. 동부 텍사스인들은 '텍사스의 뜨거운 창자'로 알려진 그들이 즐겨 먹는 매운 맛이 독특한 소시지를 자랑으로 여기고 있다. 텍사스인들은 호도가 들어간 피칸 아이스크림과 캔디가 들어간 아이스크림도 무척 즐긴다.

텍사스는 다른 어떤 주보다 사슴이 많고 그 뒤를 미시간이 따르고 있다. 여기에는 뿔이 긴 야생 당나귀, 야생 칠면조, 쿠거라는 아메리카 사자, 자벨리나로 알려진 야생돼지 등이 풍부했다. 또한 이곳은 대단위의 관개 덕분에 미국의 주도적인 농업지역이기도 하다.

쇠고기는 농가 수입의 50%를 차지하고 있다. 뿐만 아니라 텍사스는 새우 생산에도 단연 어느 주보다 앞서고 있다. 텍사스의 풍토는 검정 민어, 게, 넙치, 같은 종류인 빨갱이, 붉은 민어, 바다 송어 등을 양산해 내고 있다. 농가에서 키우는 메기는 해안선을 따라 생산되는 쌀과 더불어 또 다른 주산물이다. 감귤, 수박, 복숭아 등을 포함한 다양한 과일과 야채를 생산하는 시장용 농사는 텍사스에서 중요한 기업이다.

애리조나. 이 주에는 관개가 농업에 필수적 조건이기 때문에 물의 부족에도 적당한 농업만이 가능하다. 소, 유제품, 종려 야자, 보리, 밀, 그리고 사탕수수, 감자, 그레이프루트(포도처럼 열매를 맺는 왕귤나무의 일종으로 남서부에서 자란다), 오렌지, 상추, 호두, 체리 등과 같은 작물을 주로 생산한다. 이 주에서는 로키 산맥 이서 지방에서만 자라는 포도의 일종인 비티 비니프라가 자란다. 캘리포니아, 워싱턴, 오리건에서도 이 포도를 생산하고 있다. 이 주의 거의 모든 곳에서 너무나 마시기에 좋은 포도주를 소량으로 생산하고 있다. 애리조나도 플로리다, 캘리포니아, 텍사스와 더불어 그레이프루트의 주요 산지이다. 사냥으로 손쉽게 얻을 수 있는 동물은 북미 대륙의 유일한 토착 돼지인 멕시코 자벨리나가 많이 서식한다. 애리조나주 남부에는 멕시코계 조상들이 많이 살고 있는데 주민의 약 6%가 인디언이다.

뉴멕시코. 메마른 기후에도 불구하고 이 지역의 농업은 주 수입원의 다섯 번째에 속한다. 목초지가 농업의 중요 형태이다. 소, 유제품, 양 등이 수입의 주를 이룬다. 가뭄에도 잘 자라는 사탕수수, 옥수수, 그리고 메마른 기후에 자라는 콩은 이 지역의 또 다른 주산물이다. 다양한 과일과 야채도 리오그란데강과 다른 강 계곡을 따라 생산되고 있다. 뉴멕시코는 애리조나보다 물이 풍부하다.

대부분의 뉴멕시코 주민들은 이곳에 정착해 살고 있는 주요 세 집단인 인디언, 스페인계, 영어를 말하는 미국인 중 하나의 자손이다. 이 지역이 스페인의 영향을 받았다는 사실은 지명이나 음식, 그리고 휴일의 풍습을 보면 잘 알 수 있다.

캘리포니아. 캘리포니아주는 다른 남서부 주들과 함께 스페인의 유산을 공유하고 기후, 음식, 풍습 등이 비슷하기 때문에 남서부 지역에 속한다고 할 수 있다. 이 지역은 대개 관개를 통해서 부족한 강우량의 문제를 극복하여 아보카도와 감귤인 시트루스를 생산하고 있다. 또한 미국에서 소비되고 있는 레몬의 80%가 캘리포니아에서 생산되고 있다. 아보카도도 플로리다 다음으로 많이 생산하고 있다. 조개를 포함한 각종 해산물을 취급하는 상업적 어업은 미국에서 단연 앞선 주이다. 특히 참치는 게에 이어 이 지역의 가장 가치 있는 해산물이다.

캘리포니아는 다양한 요리로 유명하다. 텍사스와 멕시코의 절충음식(Tex-Mex food)과 또 초기에 스페인인들의 영향을 받은 음식, 그리고 주류를 이루고 있는 미국의 음식들이 다양하다. 캘리포니아에는 외국인 거주자 중에서 멕시코 인들이 가장 많기 때문에 자연적으로 멕시코 음식이 유행하게 되었다. 여기에서는 인디언과 스페인 양쪽의 영향을 받아 만들어진 메뉴도가 인기가 있다. 샌프란시스코만은 훌륭한 허브향을 내는 캘리포니아 주산의 4년생 상록초인 예르바 부에나의 주산지이다. 이것은 만 위 언덕의 야산에서 자라고 있는데 고기와 다른 음식을 요리할 때 특별한 맛을 더해주기 위해 이용된다. 현재 캘리포니아의 여러 요리에는 파슬리의 일종인 체어빌을 섞은 개사철쑥을 넣어 보다 부드러운 맛을 만들어 내고 있다. 이곳의 양고기는 야생에서 자라는 노간주나무의 열매인 주니퍼로 양념을 한다. 잇꽃과 북미산 송과, 올리브 등도 양념을 하는데 이용된다. 시에라 지역에서 개발된 하나의 음식은 매우 인기가 있는데 이것은 아먼드, 송과, 올리브 등으로 양념을 한 신선한 민물농어 요리이다. 꿩고기로 만든 스페인식 소시지인 코리조와 칠레고추와 양파 등이 들어간 토마토 소스인 칠레소스와 초콜릿, 기타 다른 양념이 들어간 멕시칸 소스로 요리를 한 칠면조 요리 역시 이곳에서 매우 인기가 높다. 가금류와 호박씨 소스가 들어간다는 것은 캘리포니아 음식이 스페인과 인디언의 영향을 받았다는 것을 의미한다. 샐러드와 디저트에는 풍부하게 생산되고 있는 오렌지가 이용되고 있으며 특히 남부 지역에서 인기가 높다. 쇠고기 저민 것을 올리브 잎이나 피망으로 싸서 먹는 요리는 오늘날의 미국 음식에 캘리포니아의 기여한 주요 품목이다. 이곳에서 가장 인기 있는 스페인 기원의 음식은 향신료인 오레가노와 마늘로 양념하고 잘 익은 토착 올리브 열매와 잘게 썬 피망, 그리고 토마토 등이 들어간 갈색 소스로 덮어 구운 돼지고기이다.

로스앤젤레스와 샌프란시스코에는 중국계와 일본계가 많이 살고 있다. 최근에 이민 온 한국을 비롯한 아시아계 이민들과 함께 이들은 미국 특히 캘리포니아 요리에 적지 않은 영향을 주고 있다. 1800년대 중반 '골드 러시'에 캘리포니아를 재척하는 사람들에게 너무나 중요했던 효모빵은 오늘날에도 인기가 높다.

텍사스-멕시코 음식. 텍스-멕스 음식은 텍사스, 뉴멕시코, 애리조나, 캘리포니아 등과 접해 있는 멕시코 변경지역을 따라 형성된 독특한 미국 음식을 지칭하는 말이다. 이것은 당연히 멕시코 음식과 스페인, 아즈텍 문명에 강하게 영향을 받은 미국 음식이다. 그 이름이 의미하듯이 텍사스가 이 음식의 종주권을 주장하고 있다. 다른 3개의 주는 아마도 텍사스가 가장 긴 국경을 접하고 있고 인구도 가장 많기 때문일 것이라고 생각할 것이다. 이것은 미국 전역에 퍼져 있는 수퍼마켓과 패스트 푸드점에서 볼 수 있는 대중음식과 같은 상업적 형태의 멕시코 음식이 아니다.

　스페인 소시지인 코리조는 텍스-멕스 음식에 많이 이용된다. 또한 칠레소스가 널리 이용되는데 칠레고추를 넣은 저민 고기와 강낭콩 스튜 요리인 칠리 콘 칸, 또한 칠리 콘 애로즈를 만드는데 사용된다.

　텍사스에서 텍스-멕스 음식은 일반적으로 텍사스인들이 강한 맛을 애호하는 경향에 맞추어 아주 매운 맛을 유지하고 있다. 애리조나의 텍스-멕스 음식은 텍사스보다 원래의 멕시코 요리에 더 가깝다. 그러나 둥글넓적한 빵인 토르티야에 있어서는 멕시코의 전통적인 토르티야가 옥수수 가루로 만든 것에 비해 애리조나의 토르티야는 밀가루로 만들었다. 또한 애리조나의 텍스-멕스 음식은 멕시코의 전통적인 요리보다 부드러운 칠레고추를 사용하여 매운 맛이 덜한다. 내장과 굵게 간 옥수수로 쑨 죽과 같은 수프인 메뉴도가 애리조나에서 유행하고 있다. 텍스-멕스 음식은 애리조나보다 뉴멕시코에서 훨씬 유행한다. 왜냐하면 이 지역은 당연한 결과로 과거 멕시코인의 자손들이 많이 살고 있기 때문이다. 그들은 스스로를 스페인계 미국인이라고 불렀고 미국적인 것보다 스페인적인 것에 가까운 과거의 그들 조상의 음식법을 그대로 유지했다. 그 대표적인 예는 특별하게 만든 미나리과에 속하는 아니스 맛이 들어간 크리스마스 쿠키이다. 이것은 스페인인들이 가장 좋아하는 양념인 육두구 시나몬이 들어간 소스로 만든 소파이필라스(기름에 튀긴 이스트 반죽의 페이스트리)라 불리는 약간 매운 맛이 나는 빵이다. 시나몬은 스페인 빵 푸딩인 케퍼로토다를 만드는 데에도 사용된다. 멕시코산 막설탕을 넣어 구운 빵인 패노차는 싹이 튼 밀로부터 만들어진 진정한 아즈텍 기원의 디저트이다. 그러나 오늘날 이것도

시나몬을 넣어 스페인계 특유의 음식으로 발전시켰다.

로키 산맥 지역

 지리적으로 중첩해서 로키 산맥에 접해 있는 주들은 서로 다른 특성을 유지하고 있다. 강우량의 부족은 로키 산맥 지역에서 자라는 음식물 재료에 적지 않은 문제가 되고 있다. 그러나 다행히 콜로라도, 아이다호, 그리고 일부 네바다 등은 변경 지역에 있는 강과 호수로부터 물을 끌어올 수가 있다. 네바다의 농업은 최소량이 이루어지는데 이것도 대부분 관개에 의존하고 있다. 물의 부족은 몬타나, 와이오밍, 유타 등을 밀, 소, 양 등을 생산하는데 있어서, 적합한 수리시설이 없거나 비가 적은 토지의 경작법인 건지농업과 목초농업에 크게 의존하도록 했다. 콜로라도와 아이다호 역시 건지농업과 목초농업을 잘 이용하고 있다.
 이 지역의 향토음식은 근본적으로 모두 미국적인 것이라고 설명할 수 있다. 왜냐하면 이 지역의 원래 정착자들이 미국 동부와 중서부로부터 이주해 온 사람들이고 현재 살고 있는 주민의 대부분이 미국에서 태어난 사람들이기 때문이다. 지역적으로 풍부해서 구하기 쉬운 곡식과 물고기와 사냥감은 이 향토음식을 구성하는데 중요한 역할을 한다는 것은 두말할 나위가 없다.
 이 지역의 모든 주는 육지로 둘러 싸여 있다. 그러므로 해산물은 외부에서 유입해야만 한다. 그러나 로키 산맥에 접해 있는 여러 주들은 많은 종류의 신선한 민물고기들을 구할 수가 있다. 몬타나, 아이다호, 와이오밍의 차갑고 빠른 시내는 특히 다양한 종류의 송어가 풍부하다. 또한 몬타나와 아이다호는 연어도 풍부하게 잡을 수 있다. 네바다는 그 주의 피라미드 호수에서만 살고 있는 큰 빨판상

어인 쿠이 우이라는 물고기를 생산해 낸다. 19세기 말까지 몬타나 주에서는 스페인 서부의 바스크인 목동들에 의해 도입된 양으로부터 양고기를 구할 수 있다.

로키 산맥 지역은 아직까지도 야생지역이 많이 보존되어 있어서 그대로가 매우 훌륭한 사냥 지역이다. 맛에 있어 구운 쇠고기와 비슷한 버팔로 고기 요리는 이 지역의 특별 요리로 자리 잡았다. 오늘날 이 특별 버팔로 요리에는 두 가지의 기본 재료가 있다. 하나는 정부에서 보호하는 버팔로로부터 얻는 것이고, 다른 하나는 개인 사육업자에 의해 길러지는 들소(bison)로부터 얻어지는 것이다. 들소를 생산하는 이 지역의 주들은 몬타나, 와이오밍, 유타 등이다. 이 지역은 다른 어떤 지역보다 사냥감으로의 동물과 조류가 풍부하다.

네바다의 윈네뮤카에는 바스크식 음식이 나오는 레스토랑이 있다. 오븐에 구운 양고기와 다진 양고기가 주요 메뉴로 고정되어 있다. 존스는 바스크 요리는 단순한 디저트나 소박한 것이 아니라 복잡한 포만감을 주는 음식이라고 했다.

네바다, 아니다호, 와이오밍은 이 지역의 양의 대부분을 기른다. 소 사육은 아이다호, 몬타나, 와이오밍에서 경제적으로 매우 중요하다. 아이다호는 빵을 굽는데 최고의 재료로 이용되는 아이다호 감자로 유명하다. 이 지역은 또한 사과, 복숭아, 배, 체리, 서양자두 등도 많이 생산해 낸다. 호프 열매 역시 아이다호와 자매 주인 워싱턴과 오리건에서 맥주를 생산해 내기 위해 재배된다.

와이오밍의 스타 밸리는 다른 주에 비해 젖소를 많이 사육하지 않음에도 불구하고 타의 추종을 불허하는 스위스 치즈인 에멘탈 치즈와 비슷한 치즈 특제품을 생산해 내고 있다. 이것은 이 계곡에서 살고 있는 주 전체 젖소의 8분의 1 정도인 5천 마리의 홀스타인 젖소에서 원료를 구하고 있다. 이 특제품 치즈는 1900년 이전에 이곳으로 이주해 와 정착한 모르몬 교도에 의해 만들어진다.

　와이오밍은 칠면조나 햄을 애용하는 다른 주와는 달리 크리스마스 축제에 송어를 가장 전통적인 음식으로 여긴다. 이 물고기는 항상 얼음창고에 냉동되어 있다가 요리할 때 꺼내면 시냇물에서 막 잡아 올린 것 같이 신선하다.

　유타주 거주자의 약 70% 이상이 모르몬 교도이기 때문에 이들이 이 지역의 음식에 가장 큰 영향을 주는 것은 당연하다. 초창기 유타는 매우 궁핍했기 때문에 모르몬 교도들은 안전한 음식공급에 극도로 신경을 썼다. 각 가정마다 지하 저장고를 만들어 밀과 다른 곡식들을 보관했다. 따라서 모르몬의 음식은 질보다 양에 치중하는 경향이 강했다. 모르몬은 규칙에 따라 차, 커피, 술 등을 마시지 못한다. 음식으로써 일반화된 미국의 자극제인 카페인을 먹지 않는 대신에 그들은 당분 소비에 치중하여 설탕 소비가 미국의 다른 어떤 지역보다 대단히 높다. 특히 캔디와 설탕을 이용하여 구운 음식은 더욱 많은 소비가 이루어진다.

　사냥 요리. 로키 산맥에 접해 있는 모든 주들은 이른바 '사슴고기 지역'으로 알려져 있고 이 지역에서는 사슴고기를 요리하는데 타의 추종을 불허하는 전문적 기술을 발달시키고 있다. 그들은 사슴고기야 말로 민스미트(건포도, 설탕, 사과, 향료 등과 잘게 썬 고기를 섞어 만든다)와 칠리 콘 칸(칠레고추를 넣은 저민 고기와 강낭콩 등으로 만든 스튜)으로 요리를 하게 되면 그 어떤 고기보다 훌륭하다고 주장한다. 이 지역에 사는 토착인들은 이 사슴고기를 씨 없는 작은 건포도 젤리와 같이 먹거나, 양고추냉이와 섞은 건포도 젤리와 같이 먹을 때 최고의 맛이 난다고 주장한다. 또한 모과와 포도 젤리도 이 음식과 잘 어울리는 것으로 알려져 있다.

태평양 북서부

아이다호의 경계를 따라 형성되어 있는 이 지역은 오늘날 워싱턴과 오리건 등으로 구성되어 있는데 원래 이 지역은 오리건 지방으로 통했다. 오리건은 1859년에 주로 승격되었고 워싱턴은 1889년에 주로 승격되었다. 이 지역을 흐르고 있는 콜럼비아강은 두 주의 경계를 이루고 있다. 따라서 이 두 주는 같은 물고기, 조개, 그리고 각종 갑각류를 음식의 재료로 사용한다. 또한 기후가 매우 온화하기 때문에 일반 과수원에서 재배되는 과일이 풍부하게 생산되고 있다. 워싱턴과 오리건은 너무나 다양하고 독특한 과일 파이와 칵테일의 일종으로 포도주에 레몬과 설탕, 그리고 얼음 조각을 넣은 음료인 코블러가 유명하다. 이곳은 산불이 난 후 풍성하게 자라는 어떤 식물로부터 채취하는 '장작 당밀'을 특산품으로 가지고 있다. 아이다호와 함께 이 두 주는 맥주를 생산하기 위한 호프를 재배하고 있다. 이 지역의 또 다른 특산물로 독특한 치즈가 생산되는데 워싱턴은 쿠가 골드 치즈이고 오리건은 체다 치즈인 틸라무크 치즈이다.

워싱턴주는 북미 알래스카 근해에서 많이 잡히는 작은 식용 게 던지니스 게로 유명한데 이것은 미국에서 최고로 맛이 있는 게로 소문이 나 있다. 해산물로부터 얻는 워싱턴의 주요 수입은 치누크와 소크아이 연어이고 그 다음이 굴과 게다. 또 다른 특산 해산물은 워싱턴주 북서부 북태평양의 긴 만인 푸젯 사운드에서 나는 올림피아 굴과 1902년에 일본으로부터 수입한 대형 굴인 퍼시픽 굴, 대합조개, 분홍 새우 등이다. 이 두 주는 본래 서부가 원산지이며 로키 산맥에 접해 있는 주들에서도 많이 잡히는 분홍 새우를 대량 생산하고 있다.

　농업적으로 워싱턴은 과일로 유명한데 특히 사과가 유명하다. 와넷치 밸리는 미국산 사과인 딜리셔스와 와인셉 사과를 생산하는 주요 생산지이다. 야키마 계곡은 사과와 더불어 배, 멜론, 포도 등을 생산해 내고 이곳 특유의 포도주를 생산해 낸다.

　이 주에 살고 있는 많은 스웨덴계 주민은 향토음식에 민족적인 풍토를 물씬 나게 하고 있다. 특히 스웨덴 커피 빵과 스웨덴 케이크, 쿠키 등이 그러하다.

　오리건의 최고의 상업적 과일은 사과인데 오리건의 자존심과 영광이 되어 있는 배 다음으로 중요하다. 이 지역 후드와 로그 강 계곡은 북서부 지역의 배 생산지로 유명하다. 오리건은 딸기, 서양자두, 단 체리 등으로도 유명하다. 이곳에서 인기 있는 대중적인 중간 가격의 레스토랑에서는 오리건 특유의 케이크인 오리건 베리 쇼트 케이크 수프림을 정규 디저트 항목으로 내놓고 있다. 던지니스 게와 연어는 이 지역에서 가장 가치 있고 인기 있는 해산물이다.

　오리건 주민들 중 상당수는 그 유명한 오리건 산길(미주리주에서 오리건주에 이르는 산길로 19세기에 개척자들이 많이 이용했다. 여기에서 '오리건 열병'이라는 말이 나오기도 했다)을 따라 그들의 조상이 살았던 곳을 답사하기도 한다. 가장 큰 집단은 이루고 있는 사람들은 캐나다, 독일, 영국, 멕시코로부터 이주해 온 사람들이다.

　알래스카. 이 주에서 물고기는 음식과 세입의 가장 중요한 원천이다. 특히 치누크와 소크아이 연어는 중요한 해산물이다. 그러나 알래스카와 가장 친숙해져 있는 해산물은 큰 알래스카 왕게이다. 북미 태평양에 많이 서식하는 던지니스 게와 스노우 게 역시 이 지역에서 유명하다. 알래스카 인들은 '효모'라고 불려지기도 하는데, 이것은 알래스카 지역 초기 개척자들이 빵을 얻기 위해서 발효제

를 반드시 지니고 있었기 때문이다. 가정에서 만든 발효제를 계속 보유하는 것은 아직 상품 발효제인 이스트가 사용되지 않았기 때문이고, 빵은 생활을 위한 필수적인 것이었으므로 개척자들에게는 이것이 반드시 필요했다. 오늘날 대부분의 알래스카인들이 이제는 상업적 이스트를 손쉽게 구할 수 있지만 많은 사람들은 아직도 그들 스스로 만든 발효제를 사용하고 있다. 어떤 제품은 50년 이상 된 것도 있다. 따라서 가정에서 만든 빵은 아직까지도 알래스카에서만큼은 최고의 음식으로 대접받는다.

알래스카 토착민은 인디언과 에스키모와 알류트족으로 구성되어 있다. 다수의 에스키모는 요즘도 고래고기를 즐긴다. 이들은 종종 물고기로 식사를 해결하는데 여름에는 딸기와 나무 뿌리, 그리고 북미산 순록 등으로 영양을 보충한다. 특히 이들은 비타민 C를 최고로 함유하고 있는 북미산 야생딸기인 호로딸기를 즐겨 먹는다.

순록 다음으로 덩치가 큰 말코손바닥 사슴인 무즈가 이 지역에서 가장 중요한 사냥감이다. 알래스카의 특별요리는 바로 얇게 잘라 말린 이 무즈 고기이다. 또 다른 맛있는 요리는 양념한 새끼 양 맛이 나는 알래스카 달 면양 요리이다. 딸기와 버섯 역시 이 지역의 중요한 산물이다.

하와이

1959년 하와이가 미국의 50번째 주로 승격된 것은 미국 요리에 새롭고 이국풍 차원의 음식이 더해졌음을 의미한다.

오늘날 하와이 주민의 단지 15%만이 750년 경에 하와이 군도에 도착하기 시작한 원래의 폴리네시아인 자손들로 진짜 하와이인이다. 원래 이들의 음식은 해산물이었다. 후에 이들의 음식에는 다양한 길을 통해 섬에 들어와서 잘 자라난 과일들이 더해졌다. 폴리네시아인들이 도착했을 때 하와이에는 곡류가 생산되지 않았다. 오늘날 이곳에서 잘 자라는 주요 곡물이자 성장 조건에 가장 적합한 것은 벼이다. 설탕산업도 1835년에 시작되었고 파인애플도 20세기 초에 재배되기 시작했다. 오스트레일리아가 원산지인 매카다미아 견과는 약 100년 전에 이곳 하와이에 심어졌는데 오늘날 하와이는 이 나무 열매의 독점적이고 상업적인 생산을 자랑하고 있다.

코코야자나무는 하와이의 식사 유형을 형성하는데 중요한 역할을 했다. 쇠고기를 압축하여 짜낸 즙은 다양한 요리를 준비하는데 우유 대신으로 이용되고 있다. 이 섬에 사탕수수가 전해지기 전에는 이것은 감미료로도 이용되었다. 코코넛야자의 가장 속싹인 코코넛 역시 아주 맛있는 야채이다. 야자의 수액은 와인이나 독한 술, 또 식초를 만드는데 이용된다.

돼지는 동남아시아로부터 폴리네시아에 전달되었는데 오늘날 하와이에서 가장 맛있는 고기가 되었다. 닭은 하와이에 오래 전부터 있어 왔고 그 결과 소비가 잘 되는 음식이다.

19세기에 하와이의 요리는 아주 다양한 음식을 포함하고 있었는데 이는 하와이를 개발하기 위하여 이곳에 온 다양한 사람들을 반영하고 있다. 이들 중에는 뉴잉글랜드의 선교사들, 중국의 플랜테이션 소유주들, 일본 사탕수수 노동자들, 한국인, 포르투갈인, 소수의 스코틀랜드인 등이 포함되어 있다. 그러나 1800년대 말 사탕수수 산업과 파인애플 산업이 성장하는 동안 많은 선교사들이 도착함에 따라 이곳의 음식문화는 극적으로 변화했다. 현재 이곳에서 가장 일반적으로 소비되고 있는 음식은 미국 본토의 음식과 같은 것이다. 하와이에 있는 수퍼마켓은 미국의 생산물과 음식으로 채워져 있고 여기에 이미 미국화 된 하와이 음식이 첨가되어 있다.

그러나 다행히 이 지역의 생선과 과일은 초기의 음식을 지켜주고 있다. 거북과 하와이의 겨울 남서풍의 이름을 가진 코나 게와 코나 커피는 이 지역의 또 다른 맛있는 음식이다. 코나 게와 코나 커피는 하와이섬 서부지역에서 생산되고 있다.

전통적인 하와이 음식은 하와이의 축제 루아우가 열릴 때(때로는 관광객을 위하여 축제가 열린다) 가장 잘 맛 볼 수 있다. 루아우는 원래 타로 토란을 의미했지만 현재는 축제를 의미한다. 하와이 특산음식인 라우라우는 물고기, 돼지고기, 닭고기 등을 혼합해서 타로 토란의 잎으로 싸서 증기에 찌는 것이다. 하와이인들은 자주 생선과 육류를 섞어서 먹는다. 하와이의 토란 요리인 포이는 타로 토란 뿌리를 가루로 낸 것인데 이것으로부터 녹말가루 반죽이 만들어져 사발에 담아 먹는다. 모든 사람들은 식탁용 은그릇이나 스푼이나 젓가락 없이 사발에 손을 직접 담아 먹는다. 럼주가 있건 없건 펀치 음료가 축제 기간 동안에 제공된다.

루아우의 중심은 돼지고기인데 이는 달구어진 돌에 조금씩 요리된다. 달구어진 돌을 동물의 속에 집어넣어 속과 밖을 동시에 요리하게 되므로 신선함이 최대한 유지된다. 다른 음식들도 여러 가지 잎으로 싸서 동시에 요리된다. 부분적으로 사향냄새가 나는 티 잎은 생선을 맛있게 먹는데 이용된다. 먹기에 좋은 해초인 리무 역시 김에 쪄서 먹는다.

하와이의 독특한 특별 요리로는 육포로 만들어진 쇠고기를 작은 조각으로 끓여 단 맛이 나는 소스와 함께 먹는 피피카울라, 가시를 발라내어 소금에 절인 연어 살을 잘게 썬 양파와 토마토와 섞어 샐러드용으로 제공되는 로모이로모이, 파인애플의 큰 토막을 끓여 베이컨이나 바비큐 요리된 돼지고기의 토막을 두른 루마키 등이 있다. 이러한 특별 요리들은 본토에서, 특히 캘리포니아주에서 그들 특유의 방식으로 요리되어 제공되고 있다.

중서부 지역

 이 지역은 때때로 중부 평원지대라고 불려진다. 방대한 12개의 주로 구성되어 있는 이 지역은 거의 평원이다. 비록 일부 지역에서는 관개가 필요하지만 농업은 이 지역에 적합하다. 이 지역의 농업 생산은 많은 양의 옥수수, 밀, 그리고 다른 곡식, 각종 가축, 가축의 부산물 등이 포함되어 있다. 중서부는 과일도 대량으로 생산하고 있다.
 이 지역은 미시시피강과 그 지류, 그리고 오대호와 다른 작은 호수, 강, 시냇물의 축복을 받고 있다. 이 지역의 거의 모든 주에서 훌륭한 리크레이션인 낚시를 즐기고 있다. 특히 오대호를 끼고 있는 주들은 오락적인 낚시뿐만 아니라 상업적 어업도 발전했다. 낚시와 더불어 많은 사냥감이 널려 있어 사냥도 즐길 수 있다. 이러한 자산들은 이 지역의 음식의 풍요함을 더해주고 있다.
 중서부 주의 대부분에서 주민의 96% 이상이 미국에서 태어난 사람들이다. 많은 사람들이 다른 주에서 살다가 이곳으로 이주해 온 미국인들의 후손이다. 여기에는 유럽으로부터 온 정착자들의 자손들이 많다. 외국 태생의 거주자들은 캐나다, 독일, 영국, 헝가리, 폴란드, 이태리, 유고슬라비아, 네덜란드, 그리고 여러 러시아 공화국으로부터 온 사람들이다. 최근에는 동남아시아로부터 많은 사람들이 이주해 오고 있다. 이 집단들의 대부분은 그들이 살던 지역의 음식을 가져옴으로써 향토음식 형성에 적지 않은 영향을 주고 있다.
 중서부 지역에는 진정한 의미의 향토음식이 거의 없다고 알려져 있다. 이 지역은 미국의 다른 지역에서 살던 사람들이 이주해 오면서 그들과 함께 향토음식을 가져왔기 때문이다. 중서부 지역의 음식이 균일화된 또 다른 이유는 미국 전역에서 보여지는 현상이기도 하다. 이 지역의 레스토랑과 패스트 푸드점, 그리고 수퍼마켓에서는 미국에서 주류를 이루는 음식뿐 아니라 대중음식도 쉽게 접근할 수 있기 때문이다.

그러나 공간적 지역이 분명히 정해져 있지 않지만 이 지역에도 향토음식이 있다. 그 대표적인 예는 미주리 출신의 대통령 트루먼 (Harry Truman)과 그의 부인이 가장 좋아했던, 일명 베스 트루먼 오자크 푸딩이다. 이것은 우유와 계란에 설탕과 향료를 넣어 만든 단순한 커스터드 푸딩이다. 이것에 잘게 썬 사과와 잘게 썬 호두와 럼주를 첨가하여 세게 저어 거품을 일게 한 크림과 함께 먹는다. 오대호 지역은 계절에 따라 많은 종류의 송어 요리가 유명하다. 이 지역에서는 송어 요리와 구운 감자를 잘 녹는 버터에 적셔 먹은 것이 유행하고 있다. 빙어의 일종인 스멜트는 특히 미시간, 미네소타, 위스콘신에서 대대적인 인기가 있는 음식이다. 이곳에서는 많은 사람들이 봄마다 알에서 깨어난 스멜트 새끼가 미시간, 휴런, 슈페리어호로부터 이 지역의 시내나 강으로 올라올 때를 끈기 있게 기다린다. 봄이 되어 물고기 새끼가 올라 올 때 사람들은 각종 갈고리와 그물로 이를 쉽게 잡는다. 스멜트가 너무 작기 때문에 이 고기를 좋아하는 사람들은 가족의 식사를 준비하기 위해 열심히 노력하지 않으면 안된다.

노스 다코타에서는 산벚꽃나무의 일종으로 떫은 맛이 나는 초크체리와 큰 덤불숲 덩굴월귤 열매인 크랜베리, 그리고 야생 서양자두가 유명하다. 사우스 다코타는 초크체리와 야생 씨없는 건포도 생산으로 유명하다. 위스콘신은 덩굴월귤의 일종인 블루베리, 허클

베리, 채진목류 나무의 열매인 준베리, 야생 검정 씨없는 건포도, 그리고 크랜베리 등이 유명하다. 특히 위스콘신의 도어 지방은 사과와 체리로 유명하다. 꿀은 미시간 중부지역에서 과수 산업의 중요한 부산물이다.

5. 대중음식

대중음식이란 일반적인 패스트 푸드, '걸으면서 먹는 음식', 그리고 상업화 되고 충분히 미국화 되어 이제는 원래의 인종적 기원을 둔 음식과는 근본적으로 차이가 있는 서로 엉켜 '혼합된' 인종적인 음식 등을 포함한다. 패스트 푸드에는 햄버거, 치즈버거, 생선버거, 프랑스식 감자 튀김인 프렌치 프라이즈, 피자, 그리고 멕시코 요리로 둥글넓적한 옥수수 빵 토르티야, 파삭파삭하게 될 때까지 구운 토르티야 토스타도, 저민 고기 등을 토르티야로 싼 타코, 고기와 치즈를 얹은 토르티야의 일종인 뷰리토 등이 있다. 이러한 음식들은 패스트 푸드 레스토랑에서는 물론 식료품 가게의 냉동실에서도 구입할 수 있다. 어떤 패스트 푸드는 성격상 상당히 지역적이어서 향토음식임을 반영하고 있다. 예를 들어 굴과 메기로 만든 샌드위치는 앨라바마에서 대중음식으로 유명하다. 또한 뉴잉글랜드 지방을 중심으로 대서양 근해를 따라 있는 지방에서는 따뜻하게 하여 양파링과 함께 먹는 바다가재 롤빵을 길가의 간이식당에서 누구나 쉽게 구입할 수 있다. 북동부 지방의 또 다른 전통적인 패스트 푸드는 대합조개를 넣은 빵을 기름에 튀긴 것이다.

인종적 혼합이 뒤엉켜 있는 대중음식 중 어떤 것은 미국의 식당에서도 쉽게 먹을 수 있다. 가장 일반적인 예는 중국의 영향을 받은 음식으로 미국식 중국요리인 초면(炒麵)과 초면 국수가 있다. 이태리의 영향을 받은 음식으로 통조림 스파게티, 마카로니, 저며서 양념한 고기를 밀가루 반죽으로 싼 요리인 라비올리, 그리고 항상 토마토 소스를 기본으로 하여 먹는 스파게티-O 등이 있다.

걸으면서 먹는 음식이란 일하러 가기 전이나 학교 가지 전, 그리고 점심시간에 먹는 작은 스낵을 말한다. 이것은 현장에 거의 설치되어 있는 자동판매기나 주문 후 빠른 시간에 나오는 음식점에서 구입할 수 있다. 이런 것에는 커피, 쥬스, 과일, 롤빵, 그리고 다른 스낵 음식이 포함된다. 오늘날 미국에서 이런 음식들은 점차적으로 증가되고 있는 추세이다.

그러나 대중음식은 창조성이 부족하고, 오늘날 미국의 많은 음식에서 문제가 되고 있는 현상인 영양상의 결점을 안고 있다. 너무 짜거나 지방이 너무 많거나 설탕이 너무 많이 들어 있는 것이다. 그럼에도 불구하고 대중음식의 미래는 확실히 보장되어 있는 것 같다. 대중음식은 준비를 많이 하여 먹는 다른 음식보다 편리하고 값이 저렴하다. 그리고 무엇보다 현대의 바쁜 여행자, 사업가, 노동자, 그리고 직장을 다니면서 가족과 가정의 요구를 요술을 부리듯이 해치워야 하는 가정주부들의 시간을 덜어준다. 오늘날 미국 대중의 대부분은 이 대중음식의 맛에 너무나 익숙해져 실제로 집에서 만든 요리보다 이 패스트 푸드를 더 좋아하는 경향이 있다.

Ⅷ. 미국 음식에 대한 평가와 예측

　시간이 지남에 따라 북아메리카의 식사는 기술적으로 발전해 온 사회가 겪은 것과 비슷한 단계를 밟으면서 발전되고 있다. 개략적으로 말하면, 그 동안 사회라는 것은 우선 식량을 찾아다니면서 약탈을 통해서, 그리고 사냥과 채집 단계를 거쳐 자신들의 음식을 얻어 왔다. 그 다음에는 음식 생산의 초보적 단계인 원예와 동물 사육으로 발전되었다. 이 초보적인 생산 단계가 계속 발전을 거듭하여 방대한 규모의 농업과 다른 형태의 음식 생산단계가 되고, 마지막으로 식량으로서 식물뿐만 아니라 동물도 대규모의 기계화된 농업 생산단계로 발전되었다. 이러한 변화들은 충분한 음식을 확보하는데 있어 일시적인 파동이 있었다. 그러나 오늘날 많은 나라들은 충분한 음식 공급에 더 많은 변화를 가져오게 하는 생물공학이 고도로 발전한 후기 산업사회의 단계로 돌입하고 있다.
　인류의 역사를 통해 관찰해 보면 인간의 음식습관 형성과 선택에 가장 강하게 영향을 주는 요소는 그 음식에 대한 구입 가능성이다. 왜냐하면 가지고 있지 않은 음식은 먹을 수 없기 때문이다. 또한 이 구입 가능성은 지리, 기후, 경제적 상태, 정치 현실, 그리고 그밖의 많은 요소들에 의해 영향을 받고 있다.
　시간의 흐름에 따른 미국의 식사를 평가하는데 있어, 누구든지하고자 한다면, 거의 강제적으로 일반화시킬 수 있을 것이다. 그러나 불행히도 일반화시킨다는 것은 너무나 어려운 일이며, 설사 그렇게 한다 하더라도 오류를 범할 것임에 거의 틀림없다. 왜냐하면 각 시대마다 살아 온 사람들이 무한할 정도로 다양한 집단이었기 때문이다. 각 시대의 틀마다 양적인 면뿐 아니라 질적인 면에 있어서도 한 가지 이상의 서로 다른 이유로 음식을 만들었고, 음식을 얻을 수 있는 방법도 다양했기 때문이다. 그러므로 평가를 내려야 한다면, 각 시대마다 가장 중심이 되는 음식습관에 대해 초점을 맞추어야 할 것이다. 예를 들면, 건강을 주제로 한 어떤 통계는 영양과 밀접하게 연관되어 있고, 이것은 영양 평가를 하는데 있어 도움이 되는 객관적 정보를 제공해 준다. 이것은 사망률, 특히 유아 사망률과 또는 영양과 관련된 어떤 질병으로 인한 사망률, 출생 예상, 성장 정도 등을 포함하고 있다. 이러한 정보는 영양 평가를 내리는 데 이용될 것이다.

1. 식사 경향과 영양 평가

콜럼부스 이전 시대

초기 약탈자. 미국의 음식 역사는 아시아 대륙으로부터 건너 온 북아메리카 인디언으로부터 시작된다. 그들은 약 2만 년 전에 시베리아로부터 시작하여 베링 해협을 가로질러 북아메리카로 들어온 것으로 추정된다. 이때는 제 4 홍적세 빙하기가 끝나갈 때이다. 이 사람들은 특별한 도구의 도움이 없이 단지 식물음식과 동물음식을 찾아 헤매는 식량 약탈자였다. 그 후 상당 기간 동안에도 그들은 어떠한 도구나 농업도 발전시키기 못했다. 그들과 그들의 자손인 원시 인디언들(기원전 13000~8000년)은 수천 년 동안 가장 원시적인 방법으로 음식을 얻은 것으로 믿어진다.

오늘날 알래스카가 된 곳에 도착했을 때, 이 아시아 이민들은 의심할 여지없이 주로 동물음식에 의존했고 북극에 가까운 북극 지대에서 쉽게 구할 수 있는 약간의 식물음식을 보충했다.

그러면 이 식량 약탈자들의 음식은 도대체 얼마나 적절했을까. 이 음식들의 절대적인 질은 아마도 매우 좋았을 것이다. 왜냐하면 그들은 동물음식을 주로 먹었기 때문이다. 일반적으로 동물들에게 있어 가장 신뢰할 만한 영양의 근원은 다른 동물의 살이다. 여러 동물들의 살 조직은 비타민 B 뿐만 아니라 A와 C가 풍부하게 함유되어 있기 때문이다. 여기에 더하여 만약 그들이 바다 가까이에 산다면 다양한 해초로부터 높은 양의 카로틴과 비타민 A를 제공받았을 것이다. 계절에 따라 나오는 야생딸기인 호로딸기는 비타민 C를 공급하는 또 다른 풍부한 재원이었을 것이다.

우유는 그들 식사의 일부가 아니었다. 왜냐하면 그들은 우유를 제공하는 동물을 집에서 기르지 않았기 때문이다. 그들의 칼슘 흡수는 대체적으로 물고기와 동물의 뼈로부터 얻은 것으로 보이고 식물로부터 약간을 더한 것으로 보인다. 이것만으로도 그들의 칼슘 섭취는 충분한 것으로 생각된다.

그들의 식사는 영양 면에서 상당히 균형을 이루고 있었지만 양적인 면에 있어서는 아주 부족했다. 그 동안의 경험을 통해 먹을 수 있다고 확인된 음식을 구하는 기술이 제한되어 있었기 때문에 생명유지 그 자체가 불확실했다. 오늘날 에스키모인들에게서 여실히 드러나 있듯이 출생률과 사망률은 둘 다 의심할 여지없이 높고 생명유지의 예상은 형편없이 낮다.

원시 인디언 시기(기원전 13000~8000년). 기원전 약 1만 년 전 혹은 그보다 조금 전에 이주한 식량 약탈자의 자손들은 도구와 날아가는 무기를 만들어 사용하는 방법을 터득한 사냥꾼이자 채집자가 되었다. 이들이 만든 도구들은 아한대 지방의 초지에서 노닐고 있는 크고 많은 동물들에서 많은 양의 고기를 얻는데 이용되었다. 그들은 도구를 이용하여 보다 효과적으로 식물음식도 구했다. 이러한 진보는 분명 식량 공급에 있어 더 좋고 믿을 만한 상황을 만들어 주었다. 음식이 풍부하게 있는 상태에서 그들은 영양에 균형이 잡혔을 뿐만 아니라 양적인 면에 있어서도 풍부했다.

구석기 시대의 인디언들은 하루에 약 2.3kg의 음식을 섭취한 것으로 보인다. 그 중 약 35%(0.8kg)는 주로 사냥을 통해 구한 고기이고 65%(1.5kg)가 식물음식이었다. 칼로리로 보면 그들은 하루에 약 3천 칼로리를 섭취한 것으로 보인다. 단백질과 복합 탄수화물은 풍부한데 비해 상대적으로 지방이 적었다. 왜냐하면 당시 사냥을 통해 잡은 고기들은 비교적 지방이 적었기 때문이다. 또한 이 음식들에는 당분이 상당히 낮았던 것으로 여겨진다. 그들이 소비한 유일한 당분의 재원은 과일과 보물과도 같았던 벌통을 통한 꿀이었다. 많은 식물음식의 섭취는 하루에 약 45그램 이상의 섬유소를 제공해 주었다.

구 인디언 시기(기원전 8000~1500년). 이 시기가 시작될 때 인디언들은 특별한 도구를 이용하여 동물과 식물음식을 얻는 사냥과 채집 생활을 계속하고 있었다. 영양이 적절했음은 물론 양적인 면에 있어서도 상당히 좋았다. 그러나 얼마 후 기후 조건이 크게 변했다. 초지는 급격히 줄어들고 떡갈나무와 북미산 호두나무의 일종인 히커리가 많은 지역을 뒤덮었다.

초지가 줄어들자 많았던 동물의 수는 급격히 감소하였고, 그것은 인간들이 더 많은 동물을 죽이도록 만드는 결과를 가져왔다. 이 두 가지 환경의 변화가 작용하여 이 시기에는 몇몇 동물들의 멸종을 초래하였다. 인디언들은 이제는 어쩔 수 없이 이전보다 너무나 형편없는 양의 고기를 얻기 위하여 보다 작은 동물들을 사냥했다. 다행히 새로운 아한대 기후는 다양한 식물들이 자라는데 적당했다. 그 결과 보다 효과적으로 음식을 채집하는 활동이 시작되었다. 이 시기에 북아메리카 대륙에서 바로 이들에 의해 전개된 것으로 보이는 원예가 발달한 것은 우연이 아니다. 캐시디(Claire Cassidy)는 이 시기 사냥-채집 인디언들은 단백질 섭취 및 음식의 질적 면에서 우수했다고 평가했다.

숲속 인디언 시기(기원전 1500~기원후 300년). 이 시기의 원예는 비록 작은 규모지만 실제적인 농업으로 발전했다. 식물음식의 보다 많은 섭취와 상대적으로 동물음식의 적은 섭취로 이 시기 인디언들의 음식은 복합 탄수화물이 풍부한데 비해 단백질은 형편이 없었다. 이 초기 농민들은 동물음식이 식량의 주를 이루었을 때보다 많은 칼륨을 섭취했지만 나트륨은 적게 섭취했다. 음식의 영양과 양에 대한 그들의 필요는 보다 작은 동물, 알, 그리고 물고기를 많이 잡도록 하였다.

미시시피 인디언 시기(300~1500년). 유럽인들이 도착할 당시에 북아메리카 인디언들은 남쪽과 동쪽으로 분산되어 중앙아메리카와 남아메리카로, 또 카리브해의 여러 섬으로, 그리고 동북부 아메리카로까지 이주하여 살고 있었다. 콜럼부스가 상륙할 당시에는 서인도 제도와 북아메리카 본토에 살고 있던 인디언들 중 다수가 미시시피 강 유역으로 이주하여 살고 있었다. 이 시기는 대규모 농업의 시작단계라 할 수 있다. 최소한으로 발달된 원예농업이 일반화되어 있었다. 당시의 주요 산물은 옥수수, 콩, 호박 등이었다. 농업과 더불어 그들은 사냥과 어업을 통해 식량을 얻고 있었다. 또한 야생 과일과 뿌리와 열매 등은 이들의 음식에 다양화를 더해 주었다. 이러한 다양한 음식 재료가 충분히 있는 한 그들의 음식은 영양에 있어 적절했다. 그러나 농업에 대한 비중이 커짐에 따라 상대적으로 사냥과 어업, 그리고 채집을 하는데 소요되는 시간과 에너지는 줄어들었다. 결과적으로 음식의 다양화는 줄고 영양 면에서도 좋지 않았다. 거기에다 농업은 인구밀도의 증가를 가져오고, 주어진 환경 내에서 기존의 동물과 식물음식에 대한 경쟁이 치열하게 되었다. 결과적으로 옥수수, 콩, 호박의 재배에 주로 의존하고 야생동물과 식물을 적절히 보충하면서 생활한 북아메리카의 초기 농민들은 복합 탄수화물은 많이 섭취한데 비해 상대적으로 단백질은 적게 섭취했다.

술 소비. 모든 초기 문화에 있어서 술 소비는 당분이 포함되어 있는 유동체가 자연적으로 발효됨으로써, 또 흔하게 퍼져 있는 과일과 쥬스, 꿀, 포유류의 젖으로부터 자연적인 발효가 일어남으로써 처음부터 있어 왔다. 발효는 적당히 따뜻한 온도를 요구하기 때문에 지금의 알래스카 지방에 살고 있던 북아메리카 초기 식량 약탈자들은 알코올 음료를 접하기가 그렇게 용이하지 않았던 것 같다. 수천 년이 지나면서 인디언들이 따뜻한 지방으로 흩어져 살게 되자 그들은 의심할 여지없이 우연히 발효된 쥬스를 발견했다. 그리고 이것을 만들어 먹는 방법을 서서히 터득한 것으로 생각된다. 북아메리카 인디언들의 술 소비에 대한 기록은 아주 드물다. 유럽인들이 도착했을 때 그들은 인디언들에게 증류해서 만든 서인도 럼주와 같은 알코올 도수가 높은 술을 전해 주었다.

영양과 관련된 건강 통계. 클래어 캐시디는 켄터키주에 있는 두 개의 인접 마을에서 발견된 골격을 연구함으로써 콜럼부스 이전의 토착 미국인인 인디언들에 의해 이루어진 농업의 영양적 상태를 평가하고자 했다. 보다 오래된 인디언 마을인 크놀에는 구 인디언 시기인 기원전 5000년에 사냥-채집자들인 식량 약탈자들이 거주하고 있었다. 반면 하딘 마을에는 숲속 인디언 시기인 기원전 약 1000년에 초보적 농민들이 살았다. 이를 통해 캐시디는 사냥-채집자들은 평균 나이가 남자 22세, 여자 18세로 추정된다고 보았다. 유아 사망률이 높았던 점을 고려한다면 남자는 27세, 여자는 23세 가량으로 늘어난다고 보았다. 농민들은 평균 나이가 남자 17세, 여자 18세이고 높은 유아 사망률을 고려하더라도 남자 19세, 여자 21세로 추정된다고 보았다. 인디언 크놀에서 어린이의 44.6%가 17세가 되기 전에 사망하였고, 하딘 마을에서는 53.7%가 사망했다. 크놀에서는 4세 이하 유아 사망자 중 70%가 태어난 해에 죽었고, 하딘에서는 유아 사망의 60%가 2세에서 3세 사이에 죽었다. 적어도 후자의 경우는 단백질 영양의 부족으로 인한 것으로 추정된다.

　베라노(John Verano)와 유벨레이커(Douglas Ubelaker)는 콜럼부스 이전의 신세계의 높은 사망률은 여러 질병들, 특히 호흡기 질환, 이질, 결핵, 그리고 매독 등에 의한 것이라고 주장했다. 질병의 결과로 높은 사망률을 가져왔고 평균수명도 그만큼 줄어들었던 것이다. 이들은 어떤 지역에서의 사망률, 특히 유아 사망률은 전염병이 창궐하고 위생시설이 좋지 않은 지역에서는 시간이 지나면 지날수록 더욱 증가했다고 주장했다. 그러나 이러한 생명에 관한 통계는 영양에 의해 크게 영향을 받기 때문에 영양 결핍이 중요한 요인이라는 것은 두말할 나위가 없다.

　고고학적으로 잘 기록된 표본을 통해서 인구통계학적으로 분석해 보면 신세계의 토착 인디언들의 평균수명은 높은 유아 사망률을 고려하면 약 20세에서 25세 정도로 보여 진다. 따라서 성인들은 거의 30대에 사망한 것으로 보인다. 서로 사는 장소가 달랐지만 동시대에 유럽인들의 사망률에 대한 통계도 거의 비슷하다.

식민지 시대

북아메리카의 초기 유럽 정착자들이 직면했던 가장 중요한 영양 문제는 양적인 면에서 충분한 음식이었다. 영양부족, 영양결핍, 기근, 아사 등이 자주 발생했다. 이들은 식량이 너무나 부족했기 때문에 이웃 인디언으로부터 도움을 받지 않을 수 없었다. 미리엄 로웬버그(Miriam Lowenberg)와 그녀의 동료들은 식민자들이 인디언의 도움으로 어떤 음식이 먹을 수 있고, 그것을 어떻게 구하고, 어떻게 요리하는지를 배우게 되자 그들의 음식 공급은 풍부하게 되었다고 설명했다. 그 결과 사실 식민자들은 당시 세계의 그 어느 지역에 사는 사람들보다 더 좋은 음식을 먹을 수 있었다.

곧바로 식민자들은 그들이 구대륙에서 익숙해 있던 영국 음식을 모방하였고 변화와 발전을 거듭하여 인디언들의 요리법으로 윤색했다. 오늘날의 기준으로 볼 때 이 이주 앵글로-아메리칸의 음식은 양념을 너무 많이 넣거나 너무 적게 넣어 단조롭고 상상력이 없는 것으로 인식되고 있다. 식민자들은 1750년 이후부터 그들의 디저트나 많은 음식에 이 무미건조한 맛을 보충하기 위해 단맛을 가미시켰다. 사실 이때 미국인들과 영국인들은 세계에서 가장 단 것을 좋아하는 사람들이었다. 당시 일인당 설탕 소비에 있어 미국인들은 영국인 다음으로 많았다. 옥수수는 호밀과 함께 가장 중요한 곡식이었고, 둘 다 호밀 빵을 만드는데 사용되었다. 밀은 영국에서 잘 자라지 못하여 그렇게 많이 사용되지 않았다.

초기 앵글로-아메리칸의 음식에 결핍되어 있던 것 중에서 중요한 하나는 신선한 야채와 과일의 부족이었다. 그것은 그들이 야채와 과일을 구할 수 없었기 때문이 아니라, 구대륙 영국인들과 같이 야채와 과일을 단지 고기 요리를 먹는데 동반되는 소스나 장식용 정도로밖에 생각하지 않았기 때문이었다.

이 시기에 음식에 대한 영양 조사는 이루어지지 않았지만 대체적으로 비타민과 미네랄이 부족했던 것으로 보인다. 우유 소비는 극히 적었다. 돼지고기를 중심으로 하는 고기는 상대적으로 많은 소비를 했던 것 같다. 따라서 일반적으로 식민지 시대의 음식은 지방, 소금, 설탕이 많이 함유되어 있는 것이 주를 이루었다. 돼지고기는 소금에 절인 것이 많이 소비되었는데 이는 소금이야말로 가장 훌륭하고 쉽게 저장할 수 있는 것이었기 때문이다.

술 소비. 식민자들이 신대륙에 도착할 당시에 거의 모든 유럽인들은 대체적으로 물이 그냥 마시기에 적합하지 않았기 때문에 많은 양의 알코올 음료를 마시고 있었다. 초기 아메리카 정착자들도 같은 이유로 많은 양의 술을 소비했다. 심지어 식민지를 방문한 영국인들조차도 식민지인들의 술 소비량을 보고 놀라움을 금치 못했다. 사실 당시 식민지인들의 술 소비는 영국인들을 능가하고 있었다. 대부분의 초기 백인 정착자들은 발효와 증류를 통해 알코올 음료의 생산과 소비에 익숙해져 있었다.

영양과 관련된 건강 통계. 대부분의 식민자들은 오늘날의 미국인들보다 키가 작았다. 식민지 시대부터 오늘날까지 키에 대해 전반적인 판단을 해보면 초기 정착자들의 음식은 중요 영양과 관련해서 상당히 부족하거나 제한적이었다고 할 수 있다. 오늘날의 기준으로 볼 때 식민자들의 건강은 형편없었다. 대부분의 사람들은 치료 방법이나 예방법을 알지 못하는 많은 병에 자주 고통을 받았다. 식민지 시대에는 의사와 간호사가 거의 없다시피 했다. 모든 상황

이 열악한 가운데 낮은 평균수명, 높은 사망률, 높은 출생률과 높은 유아 사망률이 식민지 시대의 특징이었다. 그럼에도 불구하고 식민지 시대에 유럽인들은 오히려 식민지보다 더 나쁜 건강에 관한 통계를 가지고 있었다.

1789년 독립전쟁이 끝나갈 무렵 남자의 평균수명은 34.5세, 여자의 평균수명은 36.5세였다. 이 통계는 높은 유아 사망률과 어린이 사망률이 반영된 것이다. 1789년에 60세 이상은 전체 인구의 14.8%에 지나지 않았다. 18세기 말에 미국인들의 평균 키는 거의 현대 수준에 다다르고 있었다. 독립전쟁 시기에 미국 본토에서 태어난 24세에서 35세에 이르는 백인 남성들은 2차 세계대전 당시의 미군들의 키와 거의 같은 173cm였다. 키에 대한 이러한 통계가 현재의 수준과 비슷하다는 사실은 음식에 있어 높은 수준의 영양을 반영하고 있다는 점을 알 수 있다. 그러나 당시에 남성들 특히 군인들이 일반 전체 국민들을 대표하는지는 알려지지 않았다. 17세기 말과 18세기 초 유럽 남성들의 평균키가 173cm에서 5~10cm 작았다는 사실에서 유추할 수 있는 것은 식민지 시기에 유럽으로부터 이주한 이민 1세대는 분명 18세기 말보다 작았다는 것을 알 수 있다.

18세기 말에 흑인 노예였던 아프리카계 미국인의 평균 키가 토착 아메리카 백인들보다 2.5cm 정도 작았지만 그들은 당시 카리브해나 아프리카에서 태어난 흑인보다는 2.5~8cm 정도가 컸다. 흑인에 대한 이러한 통계는 노예생활의 고역에도 불구하고 아프리카계 미국인들은 당시 다른 지역에 살고 있던 흑인들보다 더 좋은 환경과 영향을 공급받고 있었다는 것을 유추할 수 있다.

19세기

전반기. 현재의 영양에 관한 지식으로 초점을 맞추어 보면 독립 후 공화국 초기인 1789년에서 1850년 사이에는 농촌과 도시를 막론하고 수많은 사람들이 심각한 음식 부족으로 고통을 받고 있었다는 것을 알 수 있다. 당시 농촌 지역의 주요 음식은 옥수수와 감자였고 이와 더불어 돼지고기와 빵과 버터가 주를 이루었다. 돼지고기와 굵게 간 옥수수로 쑨 죽인 허그 앤 하미니는 그 동안의 미국 역사를 통해 가장 일반적인 주요 음식이었다. 이 시기에 양적으로 부족했음에도 불구하고 이 음식은 여전히 살아 남았다. 그러나 이 시기에 이 나라의 거의 모든 지역에서 상하기 쉬운 음식인 우유, 신선한 과일과 야채 등의 소비는 충분하지 못했다. 도시의 노동자들과 가족들은 자신들의 음식을 재배할 수 있는 기회가 적었고 또 당시 도시에서 살 수 있는 물건들이 제한되어 있었기 때문에 이들은 농촌 지역에 사는 사람들보다 음식의 소비에 있어서는 훨씬 적절하지 못했다. 과일과 야채의 부족은 자연 섬유질 섭취의 부족을 가져왔고 이것은 당시 농촌과 도시지역을 막론하고 많은 사람들에게 변비의 원인이 되었다. 과일과 야채는 물론 우유 섭취의 부족은 신체의 적절한 성장과 유지에 반드시 필요한 영양물인 각종 비타민과 미네랄의 결핍을 가져왔다. 비타민 C, 성장촉진 요소 비타민인 리보플라빈, 칼슘, 비타민 A와 D 등이 이에 포함된다. 당시의 많은 사람들은 감자와 양배추를 많이 먹지 않는 한 비타민 C의 부족으로 고통을 겪어야만 했다. 이 시기에 대한 여러 연구에 따르면 서부 평원으로 이주한 개척자의 아이들 중 많은 수가 비타민 C의 부족으로 괴혈병을 앓았다는 것을 알 수 있다.

버터와 치즈 등 우유의 대용품과 우유의 낮은 소비는 비타민 A

와 D의 결핍현상을 일으켰다. 당시 유아는 물론 많은 어린이에게 서 구루병인 골연화증이 일반적인 병이었다. 우유와 잎이 있는 녹색 야채의 섭취 부족은 의심할 여지없이 칼슘의 부족을 가져왔고 그것은 정상적인 성장에 방해가 되었다. 당시의 미국인들은 오늘날에 비해 키가 훨씬 작았다. 우유 섭취의 부족은 치아 건강에도 치명적이었다. 당시의 사람들에게 있어 치아가 상하거나 빠지는 경우가 허다했다. 우유와 녹색 야채의 섭취 부족으로 인하여 리보플란빈의 결핍현상은 일반적이었다. 이런 종류의 비타민의 부족은 백내장 같은 눈병뿐만 아니라 다양한 형태의 피부 손상을 일으켰다.

비타민 C와 A, 그리고 아연과 같은 미네랄의 적절한 섭취는 이런 종류의 영양 결핍으로부터 생기는 여러 질병을 막아 준다. 많은 이러한 종류의 영양 부족은 이 시기 특히 도시 지역에서 분명 많은 질병의 중요한 원인이었다.

이 시기에는 음식의 부족과 함께 과다 섭취도 상당히 있었다. 지방과 소금의 섭취량은 매우 높았다. 특히 농촌에 사는 사람들은 많은 양의 버터와 지방질 치즈, 라드, 햄과 소시지, 그리고 소금에 절인 돼지고기 등을 쉽게 구할 수 있었다. 소금은 돼지고기를 보관하는 데에 가장 현실적인 것이었고 이렇게 해야 할 요구도 절실했다. 사용하기 전에 소금에 절인 고기에서 소금 성분을 많이 제거하는 데도 불구하고 소금의 소비는 매우 높았다. 이와 같이 소금이 많이 들어간 음식은 감미료의 과다 사용 역시 부추겼다. 왜냐하면 당시 사람들은 감미료가 소금을 줄이고 대신 음식의 맛을 도와준다고 믿었기 때문이다. 불행하게도 소금과 고혈압과의 관계는 1940년이 되어서야 의학적으로 규명되기 시작했다.

음식을 먹을 때 설탕, 지방, 소금을 과다하게 섭취하는 것은 남부에서 더욱 흔한 일이었다. 왜냐하면 남부는 서인도 제도에서 당밀

(오늘날에는 설탕)을 얻기 쉬웠을 뿐만 아니라 플랜테이션 농장에서 돼지를 기르고 소금으로 이를 저장하기 편리했기 때문이다. 이러한 형태는 오늘날에도 계속되고 있다.

이 시기에 많은 양의 지방 섭취에도 불구하고 비만은 문제로 대두되지 않았다. 이에 대한 가장 적절한 설명은 많은 칼로리에도 불구하고 당시 농장에서 일을 하는 사람들은 그 칼로리가 일하는데 열량으로 다 소비되어 없어지기 때문이 아닌가 생각된다.

후반기. 19세기 후반기에는 음식의 개선과 개량이 농촌 사회를 중심으로 일어났다. 일반적으로 농촌 사람들은 많은 우유와 과일, 야채 등을 소비했다. 그러나 돼지고기와 허그 앤 하미니는 아직까지 철도가 발달되지 않은 남부와 서부 지역 여러 곳에서 그대로 이용되고 있었다. 올름스테드에 따르면 남부의 농장주들은 일반적으로 초록 순무잎으로 요리된 베이컨과 남부식의 옥수수빵인 콘 폰, 설탕 대신 당밀이 들어간 커피 등을 소비했다. 당시 남부에서는 많은 사람들이 옥수수를 제외한 다른 작물을 재배하기 위해 노동력과 토지를 쓴다는 것은 경제적으로 현명하지 못한 일이라고 생각했음에 틀림없다.

절대 다수의 도시 노동자들 음식도 일반적으로 19세기 후반에 와서는 상당히 개선되었다. 우선 그들의 구매력이 개선되었다. 1850년대와 1860년대에 도시 노동자들은 더 많은 우유, 기름기가 없는 고기, 잎이 많은 야채, 과일 등을 사서 소비했다. 당시 비록 우유의 소비가 증가하기는 했지만 1인당 평균 소비량은 겨우 1파인트(0.55 리터)의 3분의 1정도였다. 이것은 오늘날의 성인에게 권장되고 있는 우유 소비에 비하면 형편없이 적은 양이다. 19세기 후반에 전반적으로 전체 국민의 영양 상태는 개선되었다. 그러나 앳워터에 따르면 대다수의 당시 미국 사람들은 칼로리가 높은 고기, 지방, 그리고 당분 등의 영양물을 너무 많이 섭취했다.

19세기 전반기에는 변비가 국민 대부분의 질병이었던 반면에, 19세기 중반기와 후반기에는 소화불량이 국민들, 특히 중상류와 귀족층을 중심으로 최고의 성가신 질병이었다. 이 시기에 도시 주민들은 과식을 하는 경우가 아주 많았다. 그것도 폭식을 하거나 기름기나 당분이 많아 일반적으로 소화가 잘 안되는 음식을 많이 소비했고, 상당량의 술도 소비했다. 특히 남성들에게 더욱 그러했다. 그러나 당시 여성들 역시 오늘날의 기준으로 볼 때 훨씬 많은 양의 음식을 소비했다. 당시에 소화불량과 체중과다는 남자는 물론 여자들에게도 일반적이었다. 그러나 체중과다의 정도는 당시 부의 상징으로 여겨졌으며, 자신의 배를 자존심과 인격으로 과시하는 남성들도 많았다.

따라서 체중과다는 오늘날과 달리 도시 노동자들 사이에서는 문제가 되지 않았다. 특히 당시는 아직까지도 보다 충분한 음식을 확보하는 것이 최우선의 일이었다. 따라서 중상류층과 귀족층과는 달리 19세기 후반의 도시 노동자들에게는 변비와 소화불량은 그렇게 심각한 문제가 아니었다. 대부분의 곡식은 정제한 흰 밀가루보다 값이 쌌기 때문에 그들은 주로 흰빵보다 곡식을 소비했다. 그들의 음식은 결이 거칠었지만 상대적으로 섬유질이 많이 함유되어 있다는 이점도 있었다. 이 시기에 이민 온 사람들은 많은 양의 야채를 소비했다. 그들은 채소밭을 가꾸고 통조림도 가정에서 만들어 먹었다.

술 소비. 19세기 전반기의 술 소비는 도가 지나칠 정도로 많았다. 1825년 경 1인당 술 소비는 약 14,000cc였다. 그러자 전통적인 프로테스탄트들이 점차 술 소비에 반대의 목소리를 냈다. 이렇게 하여 전통적 프로테스탄트들의 술 소비는 감소했지만, 상대적으로 최근에 이민 온 사람들과 상류층의 술 소비는 늘어났다. 그러나 1840년에 1인당 술 소비량은 7,000cc로 감소했다. 논리의 비약인지 모르지만 이것으로 미국 사회는 프로테스탄트가, 그것도 전통적인 프로테스탄트가 지배하는 사회라고 추측할 수 있다. 술 소비는 19세기 후반기에도 많이 줄었다. 중산층의 음주 습관은 남북전쟁과 20세기 초 사이에 상당한 변화를 겪었다. 맥주가 위스키와 다른 독한 술을 대신했다. 그리고 이 시기 성공윤리 중에 중요한 요소인 절제윤리가 증가한 것도 술 소비에 대한 습관을 변화시키는데 중요한 역할을 했다.

로라바우흐(Rorabaugh)는 19세기 초의 엄청난 양의 술 소비에 대한 근본적 이유는 1790년에서 1830년 사이에 일어난 전대미문의 변화 때문이었다고 믿었다. 그는 이 시기에 미국인들은 생활의 거의 모든 면에서 변화를 겪었고, 나아가 이러한 변화에 직간접적으로 영향을 받은 사람들이 많은 술을 마셨다고 말했다.

전반적인 영양 상태. 오늘날의 관점에서 볼 때 이 시기에 미국인의 식사는 부족한 것이 많이 있었지만 그래도 이전에 비해 상당히 개선되었다. 과일과 야채뿐만 아니라 맥주와 우유의 섭취도 증가하였다. 전체 영양 상태가 좋아진 증거는 이전의 미국인들보다 키와 몸통둘레가 늘어났고 평균수명이 늘어난 데서 알 수 있다.

영양과 관련된 건강 통계. 미국인의 평균 키는 18세기 말에 거의 현대적 수준에 다다랐다. 이때 미국은 다른 나라들에 비해 상대적으로 향상된 영양의 음식을 먹고 있었다. 그러나 1830년대 전후부터 미국인의 평균 신장은 장기간에 걸쳐 작아져 1870년대까지 계속되었다. 이때 평균 키의 축소는 많은 노동자 계층의 형편없는 음식으로 인한 영양상태의 부실을 반영한 것으로 여겨진다. 사실 노동자들은 부유한 미국인들보다 훨씬 키가 작았다. 19세기의 도시화

와 산업화는 경제적으로 부유하고 그 범위가 확대된 중산계층을 증대시켰을 뿐만 아니라 상대적으로 미국 노동자들의 불평등과 영양의 부실을 가져왔다.

불평등과 영양의 부진으로 가장 큰 위협에 직면한 집단은 도시에서 임금을 받고 일을 하는 어린이 노동자들이었다. 1875년 보스턴에 있는 한 공립학교의 어린이들을 대상으로 실시한 조사에 의하면, 대체적으로 그들은 같은 또래의 영국 어린이들보다 신체적인 면에서 잘 발달되어 있지만 노동자 집안의 어린이들이 부유한 집의 어린이보다 신체적으로 열등하다는 것을 보여주고 있다.

고든 바울스(Gorden Bowles)는 1932년에 1852년 이래로 하버드 대학생들의 평균 키는 꾸준히 상승한 것으로 관찰했다. 이러한 상승은 남북전쟁 직후가 가장 많이 진행되었다. 1880년대에 미국인은 신장과 몸의 둘레에 있어 증가를 보여 기성복 제조업자들은 옷의 치수를 늘이지 않을 수 없었다. 신체 크기의 이러한 증대는 분명 전체적으로 영양이 좋아졌다는 것을 의미하는 것임에 틀림없다.

로버트 히그스(Robert Higgs)는 1880년에서 1930년까지 농촌의 사망률은 약 30~40% 줄었다고 계산했다. 이러한 '생명의 혁명'은 분명 농촌 지역의 식사가 향상되었음을 의미했다.

에드워드 미커(Edward Meeker)는 1880년 이전에는 평균수명과 사망률이 약간 개선되거나 오히려 악화되었던데 비해 1880년대 이후 건강상태의 전체적인 변화는 분명히 개선되는 쪽으로 방향을 잡았다고 보았다. 1880년대 이후 평균수명과 사망률은 확실히 개선되었는데 첫째 이유는 좋아진 영양 때문이었다. 60대 이상의 노령 인구는 1789년의 14.8%에서 1세기 뒤에는 15.6%로 늘어났다. 신생 유아의 생존 가능성 역시 1789년의 34.5%에서 1880년에는 41.7%로 높아졌다. 그럼에도 아직 당시의 유아 사망률은 매우 높은 편이었고, 특히 도시 지역에서는 농촌 지역에 비해 두 배 이상이었다. 1850년대부터 19세기 말까지 전체 유아 사망률은 매우 높았는데 1855년에는 1천명당 123명이었고 1870년에는 170명으로 최고치에 다다랐다. 후자의 경우는 오늘날 가장 가난한 제 3세계 국가의 수치와 비슷하다.

아프리카계 미국인의 유아 사망률은 백인에 비해 더 높았다. 19세기에 남자아이는 1천명당 266~278명이었고 여자아이는 1천명당 222~237명에 이르렀다. 19세기에 아프리카계 미국인의 평균수명은 33.7세였다. 이 충격적인 통계는 당시 유럽의 전체적인 인구 통계와 비슷했다.

20세기

20세기에는 미국인들의 식사습관에 대해 보다 많은 정보를 접할 수 있는 기회가 확보되었다. 따라서 미국인의 음식 소비에 대한 명확한 평가와 예측을 하는데는 미국사 전체에 있어서 이전 시기보다는 이 시기가 적합할 것이다.

음식 소비의 장기적인 경향. 20세기에 미국에서 1인당 동물성 음식의 소비는 밀가루와 다른 곡식에 비해 많다. 그리고 20세기에 들어와 미국과 같은 풍요사회에서 동물성은 물론 모든 음식이 포화상태가 되고, 그 결과 인간들의 음식 소비는 안정 상태에 들어서게 되었다. 사실 미국에서 1인당 음식 소비는 1945년 이래로 오히려 줄어들었다. 그러나 음식의 에너지량은 완전할 정도로 안정되었다. 1987년에 하루 음식에서 발생되는 에너지량은 3,500킬로칼로리였다. 1910년에는 3,400, 1957년에는 3,100 정도였다.

1910년에서 1935년 사이에 육류, 가금류, 생선 등의 소비에 있어 전반적인 하향 추세를 보인 후부터는 전반적으로 상향 추세로 돌아섰다. 돼지고기 소비는 20세기에는 완전히 안정상태가 되었다. 1930년대 중반 이래로 가금류의 소비 역시 급격하게 상승했다. 1989년에 뼈를 빼고 다듬은 가금류 살코기의 1인당 소비는 쇠고기보다 2kg 적었고 돼지고기보다는 8kg 많았다. 이런 추세로 간다면 가금류의 소비는 곧 쇠고기의 소비를 능가할 것 같다. 돼지고기 소비는 1950년대 중반까지 쇠고기를 능가했다. 쇠고기의 소비는 1950년대 이후 1970년대까지 상당히 증가했다. 그 후부터 쇠고기 소비의 일반적 증가 패턴은 줄어들었다. 물고기의 소비는 20세기에 꾸준히 안정상태에 있었고 1980년대 이후 약간 증가했다.

1930년대 중반 이후 계란의 소비는 꾸준히 늘어났으나 1950년대 중반 이후 급격히 줄어들었다. 이때부터 낙농제품의 소비도 역시 줄어들었지만 1980년대에 치즈의 소비 증가로 약간 증가했다. 지방과 콜레스테롤에 따른 건강에 대한 관심과 우유, 쇠고기, 돼지고기, 계란 등의 소비의 감소 사이에는 밀접한 관련이 있는 것으로 나타났다.

20세기에 식물성 지방이 동물성 지방을 대치할 때까지 미국인들의 동물성 지방에 대한 전반적인 소비는 증가했다. 그러던 것이 1940년 이후부터 동물성 지방의 소비는 줄기 시작했고, 1909년부터 식물성 지방의 소비가 점차 증가하여 1950년에는 동물성 지방을 능가했다.

밀가루와 곡식은 1909년에는 1인당 135kg을 소비했으나 1988년에는 77.4kg로 상당히 줄어들었다. 그러나 최근 들어 곡식의 소비는 다시 증가 추세에 있다. 쥬디스 푸트남(Judith Putnam)의 조사에 다르면 1970년에 비해 1990년에는 1인당 밀가루의 소비가 24% 늘어나 62kg이 되었다. 이러한 증가의 중요 원인은 이 시기에 거의 대부분의 미국인들이 밀가루를 주원료로 해서 만드는 피자, 파스타, 납작한 빵 피타, 파히타(얇은 고기를 마요네즈에 절여 구운 텍스-멕스 음식의 일종으로 옥수수 빵과 소스를 곁들여 먹는다)를 더욱 많이 먹었기 때문이다. 또한 아침 식사로 오트밀을 비롯한 곡식의 소비가 많이 늘어났기 때문이다. 이러한 경향은 섬유소에 대한 대중들의 관심을 반영하는 것이라 하겠다. 비록 섬유질의 소비가 1970년대 말 이래로 상당히 증가했지만 아직도 섬유질의 섭취는 전국암협회에서 권장하는 하루 섭취량보다 20~30g 적었다.

싱싱한 과일의 1인당 소비는 1909년 55.4kg에서 1988년에는 42.3kg 줄었다. 비록 싱싱한 과일의 소비가 1970년 이래로 증가했지만 1950년대의 소비보다 많지 않았다. 이러한 경향은 1950년대에 가정에서 재배하는 과일의 전면적 금지에 부분적 원인이 있는 것 같다. 20세기의 주요 과일은 사과, 바나나, 감귤 등이다.

1909년 이래로 야채의 소비는 확실히 증가했다. 싱싱한 야채의 소비는 1970년 이래로 42%나 증가했다. 과일과 같이 싱싱한 야채 소비의 증가의 가장 중요한 이유는 건강과 영양에 관한 관심의 증가 때문이다. 20세기에 전체 야채 소비는 전반적으로 증가했지만 감자 소비는 상당히 줄어들었다. 1909년에는 모든 야채 중 감자 소비의 비율이 73%였으나 1987년에는 30%로 줄어들었다. 감자 소비의 감소에 대한 부분적 원인은 의심할 여지없이 파스타를 비롯한 다른 종류의 밀가루 음식에 대한 대중성이 증가했기 때문이다. 예를 들어 파스타의 1인당 소비는 1970년에 4kg에서 1990년에는 6kg으로 늘어났다. 그럼에도 불구하고 감자와 잎이 양배추 모양의 양상추의 일종인 아이스버그 레티스는 미국에서 가장 인기 있는 두 가지 야채이다. 1990년에 전체 야채 소비 중에서 감자는 37%, 아이스버그 레티스는 17%나 차지했다.

20세기에는 각종 감미료의 사용도 증가했다. 오늘날 1인당 소비는 68kg을 넘고 있다. 이러한 경향은 1972년 이래로 사탕수수와 사탕무의 소비가 줄었음에도 불구하고 옥수수 감미료와 칼로리가 없는 감미료의 사용이 증가일로에 있기 때문이다. 인공 감미료의 사용에도 불구하고 미국인들은 이전보다 더욱 많은 설탕을 소비하고 있는 것은 아이러닉하다. 전체적으로 볼 때 감미료 사용의 증가는 청량음료 소비의 증가와 연관이 있다. 청량음료의 대부분이 옥수수 감미료나 칼로리가 없는 감미료로 달게 한 것이기 때문이다.

커피 소비는 1946년에 1인당 9kg으로 최고점에 달했다가 1977년에는 4kg으로 줄어들었다. 오늘날 커피의 소비는 일인당 4.5에서 5kg으로 약간 증가했다. 카페인이 없는 커피와 독특한 맛을 내는 커피의 사용은 증가했다. 가격 경쟁력 때문에 미국의 많은 대형 커피회사들은 고품질의 아라비아 커피를 쓰기보다는 자극성이 적고 값싼 로뷰스타 커피를 쓴다. 그러나 오늘날에도 커피 미식가들은 아라비아 커피를 주로 쓴다.

술의 소비는 상당히 줄어들었다. 20세기 초에 적어도 도시 노동자들에게 있어서 폭주의 습관은 여전했다. 맥주는 1900년대 초기에는 선택해서 마실 수 있는 술이었다. 극소수만이 포도주를 마셨다.

금주법이 1920년 1월 16일 효력을 발생한 이후 알코올 음료의 소비는 급격히 줄어들었다. 그러나 1934년 수정헌법 18조의 취소와 함께 술 소비는 증가했고 특히 부유층에서는 급격히 증가했다. 1990년대에 비록 미국의 술 소비는 줄어들었지만 전체 인구의 약 9%는 아직도 매일 많은 양을 마신다. 1949년에서 1989년까지 약 40년 동안 전체 위스키 소비는 모든 독한 술 소비의 80%에서 38%로 줄어들었다. 보드카의 소비는 증류주 소비의 1%에서 거의 24%로 늘어났다. 맥주와 포도주의 판매는 1949년 이래로 꾸준히 증가했다. 맥주와 포도주 소비의 상승은 알코올 성분이 낮은 술에 대한 소비자의 바램이 포함된 것이 아닌가 생각한다. 전국레스토랑협회 회장인 파큐할슨(John Farquharson)은 1991년에 개인의 술 소비는 앞으로는 아마도 이전과 같이 많아지지는 않을 것이라고 예견했다. 20세기가 시작된 이후로 미국인들의 술 소비는 그 어떤 때보다 감소하고 있는 추세이다. 물론 금주법 시기에는 예외가 된다.

식사 권장에 대한 불평. 미국인들은 어떻게 1990년의 식사 가이드라인을 따르고 있는가. 아이러닉하게도 음식의 총 소비에 대한 연구 데이터들인 시노어(Senauer), 애습(Asp), 킨제이(Kinsey) 등의 보고서를 통해 보면 미국인들은 오늘날을 포함한 그 어떤 때보다 1909년에 가장 이상적으로 먹은 것으로 나타나 있다. 1909년의 음식에는 복합 탄수화물이 43%, 응축된 당분이 11%, 지방이 30%, 단백질이 16%로 오늘날에도 이 비율의 영양이 식사의 가이드라인으로 제시되고 있다.

복합 탄수화물의 소비는 1940년에 30%로 하락했다가 1960년에는 다시 24%로 하락했다. 비록 최근이지만 건강을 의식하고 있는 다수의 미국인들은 파스타와 곡류와 감자 등의 보다 많은 복합 탄수화물을 먹는다. 그러나 오늘날 탄수화물의 1인당 평균 소비는 1960년보다 약간 올라갔을 뿐이다. 감미료의 소비는 1940년 경에 상당히 상승하였고 그 후 현재까지도 계속 상승하고 있다. 칼로리 없는 감미료의 소비에도 불구하고 이전보다 더욱 많은 설탕과 옥수수 감미료를 소비한다. 소금의 소비는 미국 역사상 그 어느 때보다 줄어들었지만 여전히 권장 가이드라인보다 많이 소비하고 있다. 뿐만 아니라 오늘날 미국인들은 권장 지방 칼로리인 30%를 넘는 지방을 소비하고 있다. 건강에 대한 많은 위협이 과다한 지방 소비와 관련되어 있음에도 불구하고, 대부분의 미국인들은 아직도 지방이 많은 음식을 소비한다.

적절한 영양 20세기의 미국인들은 일반적으로 충분한 양의 음식과 칼로리와 단백질을 섭취하고 있다. 그러나 1909년 이후 일반적으로 지방과 설탕과 옥수수 감미료는 과다소비하고 복합 탄수화물은 과소소비하는 경향이 있다.

이제 과체중이 하나의 공통 문제로 등장했다. 이미 지적했듯이 20세기에 미국인들의 칼로리 섭취는 거의 안정상태를 유지하고 있다. 그러므로 비만에 대한 전반적인 문제는 과식 그 자체 때문이 아니라, 오히려 신체의 활동에 필요한 에너지의 균형을 맞추기 위해 필요한 운동의 부족 때문이다. 따라서 너무나 상식적인 이야기지만 비만 때문에 고민하는 사람들은 보다 적은 양의 칼로리를 섭취하는 한편 보다 많은 운동을 해야 한다.

1940년 경 이후부터 이른바 현대병이라고 불리는 여러 질병인 고혈압, 심장병, 비만, 당뇨병 등이 눈에 띄게 증가하고 있다. 이러한 질병의 증가추세는 나이에 따라 오는 어쩔 수 없는 것이 아니라, 음식과 운동과 밀접하게 연관되어 있다는 사실이 차츰 밝혀지고 있다.

영양과다로부터 오는 여러 부작용에도 불구하고, 오늘날 많은 미국 사람들은 현명하지 못한 음식 선택으로 인하여 하나 이상의 비타민이나 미네랄이 부족하다. 뿐만 아니라 특히 칼슘과 철, 비타민 C가 부족한 식사를 하고 있다.

영양과 관련된 건강 통계 20세기에 미국인 음식의 전반적인 질은 꾸준히 개선되어 왔다. 이것은 음식의 영양과 밀접하게 관련이 있는 여러 가지 건강 통계에서 뚜렷한 변화가 나타나는 데에서 알 수 있다.

1900년 이후부터 평균수명이 현저히 늘어났고 유아 사망률도 확실히 줄어들었다. 이러한 현상은 치료기술과 의약의 발전에 의한 것일 뿐만 아니라, 개선된 위생, 더 좋은 영양, 우유의 저온 살균, 그리고 전염병의 관리 등에 관한 각종 예방법과 건강 증진 법안 등에 의해서 가능해 졌다.

　히그스는 1975년에 1880년과 1920년 사이에 농촌 지역의 사망률이 약 30~40% 줄어들었다고 밝혔다. 여기에서 그는 이러한 현상을 주로 영양의 개선에 그 이유를 들고 있다. 또한 1973년 라오(S. L. N. Lao)는 19세기는 인간의 사망률이 서서히 줄어든 시기로 보았고 20세기 중반이 지난 지금은 사망률 감소에 가속도가 붙은 시기로 보았다. 1950년 이후 미국에서 백인은 물론 유색인종들도 평균수명이 서서히 그러나 꾸준하게 늘고 있는 추세이다. 1900년에 백인과 유색인의 평균수명은 각각 47.6세와 33.0세였는데 1992년에는 무려 76.5세와 71.8세로 연장되었다. 유색인의 평균수명 71.8세는 1971년 백인의 평균수명인 72.0세와 거의 같다. 이 기간에 유색인과 백인 사이의 평균수명의 차이는 현저히 줄어들었다. 이것은 미국사회에서 유색인들의 개선된 생활상태, 특히 개선된 음식의 영양상태를 반영해 주는 것이라 하겠다. 20세기에는 신생아 생존율도 높아져 자연적으로 유아 사망률이 현저히 줄어들었다. 이러한 현상은 분명 미국사회의 건강과 영양상태의 개선을 반영해 주는 것이라 하겠다.

　1900년이 되면서 미국인들은 이미 국제적 수준의 음식을 먹고 있었다. 그럼에도 1900년에 미국 전체 유아 사망률은 1천명당 141명이었다. 이것은 비록 당시 유럽보다는 낮은 수치였지만 오늘날 발달된 여러 나라에 비해서는 너무나 높은 수치이다. 20세기에 이따금 약간의 파고는 있었지만 미국의 유아 사망률은 꾸준히 감소되었다. 유아 사망률은 1915년을 기점으로 뚜렷이 감소되었다. 이

때는 미국의 많은 사람들의 음식이 상당히 개선된 시기이다. 1900년에 천명당 141명의 유아 사망률이 1992년에는 9.2명이 되었다. 백인은 7.6명이고 유색인은 18.0명이다.

영양상태가 개선되었다는 것을 눈으로 확인할 수 있는 키와 몸무게의 향상은 1880년대부터 시작된 현상으로 20세기에는 꾸준히 진행되었다. 어린이들의 키는 더욱 커지고 몸무게도 늘어났으며 여러 면에서 조숙해지고 있다. 1906년과 1931년에 태어난 미국인의 키는 다른 어떤 시기보다 빠른 성장을 보여주고 있다. 이는 1920년대라는 풍요의 시기가 가져다 준 음식의 변화에 기인한 점이 적지 않음을 반영하고 있다.

전체적으로 볼 때 20세기 전체를 통해 영양상태의 개선과 건강 및 외적인 모습의 변화는 너무나 밀접한 연관관계가 있는 것으로 보인다.

2. 식사습관은 어떻게 진행될 것인가

일반적 경향

1995년을 기점으로 20세기의 남아있는 기간 동안 미국인의 음식 체계에 영향을 주게 될 것으로 보이는 주요한 요인들은 인구통계학적 경향, 정부와 전문기관이 제시한 최근의 식사 권장안, 그리고 건강 증진과 질병 예방에 대해 계속되는 강조 등을 포함하고 있다. 인구의 노령화, 단일 가정의 증가, 가정 밖에서의 여성 노동인구의 증가, 민족적 인구의 확대, 그리고 수입분배의 변화 등과 같은 인구통계학적 요인들은 새로운 음식 시장을 만들어 내는 등의 미국 음식 유형 전반에 변화를 초래할 것이다. 여기에는 분명 편리한 음식에 대한 요구가 보다 많이 작용할 것이다. 1990년에 열린 제 8차 중서부 음식가공연례협회에서 레빌(Gilbert Leveille)은 초단파인 마이크로파로 요리되는 신선하고 미리 준비된 음식들이 미래의 음식 세계에서 주류를 이룰 것으로 보인다고 예견했다. 그는 또한, 이미 증명되고 있지만 냉동식품은 2000년 경이 되면 약 7,150억 달러 규모로 시장이 확대되어 지금의 48% 이상이 증가될 것이라고 지적했다.

스낵 음식과 패스트 푸드는 현재상태로 유지될 것 같다. 가격과 맛, 노동과 시간의 절약 사이에서 이러한 음식의 이용에는 상호 균형을 이룰 것으로 보인다. 직장에서 일하는 가정주부를 비롯하여 많은 바쁜 미국인들이 이런 음식에 더욱 관심을 가질 것은 자명하다. 건강에 관심을 기울이는 미국인들이 점차 늘어가고 있으며, 이들이 음식산업에 압력을 가함으로써 앞으로 이러한 음식의 영양의 질은 보다 개선될 것으로 보인다.

1990년 식품의약청에서 제정하고 1994년 3월에 효력이 발휘된 새로운 <영양물 상표법과 교육법>에 의한 영양에 대한 안내문 부착은, 소비자들이 음식과 건강에 관련된 현재의 권장안을 따르고자 할 때 보다 많은 도움을 주게 될 것이다. 미국인들이 이러한 가이드라인을 일상의 음식생활에 적응하면 할수록 건강에 좋은 다양한 음식의 생산을 요구하는 사례가 많아질 것이다. 따라서 미래에는 분명 건강에 별로 좋지 않은 지방, 설탕, 그리고 나트륨과 같은 미량영양소의 대용품에 대한 시장이 거대하게 성장할 것이다.

누벨 퀴진. 말 그대로, 프랑스어로부터 유래한 이 용어는 '새로운 요리'를 의미한다. 그리고 이러한 포스트모더니즘 요리의 몇 가지 특색은 앞으로도 계속될 것이다. 즉, 음식 준비와 음식 표현에 있어서 단순화와 솔직함이다.

향토음식. 앞으로의 향토음식은 미국이 발전하고 미국인들이 전국과 지역의 동질성을 확보하며, 나아가 미국의 음식문화의 타고난 원류를 인정하게 될 때 보다 다양하게 되고 더욱 발전할 것으로 보인다.

생물공학. 20세기의 혁명인 생물공학은 우리 생활의 많은 부분에서 계속 작용할 것이다. 이것은 분명 우리 미래의 음식 체계에 있어 중요한 역할을 할 것임에 틀림없다. 과학자들은 훌륭한 생물공학이 미래에는(어떤 사람은 1990년대 말로 예견한다) 여러 음식의 생산과 가공 방법에 변화를 가져올 것이라고 예견하고 있다. 이러한 혁신은 모든 소비자들에게 중요한 의미를 함축하여 다가올 것이다. 식물을 연구하는 생물공학자들은 이미 보다 우성의 특성을 가지고 있는 유전자 변이식물을 생산해 내고 있다. 향후 생물공학은 늘어나는 세계 인구와 그에 따른 음식 수요에 대응할 수 있는 음식 생산을 가능케 하는 희망적인 수단을 제공해 줄 것이다.

신선한 재료와 음식의 이용 증가 추세도 계속될 것이다. 이것 역시 생물공학의 발달과 수경재배 체제의 확대 적용으로 보다 많은 기회가 있을 것으로 보인다.

그밖의 예상

앞으로 개선된 품질의 패스트 푸드에 대한 수요가 계속될 것이다. 우리 음식의 많은 부분은 여전히 산업적 자원과 여러 식품회사로부터 제공될 것이다. 그러나 앞으로 특화된 음식들은 높은 가격으로, 소규모로 운영하는 독립된 생산업자로부터 제공될 것으로 생각된다.

또한 앞으로는 발달된 교통과 세련된 도회적 교양을 반영하는 우수한 요리에 대한 폭넓은 관심이 계속될 것으로 보인다. 앞으로 많은 가정주부들은 요리를 할 때 편리함을 추구하기 위해서는 패스트 푸드와 간편한 음식을 이용하고, 시간이 허락할 때는 많은 시간이 소요되는 창조적인 음식을 만드는 2중적 접근이 계속될 것이다. 가정주부들은 최소한의 시간을 내서라도 정원 가꾸기, 통조림 만들기, 냉동식품 만들기, 그리고 빵 굽기 등에도 계속 관심을 가질 것이다. 동시에 가정 밖의 레스토랑이나 패스트 푸드점에서 음식을 사먹는 외식도 늘어날 것으로 보인다. 특히 아침과 점심은 간이식당, 자동판매기, 또는 작업장 근처에서 가볍게 해결하는 빈도수가 늘어 날 것이다.

   미국의 음식에서 앵글로-색슨계의 음식이 주를 이룰 것으로 보이지만, 앞으로는 음식의 다양성 확대도 이루어 질 것이다. 1970년대에 시작된 소비자 운동의 결과로써 미국의 대중들은 음식 산업체에서 생산되는 각종 음식의 양과 질에 있어서 영향력을 행사하는 강력한 세력으로 등장할 것이다.

<표 8. 1> 현재 개발되고 있는 유전자 조작 식물의 종류

아스파라거스	상추	쌀
양배추	연	대두
당근	배	사탕무
셀러리	완두콩	해바라기
옥수수	감자	토마토
오이	평지	호두

3. 오늘날의 미국 음식

도가니 음식인가 바이킹 음식인가

20세기 말 미국의 음식은 한편으로는 고도로 표준화되고 균질화 되어 있지만, 다른 한편으로는 1980년에 앨빈 토플러가 지적했듯이 너무나 다양한 '새로운 문명' 그 자체를 반영하고 있다. 지리적, 민족적으로 다양한 기원을 가진 개인들이 모여 인구가 구성되어 있는 미국이 어느 날 아침 갑자기 사회 문화적 도가니 상태로 정리될 것이라는 예견은 실현될 것 같지 않다. 예상치 못했던 강인한 고집을 가지고 미국에 살고 있는 다양한 인종적 민족적 집단들은 그들 각자의 개성을 지닌 채 그들의 사회 문화적 성격에 맞는 음식 유형을 유지해 나갈 것으로 보인다. 일반적으로 인정되고 있듯이, 독특한 민족적 음식이 주일이나 특별한 경우에 최우선 순위로 제공되고 있다. 여러 다양한 집단들은 전형적인 미국의 음식을 이용하면서도 자신들만의 동질성과 응집력을 확보 유지하는 강력한 수단으로 그들의 문화 유산과 음식에 참여하고 있는 것이다.

민족음식의 존재와 더불어 향토음식의 영향도 확대되고 있다. 오늘날 미국에는 이러한 색다른 음식과 더불어 스낵과 다른 대중음식의 폭넓은 이용도 증가하고 있다.

언뜻 보기에 오늘날 미국 음식의 다양성은 혼란스런 상태로 보일 수도 있다. 그러나 조금만 더 세밀하게 살펴보면 초기 미국 역사에 기원을 둔, 그야말로 '핵심'을 이루고 있는 음식을 식별할 수 있다. 이런 기준을 이루는 음식을 포함한 전형적인 음식은, 초창기 이민들이 미국으로 가지고 온 영국과 북유럽인의 요리를 반영하고 있다.

누군가 바이킹 음식을 좋아하여 자주 즐기는 사람이 있다면, 그는 초기부터 혼란스러웠던 미국의 음식 세계에서 어떤 질서를 찾을 수 있을 것이다. 여기에는 오늘날 미국인들에게 너무나 친숙한 음식의 핵심을 이루는 기본적인 것들인 다양한 형태의 감자, 폭넓은 선택이 주어진 육류와 가금류와 물고기, 다양한 야채와 과일, 그리고 수많은 디저트 등이 있다. 주변적인 것으로는 소수의 음식으로 많은 선택이 가능한 민족적 음식, 채식주의자의 음식, 그리고 늘 지역을 대표하는 향토음식 등이 있지만 이것은 어디까지나 미국 음식의 주류가 아니다. 뿐만 아니라 다양하게 발달된 스낵이나 전형적인 패스트 푸드도 미국 음식의 주류 선상에 있지는 못하다. 그러나 시간이 지나면 지날수록 이 음식들은 가까운 수퍼마켓이나 드라이브-인-레스토랑에서 쉽게 구할 수 있게 될 것이다.

식민지 시대 이래로 오늘날까지 미국의 음식문화를 요약하는데 있어 한 가지 메시지가 있다면 그것은 다름 아닌 '풍요'에 대한 강조라 생각한다. 그 동안 미국으로 온 대부분의 이민들이 공유했던 가장 중요한 동기는 바로 안정된 식량의 확보에 대한 갈망이었던 것이다. ■

부록. 암과 건강 - 식생활로 다스린다

미첼 게이너(Mitchell Gaynor)는 미국 뉴욕 코넬대학교 의료원에서 종양학 과정을 이수하면서 암에 대해 많은 것을 배웠다. 그러나 그는 음식에 대해서는 별로 알지 못했다. 따라서 그가 지난 86년 록펠러대학교에 분자생물학 특별연구원 자격으로 들어갔을 때, 주변에서 모든 사람들이 싹양배추에 대해 말하는 것을 듣고 당황하지 않을 수 없었다. 당시 실험실 연구진은 흔히 접할 수 있는 과일과 채소에서 수십 종의 새로운 화학물질을 발견하기 시작하고 있었던 것이다.

시험관, 동물 실험을 통해 그 화합물들이 종양 형성을 방해하는 탁월한 효능을 갖고 있는 것으로 나타났다. 이제 전문가들이 식물을 비롯한 식품의 화학적 성분에 대해 많은 것을 알게 되면서 인류를 암이라는 악성 종양으로부터 구할 수 있다는 믿음도 점차 확대되고 있다. 현재 뉴욕 소재 스트랭 암예방 연구소의 종양학 담당 실장으로 있는 게이너는 '우리의 미래는 바로 음식'이라고 말했다.

닉슨(Richard Nixon) 전 미국 대통령이 암과의 전쟁을 선포한 이래 30년 동안 미국은 악성 종양을 멸절시킬 수 있는 더 나은 방법 개발에 수십억 달러를 쏟아 부었다. 그 결과 값진 지식과 새 치료법을 많이 얻어낼 수 있었다. 그러나 오늘날 암으로 인한 사망률은 지난 70년과 거의 비슷한 실정이다. 외과 전문의와 종양학자들의 온갖 노력에도 불구하고 유방암·결장암·전립선암으로 사망하는 미국인의 비율은 세계 다른 나라 국민의 5~30배에 달한다. 태국과 스리랑카의 경우 유방암으로 사망하는 여성은 10만 명당

2~5명인 반면 미국의 경우는 그 수가 30~40명에 이르고 있는 실정이다.

그러면 이러한 현상의 주 원인은 무엇인가? 다양한 연구성과의 결과, 음식과 음식습관에 적지 않은 연관이 있는 것으로 알려졌다. 세계 암연구기금과 미국 암연구소의 공동 연구진은 지난해 발간한 분석 보고서에서 좋지 않은 음식습관이 암 발생 원인 가운데 3분의 1을 차지한다고 결론 내렸다. 흡연으로 인한 암 발생률과 거의 같은 수준이다. 그에 따라 게이너를 비롯한 몇몇 전문가는 최근《유방암 예방 식이요법》,《암을 퇴치하려면 이런 음식을 먹어야 한다》,《게이너 박사의 암 예방법》등의 저서를 통해 누구든 좋은 식습관으로 암 발생 위험을 줄일 수 있다며 특별 식이요법을 소개하고 있다.

특히 그 중《유방암 예방 식이요법》에서 내과 전문의 자격증을 갖고 있는 NBC 방송의 건강 의학 담당 전문기자 아노트(Bob Arnot)는 젊은 여성, 나이 든 여성, 유방암 생존자 등에 각기 알맞은 단계적 처방까지 제시하고 있다. 그 책은 최근 몇 주 동안 날개 돋친 듯 팔려 〈뉴욕 타임스〉베스트 셀러 1위를 기록하면서 많은 논란을 불러 일으켰다. 미국 국립유방암협회의 프랜 비스코(Fran Visco)는 그 책을 '아주 무책임한 저서'라고 말했다.

화학 식품가공 업계가 지원하고 있는 감시단체인 미국 과학건강협의회는 아노트의 책을 '여성에 대한 해악'이라고 비난했다. 아노트가 검증 받지도 않은 예비 결과를 과대평가하고 있다는 비난도 있다. 메모리얼 슬론-케터링 암연구소의 암예방 및 건강증진 프로그램을 주관하고 있는 모셰 시크(Moshe Shike)는 '그가 제시한 식이요법으로 암을 예방할 수 있다고는 생각하지 말아야 한다.'고 말했다.

사실 어떤 음식을 섭취해야 특정 악성 종양으로부터 예방효과가 최고로 발휘되는지 정확히 아는 사람은 아무도 없다. 순무나 토마토에 함유된 수많은 화학물질 가운데서 어느 것이 세포를 보호하는 기능이 가장 강한지 아는 사람도 없다. 그러한 의문에 대한 해답을 얻기 위해서는 수십 년간의 임상연구가 필요할 것이다. 또 영양 외에 연령, 유전요인 등도 암 발생과 중요한 관련이 있다. 그러나 미국 암협회의 전립선암 및 결장-직장암 책임자인 가브리얼 펠드먼(Gabriel Feldman)은 '오랜 연구가 필요치 않다. 현재까지 알려진 지식만 활용해도 암 발생률은 낮아질 것이다. 어렵게 생각할 필요가 없다.'고 말했다.

음식습관과 암 발병 위험의 상관관계를 알기 위해서는 종양 발생에 관한 기초적인 지식이 필요하다. 종양은 난데없이 갑자기 생기지 않는다. 종양이 식별 가능한 크기로 자라는 데는 몇 년 혹은 몇십 년이 걸린다. 그 과정에서 인체가 그 종양을 제거할 수 있는 기회는 수없이 많다. 우선 어떤 자극에 의해 세포의 유전자 구조가 변해 세포가 표준 이상으로 많이 분열할 때, 이를 암 발병의 '발생단계'라고 한다. 바이러스나 화학물질, 방사선은 모두 DNA를 손상시킬 수 있다.

그러나 가장 흔한 원인은 오래 묵은 산소다. 우리가 무엇을 하든 우리 몸에는 '유리기'(遊離基)라고 불리는 고도의 반응능력을 지닌 활성 산소분자들이 만들어진다. 이 유리기 산소분자가 세포 내부를 휘젓고 다니면서 다른 분자의 전자를 빼앗아 분자들간의 전자 탈취현상을 연쇄적으로 일으킨다. 끝없이 계속되는 이 연쇄반응이 세포의 DNA를 손상시킬 수 있다.

화학적인 발암물질도 이와 비슷한 작용을 일으킨다. 대부분의 발암물질은 인체에 들어올 때는 무해한 '프로카르시노겐' 상태이지만 간이 그것을 제거하려는 과정에서 암 유발 가능성이 높은 물질로 변한다. 제거과정에서 1단계 및 2단계라 불리는 두 가지 효소가 긴밀한 연쇄작업을 벌인다. 1단계 효소는 프로카르시노겐을 잘게 부순다. 2단계 효소는 그 파편을 묶어 인체 밖으로 배출한다. 이때 완벽한 협력이 이뤄져야 한다. 만약 파편 하나가 우연히 세포의 DNA 한 줄과 함께 묶일 경우 세포의 복제 속도를 조절하는 유전자의 성질이 변형될 수 있다. 유전자의 성질이 변하면 그 세포는 비정상적으로 성장할 뿐 아니라 동일한 성향을 지닌 세포를 만들어 낸다.

이것은 암 발생 전 단계의 변화로 인체는 이를 처리할 능력을 충분히 가지고 있다. 암의 조건을 갖추기 위해서는 이런 조직의 장애가 2단계인 '진행단계'를 거쳐야 한다. 변형된 세포는 적합한 연료가 공급되면 비정상적으로 활발한 세포분열을 일으켜 여러 달 안에 식별 가능한 종양으로 자라난다. 영양분과 산소를 공급하는 혈관망이 없을 경우 변형된 세포는 완두콩보다 더 크게 자랄 수 없다. 그러나 때로는 작은 종양이 성장 촉진 인자를 방출해 부근 동맥의 새로운 모세혈관의 성장을 유도하는 경우가 있다. 종양이 자체의 혈액 공급선을 확보하면 정상세포로 돌아갈 가능성은 희박해진다.

그렇다면 이 모든 것과 음식은 어떤 관계가 있는가? 대다수의 추정에 따르면 아주 긴밀한 관계가 있다. 연구 결과, 채식을 많이 할수록 암 발생률은 낮다는 결론이 도출되고 있다. 분자생물학자들은 지난 10년 동안 식물성 음식에 함유된 각종 화합물이 종양 발생을 막을 수 있다는 사실을 발견했다. 그렇다고 녹차나 마늘이 암의 치료에 충분하다고 생각하는 사람은 없다. 새로운 예방 음식생활의 목표는 그런 치료의 필요성을 줄이는 데 있다. 게이너는 '안전띠가

치명적인 교통사고를 줄일 수 있듯이, 적합한 음식을 먹는 것은 암이 발생하기 전에 예방하는 방법'이라고 말했다.

　과일류와 야채류에는 항산화제가 함유돼 있다. 비타민 C·E 및 베타 카로틴은 세포의 DNA를 손상시키는 유리기를 중화시키는데 도움을 줄 수 있다. 이 영양소는 상호보호 작용을 한다. 비타민 C는 산화제가 비타민 E에 가하는 손상을 막아 주고 비타민 E는 베타 카로틴의 산화를 방지한다. 그러나 비타민은 항산화제의 일부에 불과하다. 최근 효능이 훨씬 강한 것으로 보이는 몇 가지 식물성 화학물질이 발견됐다. 포도와 적포도주에는 레스베라트롤이란 항산화제가 풍부하다. 최근 한 실험 결과 이 성분은 생쥐의 피부암 발생률을 88%나 낮추었다. 녹차에는 폴리페놀이라는 몇 가지 강력한 항산화제가 함유돼 있다. 그 중 한가지인 EGCG라고 명명된 화합물의 유리기 중화효과가 비타민 E의 20배, 비타민C의 5백 배에 이르는 것으로 추정되고 있다.

　그 외에 토마토의 붉은 색소인 리코펜이 있다. 이 성분은 토마토의 단백질 및 섬유소와 단단히 결합돼 있기 때문에 날로 먹으면 제대로 흡수할 수 없다. 그러나 익히면 결합이 풀려 체내 흡수가 쉬워지며 음식의 지방질이 이 성분을 혈관 속으로 운반하는 것을 돕는다. 따라서 토마토 소스와 올리브 기름을 함께 먹는 것이 바람직하다. 하버드 대학 연구진은 95년에 4만 8천 명의 성인남자를 대상으로 연구한 결과, 1주일에 토마토 성분이 풍부한 음식을 열 번 섭취한 사람의 전립선암 발병률이 거의 반이나 준 것을 발견했다. 다른 몇 가지 연구에서는 리코펜이 유방암·폐암·소화기관암을 예방하는데 도움이 된다는 것을 시사하는 결과가 나왔다.

　토마토 소스를 만들 때는 마늘을 넣는 것이 좋다. 리코펜이 산화의 피해를 막는 데 도움이 되는 것과 마찬가지로 마늘·골파·양파에서 발견되는 알릴 설파이드는 암을 유발하는 화학물질이 체내에서 안전하게 처리되는 데 도움을 줄 수 있기 때문이다. 마늘은 완전히 요리해야 그 효과가 나타나는 것은 아니지만 알릴 설파이드는 잘게 썬 후 10분 정도 놓아두어야 완전히 형성된다.

또 브로콜리, 콜리플라워, 양배추 등의 평지과 야채에 풍부한 톡 쏘는 맛의 화학물질 설포라페인은 화학적인 파편을 배출해 내는 간의 2단계 효소 생산을 촉진한다. 존스 홉킨스 대학의 약리학자 탤럴레이(Paul Talalay)는 6년 전 설포라페인이 2단계 효소의 생산을 촉진하는 유전자를 활성화시킬 수 있다는 사실을 발견했다. 그는 그 효과를 실험하기 위해 DMBA라고 불리는 강력한 발암물질을 쥐들에게 주사한 후 그 중 일부 쥐에게만 설포라페인을 투여했다. 설포라페인을 투여 받지 못한 쥐의 68%에서 종양이 발생했지만 설포라페인을 다량으로 투여 받은 쥐의 경우 26%에서만 종양이 생겼다. 암의 전 단계인 병변이 종양으로 변할 가능성에 영향을 줄 수 있는 것으로는 지방이 있다. 메모리얼 슬론-케터링 암연구소의 비뇨기과 의사 윌리엄 페어(William Fair)는 전립선암의 전 단계 조직의 손상은 세계 어디서나 흔히 찾아 볼 수 있다고 말했다.

검사 결과에 따르면 30대 남성의 약 3분의 1에서 병변이 발견된다. 그러나 종양으로 발전된 경우는 지방이 전체 칼로리 섭취량의 약 40%를 차지하는 미국이 20% 미만인 일본보다 무려 6배나 많다. 유방암의 경우도 비슷하다.

그러나 지방의 총 섭취량만이 문제가 되는 것은 아니다. 많은 전문가들은 섭취하는 지방의 유형이 섭취량만큼이나 중요하다고 지적한다. 포화지방은 심장과 혈관에 악영향을 미치기는 하지만 암 발생 위험을 높이는 것 같지는 않다. 올리브유에 함유된 단(單) 불포화지방도 무해한 것으로 보인다. 그러나 오메가-6계열 지방산과 오메가-3계열 지방산이라는 두 형태의 다(多) 불포화지방은 경우가 다르다. 옥수수 기름에 풍부한 오메가-6계열 지방산은 종양 증식을 촉진하는 것 같다. 아마씨 기름과 생선 기름에서 발견되는 오메가-3계열 지방산은 종양의 증식을 억제하는데 도움을 줄 가능성이 있다. 생선을 많이 먹는 사람들은 과일과 야채를 적게 섭취하더라도 암 발생률이 낮다는 사실이 꾸준히 발견되고 있다.

 콩은 유방암이나 전립선암을 걱정하는 사람들에게는 또 다른 좋은 식품이다. 생식기 종양(유방암 포함)의 발생을 가장 강력히 촉진하는 것으로 에스트로겐 호르몬을 꼽을 수 있다. 빠른 초경, 고령출산, 늦은 폐경, 비만 등으로 고농도의 에스트로겐에 노출된 여성들은 유방암에 걸릴 위험이 높다. 콩에는 약한 에스트로겐 역할을 하는 이소플라본이 함유돼 있으며 그것은 세포에 접근하기 위해 체내의 강력한 에스트로겐과 겨룬다. 이소플라본은 에스트로겐을 끌어당기는 세포 수용체와 결합하게 되는데 그들이 전달하는 성장 신호의 강도는 1천분의 1에 지나지 않는다. 따라서 세포 분열이 덜 일어나므로 작은 병변이 암으로 발전될 위험성이 줄어든다.

 하나의 변형세포가 암세포 덩어리로 발전했을 경우 식이요법에만 의존할 수 없다. 그러나 식물성 화학물질은 종양의 혈액 공급을 차단하는데 도움을 줄 수 있다. 콩, 로즈마리, 투메릭, 당근, 포도 등 몇 가지 식물성 식품에는 새 혈관의 성장을 방해할 수 있는 콕스-2 억제제라는 화합물이 함유돼 있다.

 식이요법을 통해 이 세상에서 암을 완전히 퇴치할 수는 없을 것이다. 그리고 앞으로 더 많은 연구가 완성될 때까지는 식이요법으로 건강을 유지할 수 있다는 가능성은 추측에 불과하다. 메모리얼 슬론-케터링 암연구소의 시크 박사는 '식이요법을 통해 암 발생 위험이 감소하는 경우도 있지만 식이요법이 암을 예방한다고는 할 수 없다.'고 말했다.

아노트도 그 점을 제일 먼저 인정했다. 그러면서도 그는 '연구에서 확실한 결과를 얻을 때쯤에는 우리 모두 폭삭 늙거나 아니면 이 세상 사람이 아닐 것이다. 현재의 데이터를 이용한 요리, 그리고 대대로 내려온 건강식품과 관련된 요리를 택하는 것이 가장 현명한 방법'이라고 말했다. 만약 연구 결과 식물성 식품이 풍부한 식단이 비만, 심장병, 암, 뇌졸중을 일으킨다면 물론 우리는 상당한 손실을 입을 것이다. 그러나 우리의 도박 중의 도박은 패스트 푸드를 계속 먹으면서 그래도 괜찮을 것이라고 생각하는 것이다.

(Newsweek Nov. 30, 1998, pp.42-48)

찾아보기

ㄱ

<가금류검사법> 107
가뭄 28, 94-96, 102, 120, 215
가정경제학자 89, 92, 94, 101, 109
<가정배달음식 프로그램> 114
간디, M. 173
감자마름병 76
<강제저온살균법> 88
강철시대 19
갤런 우유병 115
건강과 영양정보 서비스 단체 109
건강식품 114, 268
검보 188, 209
검은 줄기 녹병 28
게르만 27, 28, 30
<경제기회법> 113
고기 없는 날 89
고다마 싯다르타 175
골드 러시 217
<공정 포장 및 표시법> 115
《교리와 서약》 164
구 인디언 34, 234, 237
굴라시 92, 198
굶주림의 시기 50
굿 유머 바 100
귀리 43-45, 55, 71, 89
그레이비 63, 69
그루테닌 29
그리스 19-27, 64, 77, 154, 166, 167, 192
그리스의 와인 22
글리아딘 29
금속시대 18, 19
기근의 시대 29
기독교 30, 31, 40, 161, 166, 168, 171, 172
기장 17, 26, 44, 189
깜부기 28
깨끗한 월요일 167

ㄴ

나라간셋 204
나비스코 88
나트륨 118, 124, 147, 235, 255
나폴레옹 183
냉장고 62, 66, 70, 84, 96, 103, 106, 107, 141
네덜란드 31, 46, 51-54, 192, 193, 195, 205, 206, 227
네덜란드 동인도회사 52
네로 스타일 27
네바다 203, 219, 220
네안데르탈인 16
노르웨이 18, 197
노바 스코티아 192
노스 캐롤라이나 49
노스 다코타 203, 228
노예 30, 39, 51, 65, 68-70, 75, 80, 81, 98, 187-190, 208, 209, 240
농노 29, 30
<농업조정법> 95
누벨 퀴진 125, 126, 255
눈물의 시련 63
뉴 프론티어 113
뉴딜 정책 95, 102
뉴멕시코 34, 48, 203, 215-218
뉴암스테르담 52
뉴올리언즈 184, 191, 208, 209, 211
뉴욕 49, 52-54, 70, 98, 121, 203
뉴욕주 62

270 / 미국의 음식문화

뉴잉글랜드 48, 49, 53, 58, 65, 66, 71, 91, 164, 188, 191, 193, 194, 204-206, 225, 229
뉴저지 49, 54, 203
뉴트라스위트사 121
니코틴산 69, 70, 91, 97, 105

ㄷ

다코타 197
단순한 기쁨 121
<단체음식 프로그램> 114
당나라 153
당뇨병 118, 132, 252
대공황 94-96, 101-103
대니쉬 페이스트리 196
대중음식 137, 179, 198, 211, 218, 228-230, 258
더글라스, P. 97
더튼, J. 62
던지니스 게 222, 223
덩굴월귤 53, 54, 182, 228
데 소토, H. 183, 184, 191
덴마크 196, 197
델라웨어 49, 53, 203
도너 패스의 비극 139
<독립선언서> 60
독립전쟁 74, 152, 240
독일 요리 195
동로마제국 152
동방 정교회 161, 162, 166, 167, 176
드라이브-인-레스토랑 107, 259
딜라니 조항 108

ㄹ

라드 57, 73, 89, 242
라마단 171
라비올리 230
라오, S. 253
라우라우 226
랍비 169
랜돌프, M. 194
러시아 42, 64, 77, 192, 198, 227
럼주 58, 186, 188, 212, 213, 226, 228, 236
레드 아울 101
레드 아이 그레이비 206
레토르트 78, 87
레프세 197
로드 아일랜드 49
로마 21, 23-27, 30, 31, 161, 166
로웬버그, E. N. 139
로웬버그, M. 143
로진, P. 139, 140
로흐먼트, R. 64, 195, 196
루시아 롤빵 196
루아우 151, 226
루으 210
루이지애나 182-185, 188, 191, 192
루즈벨트(FDR) 95, 96, 102, 105, 112
루트, W. 64, 195
루트 비어 107
루트피스크 197
리만, B. 140
리보플라빈 85, 105, 241

ㅁ

<마누법> 174
마데이라 포도주 58, 230
마야 183
마카로니 72
말일성도 예수 그리스도교회 162, 164

찾아보기 / 271

매사추세츠 49, 52, 59, 62, 78, 79, 106, 203
매쉬드 포테이토 207
매슬로우, A. 143
매카다미아 145, 225
맥각중독 28
맥도날드 107, 124
머랭과자 213
머스켓 소총 37
메누도 186, 216, 218
메릴랜드 49, 62, 203
메소포타미아 17, 20, 25, 32, 167
메이 플라워호 52
메이슨병 78, 87
메인주 192
멕시코 48, 53, 140, 147, 183-185, 198, 201, 208, 210, 214-218, 223, 229
모르몬 164, 165, 221
《모르몬의 책》 164
모리스 88, 107
모리슨, S. 63, 68, 80
<모릴법> 76, 77
모하메드 171,
몬타나 219, 220
몽골 32
무슬림 171, 172, 177
무어, T. 62, 70
무어족 40
무즈 224
미국의 기아 113
미네랄 69, 70, 85, 102, 105, 133, 239, 241, 242, 252
미네소타 197, 199, 203, 228
미니말리스트 스타일 125
미시간 163, 199, 203, 214, 228, 229
미시시피 37, 41, 60, 63, 103, 113, 182, 183, 191, 203, 22⁻¹

미시시피 인디언 36, 235
미커, E. 246
미트볼 197
미합중국 59, 61
민스민트 221
밀가루 없는 날 89
밀러, W. 162

ㅂ

바비큐 187, 193, 206, 207, 214, 226
바스코 다 가마 38
바울스, G. 246
바이킹 197, 258, 259
바톨로뮤 디아즈 38
바필로프, N. 42, 43
바하마 군도 38, 40, 41, 47
배터빵 207
배틀크릭 163
밴 캠스 88
버거 킹 107, 124
버즈아이, C. 106
버지니아 49-51, 68, 187, 201, 203, 207
《버지니아 가정주부》 194
벅스킨 브레드 180
《베다》 173
베라노, J. 237
베링 해협 32, 33, 40, 199, 232
베버리지, A. 80
베트남전쟁 117
벨기에 52, 202
벨지안 트리페 202
병든 연방주의자 68
보딘 소시지 209, 210
보르쉬트 198
보스턴 70, 78, 205, 246
보쿠즈, P. 125

272 / 미국의 음식문화

볼니, C. 63
볼리키 212
부야베이스 209
부활절 166, 167
《분노의 포도》 95
불교 174-177
뷔페 197
브라만 173, 174
브라이언트, C. 142
브랜디 67
브룬즈비크 스튜 182
비엔나 196
비엔나 슈니첼 196
비잔틴제국 31
비타민 69, 70 85, 102, 105, 133, 239, 241, 252
비타민 A 85, 105, 233, 241, 242
비타민 B 124, 233
비타민 C 85, 91, 124, 224, 233, 241, 242, 252, 265
비타민 D 85, 105, 241
비타민 E 265
빈혈증 29

ㅅ

사그레 38
사란 107
사순절 103, 162, 166, 167, 176
사스 67
사슴고기 지역 221
사우스 다코타 203, 228
사우스 캐롤라이나 49
사이다 58, 67, 68, 73
사탕수수 시럽 73
<사회보장법> 92
산 살바도르 38
산업혁명 27, 61, 74, 75

산토 도밍고 48
삼각무역 188
샘프 180, 204
생명의 빵 147
생물공학 119, 120, 231, 256
<생활필수품분배 프로그램> 96
서로마제국 27
서인도 제도 39, 183, 184, 188, 235, 242
서컷타시 56, 180, 182, 204, 205
성지탈환 31
세미놀 75, 182
세인트 어거스틴 48, 183
소금 셰이커 25
소크아이 연어 222, 223
소파이필라스 218
속성 푸딩 205
속죄의 날 170
쇼크헷 169, 172
수메르 17, 32
수케르, K. 137
<순수식품의약법> 88
숲속 인디언 35, 36, 235, 237
스낵 음식 125, 230, 255
스리랑카 175, 261
3M 97
스멜트 228
스모르가스보르드 197
스미스, J. 164
스웨덴 28, 46, 53, 192, 196, 197, 223
스위프트, G. 78, 88
스칸디나비아 19, 77, 82, 151, 192, 196, 197
스코틀랜드 46, 54, 64, 192, 225
스칸토 50
스크래플 205, 206
스타 밸리 220

스타인벡, J. 95
스트로가노프 198
스팀 테이블 100
스파게티 230
스파르타 21, 23
스페인 요리 185, 201
스푼 브레드 180, 207
시노어 251
시리얼 24, 93, 98, 99, 101, 109, 110, 150
시문스, F. 177
시실리섬 25
시카고 78, 88
식민 특허권 48
《식사 가이드라인》 122
식사 개인주의 115
시클, C. V. 82
<식품검인법> 113, 114
식품영양청 105
식품의약청(FDA) 108, 115, 121, 255
<식품의약화장품법> 97, 107
<식품첨가물수정안> 107, 108
신선음식법 88
신이민 91, 92, 99
십자군 28, 30, 31, 40

ㅇ

아담스, J. 72
아라와크 39, 41
아머 78, 88
아보카도 185, 186, 213, 216
아스코르브산 91
아이다호 203, 219, 220, 222
아이스버그 레티스 87, 249
아일랜드 46, 54, 64, 65, 76, 77, 82, 147, 192
아즈텍 48, 53, 183, 185, 186, 217, 218
아카디아 192, 209
아테네 20, 22~24
아페르, N. 78
아프가니스탄 18
안도일레 소시지 208
알라 171
알래스카 18, 32, 33, 203, 222-224, 233, 236
알코포라도 212
암조항 108
애리조나 48, 203, 215, 217, 218
애쉬, T. 68
애습 251
앨라바마 182, 203, 229
앳워터, W. 89, 92, 93, 101, 102, 117, 243
앵글로-색슨 208, 257
앵글로-아메리칸 238
언더우드 78
에멘탈 치즈 220
에스키모 224, 233
에스파테임 121
에이슐페임-K 121
에트루리아 24, 25
에틱 155
엔칠라다 198
엘슨, J. 31
<여성 유아 어린이를 위한 특별보충음식 프로그램> 113
<연방육류검사법> 88
영광의 60년대 113
영국요리 72, 193, 195
<영양물 상표법과 교육법> 255
영양의 삼위일체 43
영혼의 음식 70, 116, 190, 207
예루살렘 40, 161
예방 영양 118, 122

예수 그리스도 161, 162, 167
예수회 184
오도아케르 27
오레가노 185, 186, 212, 217
오리건 203, 215, 220, 222, 223
오리건 산길 223
오스트리아-헝가리 64, 77, 192
오크라 182, 188, 190, 209
오클라호마 75, 203, 213
올레스트라 121
올름스테드, F. 80, 243
와이오밍 203, 219-221
워싱턴 203, 215, 220, 222, 223
원시 인디언 33, 34, 233, 234
웬캠, N. 128
위대한 사회 113
위스콘신 197, 202, 203, 228, 229
위스키 68, 74, 81, 207, 245, 250
윌리, H. 79, 88
윌리엄즈, S. 83, 84
윌리엄즈버그 50
윌슨 88
유기식품 114
유니언 퍼시픽 78
유대교 47, 161, 167, 168, 171, 176
유대인 40, 91, 166, 168~170, 172, 177, 178
유벨레이커, D. 237
유월절 116
유전공학 119, 120
유타 165, 203, 219-221
2차 대륙회의 60
2차 (세계)대전 101, 103-107, 110, 150, 240
이미크 155
<이민법> 99
이사벨라 40, 42
이슬람교 31, 168, 171, 176

이식증 133, 141, 142
이야 172, 173
이집트 17, 18, 20, 21, 23, 25, 153, 167
이태리 25, 31, 38, 64, 73, 77, 89, 91, 92, 152, 192, 227, 230
인더스강 17
인도 17, 31, 32, 38, 39, 172~175, 184
인디애나 80, 81, 203
인디언 푸딩 181, 205
<인디언이주법> 63, 85
인디오 39
1차 세계대전 89, 102, 104
일본 39, 175, 184, 217, 222, 225, 266
<일상음식법> 96
잉카 183

ㅈ

자민족중심주의 156
자우어크라우트 195
자장가 28, 29
잼벌라야 107, 208, 209
쟈니 케이크 57, 180, 207
저키 181
전체론 119
절대주의 32
제 7일 재림론자 162, 163, 165
제로미, N. 61, 74, 78, 111
제임스타운 50, 53, 201
제퍼슨, T. 68, 72, 74
젤오 100
조셉, C. C. 172
조오지아 49, 203
존스, E. 187, 212, 220
존슨, L. B. 113

<주력 프로그램> 113
주식시장 붕괴 94, 95
줄리케이지 196
중국 31, 32, 39, 114, 128, 153, 198, 217, 225, 229, 230
중상주의 32

ㅊ

철기시대 18
철도 70, 76-78, 80, 87, 243
청교도 83
청동기시대 18
체로키 63, 75
초단파 오븐 114, 120
초리조 208, 209
초면 230
초우더 209
초콜릿 48, 141, 144, 183, 186, 217
촉토 75, 182
추수감사절 53, 181
치누크 222, 223
치즈음식 일요일 166
치커리 211
치커소 115
치트우드, O. P. 188
7-그룹안 109
칠레고추 140, 181, 184, 185, 211, 217, 218, 221
칠리 콘 칸 218, 221
칠면조 37, 53, 57, 182, 186, 214, 217, 221

ㅋ

카르타고 25
카리브해 37, 116, 184, 186, 192, 212, 235, 240

카벨리에, R. R. 191
카사바 43-45, 189
카스트 제도 193
카준 182, 188, 192, 201, 209-211
카톨릭 40, 46, 47, 161, 162, 166, 176,
카페테리아 100
칼슘 85, 105, 124, 133, 233, 241, 242, 252
캐나다 60, 191, 192, 209, 223, 227
캐비아 145
캐서롤 204
캐시디, C. 235-237
<캐시럿> 168, 170
캘리포니아 94, 107, 139, 186, 187, 203, 213, 215-217, 226
캠벨, J. 159, 178
캠벨 수프 88
커밍스, R. 65
커티지 치즈 55, 115
커피 브레이크 196
케네디, J. F. 113
케이스, J. J. 62
켄터키 68, 203, 236
켄터키 프라이드 치킨 107, 124
켈로그, W. 93
코네티컷 49, 203
코니시 파이 199
《코란》 171
코블러 182, 222
코서 169, 170
코코넛 185, 207, 225
콘 스틱 180, 207
콘 폰 180, 207, 243
콜럼부스, C. 15, 33, 37~43, 45~47, 55, 183, 184, 191, 199, 200, 232, 235-237
콜럼비아강 222

콜로라도 34, 203, 219
쿠다이 88
퀘이커 47, 54, 146
크놀 237
크레올 182, 185, 187, 188, 201, 208, 209, 211, 212
크로마뇽인 16
크로스비, A. 41
크로커, B. 101
크리크 75
클로비스 34
키틀러, P. G. 137
킨제이 251
킬라라 172, 173

ㅌ

타바스코 소스 211
《탈무드》 168, 172
탈지우유 55, 96, 106, 114
탬파 184, 186, 212
터키 40, 53
터키 몰 186
텍사스 48, 184, 201, 203, 208, 213-218
텍스-멕스 217, 218, 249
《토라서》 168
토르티야 140, 147, 198, 218, 229
토마토 44, 72, 110, 182, 194, 205, 209, 210, 217, 226, 230, 257
토식 141
토플러, A. 111, 119, 258
톰슨, B. 62
통상적으로 안전한 것으로 간주되어 (GRAS) 108
튜튼족 29, 30
트랙터 86
트레슬러, D. K. 106

트렌처 153
트롤로프 부인 65
트루만, H. 228
트립토판 69
<특별추가음식 프로그램> 114
TV음식 106
티아민 105

ㅍ

파리조약 60
파스타 21, 26, 72, 89, 92, 149, 249, 251
파이크, O. 164, 165
파인애플 44, 185, 225, 226
파큐할슨, J. 251
팔레스타인 26
팝시클 100
패스트 푸드 107, 123-126, 179, 218, 228-230, 255-257, 259
퍼이 151
페루 48, 183
페미칸 181
페타 치즈 21
펜, W. 54
펜실베이니아 49, 54, 55, 203, 205, 206
펠라그라병 69, 70, 91, 97
펠러, C. R. 106
펠로폰네소스 전쟁 23
포르투갈 38, 43, 58, 64, 77, 183, 192, 225
포리지 20, 21, 26, 29, 204, 205, 214
포스트, C. W. 93
포화지방 118, 125
폴란드 64, 77, 91, 192, 198, 203, 227
폴렌타죽 72

찾아보기 / 277

폴리네시아 224, 225
푸에르토리코 186, 212
푸트남, J. 248
품퍼니켈 195
프랑스 요리 72, 73, 82, 83, 125, 193
프랑크푸르트 소시지 196
프레스코트, S. 78
프렌치 프라이즈 125, 141, 229
프렛젤 195
프로테스탄트 161, 162, 244, 245
프록터 갬블사 121
프톨레마이오스 38
플라톤 22
플랜테이션 47, 68, 189, 201, 206, 208, 225, 243
플로리다 48, 55, 60, 183-186, 203, 208, 211-213, 216
플리머스 52, 53, 181
피글리 위글리 101
피카딜로 212
피칸 211, 213, 214
필그림 47, 50, 52, 55, 194
필라델피아 206

ㅎ

하딘 237
하미니 180, 206, 207
하와이 131, 142, 151, 203, 224-226
<학교점심 프로그램> 96, 99, 108
<학교점심법> 108
한 접시의 식사 99
한국 217, 225
한국전쟁 104
핫도그 107, 196
해리스, M. 139
허드슨강 52
허브향 22, 55, 63, 72, 194, 216

허시 퍼피 180
헤인즈 88
헨리 왕자 38
호 케이크 57, 180
호그 앤 하미니 80, 181, 206, 241, 243
호머 20
호모 사피엔스 15, 16, 32
호모 에렉투스 15, 16
호밀빵 29, 57
화이자 121
호프 220, 222
홀, R. 189
홀스타인 젖소 220
<홈스테드법> 77
홍적세 32, 34, 35, 232
화이트, J. 162
화이트 부인, E. H. 162-164
화이트 캐슬 107
황금시대 19, 20, 22, 23
황하강 17
효모 57, 223
효모빵 217
후버, H. 89
흑사병 23, 31
히그스, R. 246, 253
히브리인 167, 171
히브리 성경 168
히스파니올라 41, 42, 47, 48, 183
히커리 213, 234
힌두교 172-177

미국의 음식문화

1999년 9월 1일 초판 인쇄
1999년 9월 10일 초판 발행

저자   일레인 N. 매킨토시
  편역자   김형곤
  발행처   역민사
  발행인   최종수

등록 제 10-82호(1979. 2. 23.)
서울 마포구 서교동 461-2
전화 326-3482
팩스 325-3485
E-mail ymspb@unitel.co.kr

Printed in Korea
ISBN 89-85154-23-0 93940

값 12,000원